U0312683

国家自然科学基金资助
（项目批准号：31460619）

NUTRITION
METABOLISM AND STUDY
METHODS OF DAIRY CATTLE

奶牛营养代谢与研究方法

徐晓锋　张力莉●主编

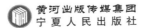

黄河出版传媒集团
宁夏人民出版社

图书在版编目（CIP）数据

奶牛营养代谢与研究方法／徐晓锋，张力莉主编. —银川：宁夏人民出版社，2016.6

ISBN 978-7-227-06371-1

Ⅰ．①奶… Ⅱ．①徐… ②张… Ⅲ．①乳牛—家畜营养学—研究方法 Ⅳ．①S823.9-3

中国版本图书馆CIP数据核字（2016）第140407号

奶牛营养代谢与研究方法　　　　　　　　　　徐晓锋　张力莉　主编

责任编辑　杨敏媛
封面设计　赵　倩
责任印制　肖　艳

黄河出版传媒集团
宁夏人民出版社　出版发行

出 版 人　王杨宝
地　　址　宁夏银川市北京东路139号出版大厦（750001）
网　　址　http://www.nxpph.com　　　　http://www.yrpubm.com
网上书店　http://shop126547358.taobao.com　http://www.hh-book.com
电子信箱　nxrmcbs@126.com　　　　　renminshe@yrpubm.com
邮购电话　0951-5019391　5052104
经　　销　全国新华书店
印刷装订　宁夏凤鸣彩印广告有限公司
印刷委托书号　（宁）0001509

开本　787mm×1092mm　1/16
印张　16.5　　　字数　300千字
版次　2016年6月第1版
印次　2016年6月第1次印刷
书号　ISBN 978-7-227-06371-1/S·360
定价　35.00元

前　言

　　生命现象的特点是能够进行新陈代谢。生物体不断从外界环境中摄取为其生存和生活所必需的营养物,以供其本身生长、发育、繁殖之需。生物体从环境中吸取营养物质进入体内以后,便在体内进一步把这些物质进行加工,把它们转化为构成生物体的各种成分。另一方面,生物体也要把体内的物质进行分解,并将分解产物排泄到体外去。随着生物体的生长发育过程的进展,生物体内的各种组成成分也在不断发生分解、再合成和互相转化。

　　动物生产是将低质的自然资源或农副产品转变成优质动物性食品的理想途径,对提高人们生活质量、保障健康、促进经济发展起着非常重要的作用。动物营养是指动物摄取、消化、吸收、利用饲料中营养物质的全过程,是一系列化学、物理及生理变化过程的总称,动物营养学对动物生产发展至关重要,而奶牛生产是畜牧业生产的重要组成部分,它不仅是培养动物生产方面人才的一门重要学科,也是推动动物生产不断发展的重要指南和技术基础。

　　研究养分在体内消化、吸收代谢利用规律和效率,不但可以为奶牛高效生产提供理论依据,提高饲料利用效率,减少环境排放及污染。随着科研水平不断提升以及奶牛养殖现代科技发展的需求,应用分子生物学等技术手段,在深入阐释分子营养机理方面取得了一些进展,这就要求广大科研工作者对养分在体内消化、吸收尤其代谢生化反应过程基本理论的掌握需要进一步加强。

　　生物化学是利用化学的原理与方法去探讨生命的一门科学,它是介于化学、生物学及物理学之间的一门边缘学科。换句话说，生物化学就是运用化学的方法和原理，在分子水平上研究生命现象化学本质的一门科学。本书把奶牛营养学基本原理与动物生物化学基本理论有机结合起来，以专题形式深入阐述了奶牛营养物质消化吸收机制以及体内代谢生化反应过程、泌乳机制与乳成分合成生理生化基础及调控基本原理，反应了学科发展和研究过程中的新成果，在此基础上对奶牛营养研究过程中涉及的研究方法进行了系统阐述。全书内容主要包括奶牛消化系统，奶牛糖、蛋白质与脂肪三大营养物质消化吸收与代谢，矿物质吸收与代谢，维生素吸收与代谢，奶牛乳腺营养物质代谢，试验研究方法等。本书可作为动物营养学、动物生产及临床兽医学等专业方向的研究生教学用书或教学参考书，对畜牧兽医科研人员以及技术人员也具有参考价值。

目　　录

1 奶牛瘤胃微生物与消化生理

1.1 消化系统结构

    家畜在整个生命活动中,不断地从外界摄取营养物质,以供家畜体生长、发育、生殖等一系列新陈代谢活动的需要。消化系统就是从外界摄取食物经过消化、吸收其营养物质,并将食物的残渣排出体外。因此消化系统是保证畜体新陈代谢正常进行的一个重要系统。消化系统包括消化管和消化腺两部分。

    消化管是食物通过的管道。包括口腔、咽、食管、胃、小肠、大肠和肛门。消化腺是分泌消化液的腺体,包括唾液腺、肝、胰腺、胃腺和肠腺,其中胃腺和肠腺位于胃壁和肠壁内,称为壁内腺;而唾液腺和肝、胰则在消化管外形成独立的器官,称壁外腺。唾液腺的导管开口于口腔,肝和胰的导管开口于小肠和起始段,即十二指肠。

1.1.1 口腔和咽

1.1.1.1 口腔

    口腔,是消化管的起始部,具有采食、吸吮、泌涎、味觉、咀嚼和吞咽的功能。口腔的前壁和侧壁为唇和颊,顶壁为硬腭,底为下颌骨和舌。前端以口裂与外界相通,后端与咽相通。口腔可分为口腔前庭,为颊和齿弓之间的空隙;固有口腔,齿弓以内的部分。口腔内表衬以黏膜,在唇缘处与皮肤相接,向后与咽的黏膜相连。

1.1.1.1.1 唇

    分上唇与下唇,上唇与下唇的游离缘共同围成口裂,口裂两端汇合成口角,牛的口唇短而厚,不灵活,上唇中部两两鼻孔之间无毛区,为鼻唇镜。

1.1.1.1.2 颊

位于口腔两侧,主要由肌肉构成,外覆皮肤,内衬黏膜,在成年牛的颊黏膜上有许多尖端向后的锥状乳头,在颊肌的上下缘有颊腺,腺管直接开口于颊黏膜的表面。

1.1.1.1.3 硬腭

构成固有口腔的顶壁,向后与软腭相延续,切齿骨的腭突、上颌骨的腭突和腭骨的水平部共同构成硬腭的骨质基础。硬腭的黏膜厚而坚实,被覆扁平上皮,高度角质化。牛的硬腭前端无切齿, 由该处黏膜形成厚而坚实致密的角质层——齿垫。在硬腭的正中有一条缝——腭缝。腭缝的两侧有许多条横行腭褶,呈现锯齿状,在腭缝的前端有一突起——切齿乳头。

1.1.1.1.4 口腔底和舌

口腔底大部分被舌所占据,前部由下颌骨切齿部占据,表面覆有黏膜,此部有一对乳头,称为舌下肉阜,为颌下腺管和长管舌下腺的开口处。

舌:位于固有口腔,为一肌性器官,表面覆以黏膜,运动灵活,在咀嚼、吞咽动作中起搅拌和推进食物的作用。舌可分为舌尖、舌体、舌根三部分。舌体和舌根较宽;舌尖灵活,是采食的主要器官;舌体背后部有椭圆形隆起——舌圆枕。

舌背的黏膜较厚,角质化程度高,形成许多大小不等的小突起——舌乳头,可分为四种。

圆锥状乳头:数量多,圆锥形分布于舌尖和舌体的背面,舌圆枕前方的锥状乳头尖硬,尖端向后且高度角质化,起机械摩擦作用。

豆状乳头,数量较少,圆而扁平,角质化,分布在舌圆枕上,起机械摩擦作用。

菌状乳头,数量较多,圆点状,散布于舌尖、舌侧缘的锥状乳头之间,上皮中有味蕾,为味觉感受器。

轮廓状乳头,较大,中间圆形,四周有沟环绕,每侧有 8~17 个,成排分布于舌圆枕后部的两侧,其上皮还有味蕾。

舌肌为骨骼肌,由固有肌和外来肌组成。固有肌由 3 种走向不同的横肌、纵肌和垂直肌互相交错而成。起止点均在舌内,收缩时可改变舌的形态。外来肌起于舌骨和下颌骨,止于舌内,有茎突舌肌、舌骨舌肌和颏舌肌等,收缩时可改变舌的位置。

舌的运动十分灵活,参与采食、吸吮、咀嚼、吞咽等活动,并有触觉和味觉等功能。

1.1.1.1.5 齿

是体内最坚硬的器官,镶嵌于切齿骨和上下颌骨的齿槽内,呈弓形排列,有切断磨碎食物的作用。

①齿的种类和齿式:齿按形态、位置和功能分为切齿、犬齿和臼齿三种。切齿位于齿弓前部,与口唇相对,牛羊无上切齿和犬齿,下切齿有四对,由内向外分别称为门齿、内中间齿、外中间齿和隅齿。臼齿位于上下颌骨的臼齿槽内,与颊相对,故又称颊齿,臼齿分前臼齿和后臼齿。上下颌各有三对前后臼齿。齿在家畜出生后逐个长出,除后臼齿外,在一生中要脱换一次,更换前的为乳齿,更换后的叫永久齿或恒齿。

②齿的构造:齿在形态上分为齿冠、齿颈和齿根三部分。齿冠为露在齿龈以外的部分,齿根为镶嵌在齿槽内的部分,齿颈则是被齿龈包盖的部分。齿主要由齿质构成,在齿冠的外面包有一层釉质,白色而坚硬。在齿根的表面覆有一层齿骨质(结构与骨组织相似)。在齿的内部有腔,称齿腔。开口于齿根末端,内含血管、神经和齿髓(为胚胎性结缔组织)。齿髓有营养齿的作用(故发炎引起剧烈疼痛)。

③齿龈:为包在齿颈周围和邻近骨上的黏膜,与口腔黏膜相连续。齿龈神经分布少而血管多,呈淡红色。

1.1.1.1.6 液腺

是指能分泌唾液的腺体,除一些小的壁内腺(如颊腺、舌腺)外还有腮腺、颌下腺、舌下腺三大对唾液腺。

腮腺:位于下颌骨后方,略呈三角形。上部宽大下部窄,呈现柠檬色,腮腺管起自腺体的腹侧深面,沿咬肌的腹侧缘及前缘伸延,开口于第五上臼齿相对的颊黏膜上。

颌下腺:比腮腺大,形状也基本相似,淡黄色,部分被腮腺所覆盖。颌下腺管开口于舌下肉阜。

舌下腺:位于舌体与下颌骨之间的黏膜下,可分上下两部。上部为短腺(多管舌下腺),有许多小管开口于口腔底。下部为长管舌下腺(单管舌下腺),短而

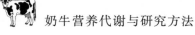

厚,位于短管舌下腺前端的腹侧,有一条总导管与颌下腺管伴行或合并开口于舌下肉阜。

1.1.1.2 咽和软腭

1.1.1.2.1 咽

为漏斗形肌性囊,是消化道和呼吸道所共有通道,位于口腔和鼻腔的后方,喉和食管的前方。可分为口咽部、鼻咽部、喉咽部三部分。

鼻咽部,顶壁呈现拱形,位于软腭背侧,为鼻腔向后的直接延续。鼻咽部的前方有两个鼻后孔与鼻腔相通,两侧壁上各有一个咽鼓管口与中耳相通。马的咽鼓管在颅底和咽后壁之间膨大形成咽鼓管囊(又称喉囊)。

口咽部,又称咽峡,位于软腭与舌之间,前方由软腭、舌腭弓(由软腭到舌两侧的黏膜褶)和舌根构成咽口,与口腔相通,后方伸到与喉咽部相通。其侧壁的黏膜上有扁桃体窦,容纳腭扁桃体。马无明显的扁桃体窦,牛的大而深。

喉咽部,为咽的后部,位于喉口背侧较狭窄,上有食管口通食管,下有喉口通喉腔。咽是消化和呼吸道的交叉部分,吞咽时,软腭提起会厌,翻转盖住喉口,食物由口腔经咽入食管,呼吸时软腭下垂,空气经过喉咽部到喉腔或鼻腔。咽壁,由黏膜、肌肉和外膜三层结构构成,衬于咽腔内,咽的肌肉为横纹肌,有缩小和开张咽腔的作用。

1.1.1.2.2 软腭

是从硬腭延续向后并略向下垂的黏膜——肌性褶,位于鼻咽部和口咽部之间。前缘附着于腭骨水平部上,后缘凹为游离缘,称为腭弓,包围在会厌之前。软腭两侧与舌根及咽壁相连的黏膜褶分别称为舌腭弓和咽腭弓。

1.1.2 食管

食管连接于咽和胃之间。按部位分颈、胸、腹三段。食管的颈部于颈的前1/3位于气管的背侧与颈长肌之间,在颈部中后2/3行于气管的左背侧,食管的胸部进入胸腔后,立即又在气管的背侧,在第8肋间隙处穿过膈的食管裂孔而入腹腔。腹部很短,以贲门开口于瘤胃。

食管壁由内向外分为黏膜、黏膜下层、肌层和外膜4层。

黏膜形成数条纵行皱褶,食物通过时可展平消失。黏膜由上皮、固有层和黏膜肌层组成。上皮为角化的复层扁平上皮;固有层为疏松结缔组织,含有血管、淋巴管和食管腺导管等;黏膜肌层为分散的纵行平滑肌束。

黏膜下层由疏松结缔组织构成,含有分支的管泡状黏液腺,分布于咽和食管连接处。

肌层由内环形和外纵行横纹肌构成。

外膜在食管颈段为纤维膜,在胸、腹段为浆膜。

1.1.3 胃

牛的胃为复胃(多室胃),分瘤胃、网胃、瓣胃和皱胃(真胃)。牛胃的容积因个体和品种差异很大,一般有 110~235 L,以瘤胃最大,网胃最小。牛多室胃的容积和形态在出生后随年龄增长而有变化,初生犊牛的皱胃较大,乳汁主要在真胃消化。

1.1.3.1 瘤胃

瘤胃呈前后稍长、左右略扁的椭圆形囊,几乎占据腹腔的整个左半部。瘤胃的前方与网胃相通(大约和第 7、8 肋间隙相对),后端达骨盆前口,左侧面与脾及左侧腹腔相接触,右侧面与瓣胃、皱胃、肠、肝、胰等接触。瘤胃的前后端有较深的前沟和后沟,左右两侧有较浅的左右纵沟。在左右纵沟与后沟交界处分别向背侧和腹侧发出背侧冠状沟和腹侧冠状沟。在瘤胃壁的内面,有与上述各沟对应的肉柱,沟和肉柱共同围成环状,把瘤胃分为瘤胃背囊和瘤胃腹囊,由于瘤胃的前后沟较深,在瘤胃的背囊和腹囊的前后两端分别形成前背盲囊和后背盲囊以及前腹盲囊和后腹盲囊。瘤胃的前端有通网胃的瘤网口,瘤胃的入口为贲门,在贲门附近,瘤网胃无明界线,形成一个弯隆称为瘤胃前庭。瘤胃的黏膜一般呈棕黑色或棕黄色,表面有无数密集的叶状或棒状乳头,乳头大小不等。靠近肉柱的背囊下部与腹囊上部乳头发达。背囊顶和腹囊底的黏膜形成部分皱褶,密度小,肉柱和前庭的黏膜无乳头。

瘤胃壁由内向外依次分为黏膜、黏膜下层、肌层和浆膜。

黏膜上皮为角化复层扁平上皮,固有层由致密结缔组织构成,富含弹性纤维,并伸入上皮内共同形成许多乳头,没有黏膜肌层。

黏膜下层较薄,内含淋巴组织,但不形成淋巴小结。

肌层发达,由内环形、外纵行两层平滑肌构成。瘤胃肉柱是胃壁向内折转成的皱褶,主要由内环形肌构成。此外,肉柱内还含有大量弹性纤维。

1.1.3.2 网胃

为四个胃中最小的胃,呈梨形位于瘤胃背囊的前下方。约与第6~8肋相对。网胃的壁面凸(前面)与膈、肝相接触,脏面(后面)与瘤胃背囊相接,底面与膈的胸骨部接触,网胃上部有瘤网口,与瘤胃相通,瘤网口以右下方有网瓣口与瓣胃相通。网胃的黏膜形成许多多边形的网格状皱褶,形似蜂房,大的蜂房底部还有许多小的次级皱褶,再分为小网格,在皱褶和房底密布着细小的角质乳头。羊的网胃比瓣胃大,网格也较大。

在网胃右壁上有食管沟。食管沟起自贲门,沿瘤胃前庭和网胃右侧壁向下伸延到网瓣口,沟两侧隆起黏膜褶称为食管沟唇,沟呈螺旋扭转,未断奶的犊牛的功能完善,吮乳时可闭合成管,乳汁可直接由贲门经食管和瓣胃达皱胃,成年牛的食管沟则失去完全闭合能力。

网胃壁构造与瘤胃相似。黏膜形成许多网状皱褶,其边缘和网底部密布角质乳头,在皱褶内近游离缘中央有一条平滑肌带,并随皱褶形成连续的肌带网,与食管黏膜肌层相连,相当于网胃的黏膜肌层。皱褶内有较疏松的结缔组织,相当于固有层和黏膜下层。肌层也分内环、外纵两层,分别与食管及食管沟的内、外肌层相连接。

网胃沟的结构与网胃相似,但固有层内弹性纤维特别丰富。网胃沟底的肌层分内外两层,内层厚,为横行的平滑肌;外层薄,为纵行的平滑肌和骨骼肌,与食管内的肌层相延续。网胃沟唇由一厚的纵行平滑肌构成,与食管的内肌层相连。

1.1.3.3 瓣胃

呈两侧稍扁的球形,位于右季肋部,在瘤胃与网胃交界处的右侧,约与第7~11肋骨相对。右面与肝膈接触,左侧与网胃、瘤胃及皱胃接触,小弯凹,朝向左前方,大弯凸,朝向右后方,在小弯的上、下端,有网瓣口和瓣皱口分别通网胃和瓣胃,两口之间有瓣胃沟(管),液体和细粒饲料由网胃经此直接进入皱胃。瓣胃黏膜形成百余片瓣叶,瓣叶呈新月形,附着于瓣胃的大弯,游离缘向着小弯,瓣叶按宽窄可分大、中、小和最小四级,呈有规律的相间排列,瓣叶上密布粗糙的角质乳头,在瓣皱口两侧的黏膜各形成一个皱褶,称为瓣胃帆,有防止皱胃内容物逆流入瓣胃的作用。

瓣胃黏膜结构与瘤胃、网胃相似,但有发达的黏膜肌层。黏膜下层很薄。肌层也分内、外两层,内环层厚,外纵层薄。最外层是浆膜。瓣叶内有固有层、黏膜肌和黏膜下层,大瓣叶内还有来自胃壁肌层的中央肌层,夹于两层黏膜肌之间。

1.1.3.4 皱胃

呈一端粗一端细的弯曲长囊。位于右季肋骨部和剑状软骨部。在网胃和瘤胃腹囊的右侧,和瓣胃的腹侧和后方,大部分与腹腔底壁紧贴,与第8~12肋骨相对,皱胃的前部较小,与瓣胃相连,后部较细,以幽门与十二指肠相接。皱胃的黏膜光滑柔软,在底部形成12~14片螺旋大褶,黏膜内含有腺体。可分为三部,贲门腺区,环桄瓣皱口的一小区,内有贲门腺;幽门腺区,近十二指肠的一小区,内有幽门腺;胃底腺区,在贲门腺区和幽门腺区之间内有胃底腺。

皱胃壁也由黏膜、黏膜下层、肌层和浆膜组成。黏膜内贲门腺区小,幽门腺区大;胃底腺发达,短而密集;胃小凹的密度比较大。

犊牛胃的特点:因初生吃奶,皱胃特别发达,瘤胃和网胃相加的容积约等于皱胃的一半。8周时,瘤胃和网胃总容积约等于皱胃的容积,12周时,超过皱胃的一半,这时瓣胃发育很慢。4个月后,随着消化植物性饲料能力的出现,前三个胃迅速增大,瘤胃和网胃的总容积达皱胃的4倍。到一岁半时,瓣胃和皱胃的容积几乎相等,这时四个胃的容积达到成年时的比例。四个胃容积变化的速度受食物的影响,在提前和大量饲喂植物性饲料的情况下,前三个胃的发育要比喂乳汁的迅速。如幼畜靠喂液体食物为主时,前胃尤其是瓣胃会处于不发达的状态。

1.1.4 肠

1.1.4.1 小肠

位于右侧,相当于体长的20倍,长27~49 m。

1.1.4.1.1 十二指肠

长约1 m,位于右侧肋部和腰部,起自皱胃幽门,向前上方伸延,在肝脏面形成一"乙"状弯曲,由此向上向后伸延到髋结节前方折向左并向前形成一后曲(髂曲)由此向前伸,于右肾腹侧与空肠相接(延续为空肠)。十二指肠末段以十二指肠结肠韧带与降结肠相连,常以此韧带的游离缘作为十二指肠与空肠的分界。

1.1.4.1.2 空肠

是小肠中最长的一段。大部分位于右侧肋区、右腹外侧区和右腹股沟区。形成无数肠袢,由短的空肠系膜悬挂于结肠盘周围,形似花环状,位置较为固定。空肠外侧和腹侧隔着大网膜和腹壁相邻,内侧也隔着大网膜与瘤胃腹囊相贴,背侧为大肠,前方为瓣胃和皱胃,后部肠袢因系膜较长而游离性较大,常绕过瘤胃后方至左侧。

1.1.4.1.3 回肠

较短,约 50 cm,自空肠的最后肠圈起,几乎呈一直线地向前上方伸延至盲肠腹侧,开口于回盲口。在回肠与盲肠之间有一长三角形的回盲韧带连接,常作为回肠和空肠的分界标志。

小肠的组织结构:小肠壁由内向外由黏膜、黏膜下层、肌层和浆膜 4 层构成。

黏膜特点:上皮为单层柱状上皮,形成许多纵行皱襞,扩大面积;上皮与固有膜形成许多绒毛,又扩大一次面积,便于消化吸收。

上皮:为单层柱状上皮,细胞间夹有少量银亲合细胞,杯状细胞。

固有膜:内含大量肠腺(上皮下陷形成),结缔组织还形成绒毛中轴。固有膜内有多种细胞成分和丰富的毛细血管网、淋巴管网、淋巴组织、散在的平滑肌。

黏膜肌层:内环外纵二层平滑肌。

黏膜下层:疏松结缔组织,有神经、血管、淋巴管、淋巴小结、十二指肠腺,分泌碱性物,含溶菌酶、淀粉酶,中和胃酸,保护黏膜。

肌层:内环外纵二层平滑肌,二层间有肌间神经丛。

浆膜:表面为间皮,间皮下为薄层疏松结缔组织。

1.1.4.2 绒毛与肠腺

1.1.4.2.1 绒毛

是小肠黏膜表面特有的指状突起,以固有膜为中轴,表面附一层柱状上皮。上皮为黏膜靠近腔面的一层单层上皮组织。

①上皮细胞有三种

a. 柱状细胞:有纹状缘,具有吸收和消化双重作用。

b. 杯状细胞:分泌黏液,保护、润滑黏膜。

c. 银亲合细胞:内分泌细胞,产肽类、胺类,妊娠中期绒毛顶端有"漱木氏帽"——成群的内分泌细胞。

②固有膜:内有一条中央乳糜管,管壁细胞间隙大,茎膜通透性强,利于吸收,管外有平滑肌束,便于运送营养。

1.1.4.2.1 肠腺

上皮下陷的单管状腺,开口在绒毛间,细胞有四种:

①柱状细胞:有很强的分化能力,取代脱落的细胞。

②杯状细胞:形态为高脚酒杯形的细胞。

③银亲合细胞:对银盐染色时具有着色的一类细胞。

④潘氏细胞 Paneth's cell:三五成群地分布在肠腺底部,细胞大,锥形,细胞质嗜酸性。潘氏细胞能吸收多量的锌,是酶的激活剂与组成成分。

1.1.4.3 小肠上皮的更新

由肠腺下段的未分化细胞增殖,上皮细胞死亡后,由肠腺底部未分化的细胞分裂分化进行补充。

1.1.4.4 小肠各段的特点

十二指肠:绒毛密集,杯状细胞少,黏膜下层有十二指肠腺,消化能力强。

空肠:绒毛密集,柱状、杯状细胞增多,固有膜与黏膜下层有淋巴小结。

回肠:绒毛细而少,杯状细胞更多,固有膜中有淋巴小结。

大肠:大肠包括盲肠、结肠、直肠。

①盲肠:呈现圆筒状,位于右髂骨部,其前端与结肠相连,两者以回盲结口为界,盲肠后端游离,向后伸至骨盆前口。

②结肠:与盲肠直接相连续,两者之间除回盲口外无明显界线,向后逐渐变细,顺次分为升结肠、横结肠、降结肠。升结肠最长,又分为初祥、旋祥和终祥 3 段。初祥为升结肠的前段,在腰下形成一"乙"状弯曲,从回盲口起向前至右肾腹侧相当于 12 肋骨处,然后向后折转,再折转向前,延续为旋祥。旋祥,很长,粗细和小肠相似,卷曲成椭圆形的结肠盘,又分为向心回和离心回两段。向心回从初祥开始以顺时针方向旋转 2 圈,至中心曲,然后,离心回从中心曲成向相反的方向旋转 2 圈,至外围变为终祥。终祥为结肠后段,离开旋祥后先向后伸延至骨盆前口附近,然后转向前并向左,延续为横结肠,横结肠为从右侧通过肠系膜前方至左侧的一段。横结肠转折向后为降结肠。

③直肠:降结肠入骨盆腔后成为直肠,周围有较多的脂肪。向后伸达第一尾椎腹侧。

1.1.4.5 大肠壁的结构

大肠壁的结构与小肠壁基本相似,包括黏膜、黏膜下层、肌层和浆膜。

①黏膜:不形成皱褶,表面光滑,无肠绒毛。上皮中杯状细胞较多,柱状细胞的微绒毛不发达,不形成纹状缘。固有层发达,内有排列整齐、长而直的大肠腺,淋巴孤结多,淋巴集结少。大肠腺中杯状细胞特别多,无潘氏细胞。大肠腺分泌

碱性黏液,可中和粪便发酵的酸性产物。黏膜肌层较发达,由内环、外纵两层平滑肌组成。

②黏膜下层:由疏松结缔组织构成,其中含有较多的脂肪细胞。此外,还有神经丛、血管和淋巴管等。

③肌层:由内环、外纵两层平滑肌组成。内环肌在肛门增厚形成肛门内括约肌。

④浆膜:除直肠后段为结缔组织外膜外,其余部分都被覆浆膜。

1.2   瘤胃微生物多样性

奶牛是反刍动物,具有不同于其他单胃食草动物的特殊生理结构,可食用难以被其他动物体所消化的纤维素物质,并通过自身的生物转化,将一些人类无法直接利用的营养物质合成动物性蛋白质,为人类所利用。奶牛瘤胃与肠道中的微生态系统可以帮助宿主消化动物体自身难以利用的粗纤维(纤维素、半纤维素、木质素),从大量的低营养的植物纤维中摄取所需的能量,并且还具有为宿主分解代谢过程中产生的有毒物质的能力。不同部位的微生物群落组成与数量都有很大的差异,如瘤胃中的优势菌群为一些纤维素降解菌,而肠道中的优势菌群则逐渐转化为可利用果糖的微生物。造成这些差异的主要原因是微生物所定植的各个部位均承担着各自不同的生理功能。

奶牛瘤胃内栖居着数量庞大、多种多样的微生物,其区系受到宿主遗传背景、生长发育、日粮和环境卫生条件等诸多因素的影响。瘤胃作为一个庞大的菌种资源库,总的来说,瘤胃内的微生物主要包括以下三类:瘤胃细菌、瘤胃真菌、瘤胃原虫。据不完全统计,成年牛瘤胃中栖息的细菌超过200种,活菌数高达10^{11}个/ml,真菌孢子为$10^3 \sim 10^5$个/ml,瘤胃原虫为$10^5 \sim 10^6$个/ml。

1.2.1   瘤胃细菌

细菌的种类主要有纤维素降解菌、淀粉降解菌、半纤维素降解菌、蛋白质降解菌、脂肪降解菌、乳酸利用菌和乳酸菌等。按数量计算,单位质量的瘤胃内容物内,瘤胃细菌的数量最多;按容积计,则瘤胃细菌与纤毛虫的容积相当,各占约50%,但就代谢强度与其作用的重要性而言,细菌远超于纤毛虫。瘤胃内细菌的形态多种多样,可利用的底物范围较广。

　　细菌是瘤胃中数量最多的一种微生物，在 1 g 瘤胃内容物中，细菌数约为 $10^7 \sim 10^{12}$。瘤胃内细菌种类繁多。根据其对底利用情况归纳成如下几类。

1.2.1.1　纤维素分解菌

　　这类细菌能产生纤维素酶,还可能利用纤维二糖。参与纤维分解的细菌主要有:产琥珀酸拟杆菌(*Bacteroides succinogenes*),黄色瘤胃球菌(*Puminococcus flavefaciens*),白色瘤胃球菌(*R.albus*),小瘤胃杆菌(*R.parvum*)溶纤维运动杆菌(*Cillobacterium cellulosslvens*),溶纤梭菌(*Costyidium cellutosolvens*)。瘤胃球菌和产琥珀酸丝状杆菌是瘤胃内最主要的纤维降解菌,溶纤维丁酸弧菌可发酵利用的底物范围相对较广,不但可以降解纤维,更可以降解蛋白质,梭菌的发酵底物范围相对来讲也较为广泛,但它不是瘤胃内主要的纤维降解菌。

1.2.1.2　半纤维素分解菌

　　水解纤维素的细菌通常能利用半纤维素,但许多能利用半纤维素的细菌不能分解纤维素。分解半纤维素的细菌主要包括:丁酸弧菌属(*Butyrivibrio*),多毛毛螺菌(*Lachnospira multiparit*),瘤胃拟杆菌(*Bacteroides ruminicola*),溶纤维丁酸弧菌(*Butyrivibrio fibrisolven*)等。

1.2.1.3　淀粉分解菌

　　许多纤维素分解菌也具有分解淀粉的能力。分解淀粉的细菌主要有:嗜淀粉拟杆菌（*Bacteroides amylophilus*）,反刍新月单胞菌（*Selenomonas ruminantium*）,溶淀粉琥珀酸单胞菌（*Succinimonas amylolylica*）,牛链球菌（*Streptococcus bovis*）等。

1.2.1.4　蛋白分解细菌

　　瘤胃中参与分解蛋白质的细菌主要有：丁酸弧菌属,琥珀酸弧菌属(*Succiovibri*),反刍新月单胞菌及其变种,普通类杆菌(*Bacteroides vnlgatus*),消化链球菌(*peptostreptococcus evolutus*),以及螺旋体属(*Borrelia*),等等。

1.2.1.5　氨基酸分解菌

　　分解氨基酸的细菌主要有:瘤胃类杆菌、反刍新月单胞菌、溶纤维丁酸弧菌、牛链球菌、埃氏消化链球菌(*peptostreptococcus elsdenil*)、嗜淀粉类杆菌。

1.2.1.6　脂肪分解菌

　　参与分解脂肪的细菌主要有:解脂菌属中梭形梭杆菌(*Fusobacterium fusiforme*)、多态梭杆菌(*F.polymorphum*)、小梭杆菌(*F.vescum*)以及反刍新月单胞菌变种等。另外,溶纤维丁酸弧菌还具有氢化作用,可还原饱和的脂肪酸,它是最早被发现可以进行生物氢化作用的瘤胃细菌。除此之外,有研究者还发现,瘤胃细菌中的其他细菌也具有氢化作用,如:白色瘤胃球菌、真细菌和螺旋体的一些菌株。

1.2.1.7 利用有机酸的瘤胃细菌

在瘤胃中能够利用有机酸的细菌主要有分解乳酸反刍新月单胞菌(*Selenomonas ruminantium subsp.lactilytica*)、向碱性韦荣氏球菌 (*Veillonella alacalescens*)、产气费氏球菌(*V.gazogenes*)、埃氏消化链球菌、埃氏巨球菌(*megasphaera elsdenii*)、琥珀酸弧菌(*Vibrio uccinogenes*)、丙酸杆菌属(*Propionii bacterium sp.*)、脱硫弧菌(*Desulphovibrio*)等。

1.2.1.8 产甲烷菌

从瘤胃分离的产甲烷细菌主要有反刍甲烷杆菌(*Methanobacterium ruminantium*)、运动甲烷杆菌(*M.mobile*)、甲酸甲烷杆菌(*M.formicicum*)、索氏甲烷杆菌(*M.soehngenii*)、甲烷单胞菌(*Methanomonas*)、甲烷八叠球菌属(*Methanosarcinasp.*)和厌氧甲烷杆菌(*M.suboxydans*)等。

1.2.1.9 合成维生素的细菌

合成 B 族维生素是奶牛胃肠道微生物的主要功能之一。奶牛胃肠道微生物合成的维生素 B 族,可以满足动物的需要。由瘤胃到肠道,微生物合成维生素 B 的能力逐渐加强。在盲肠部位维生素 B_{12} 的含量最高。在胃肠道中合成的维生素 B 族主要包括:维生素 B_1、维生素 B_2、维生素 B_6、维生素 B_{12}、烟酸、叶酸、泛酸、生物素以及维生素 K。胃肠道中微生物合成的这些维生素数量足以保证动物的需要。胃肠中合成 B 族维生素的微生物主要有大肠杆菌、丙酸杆菌、牛链球菌等;瘤胃中合成维生素 B_{12} 的微生物主要有反刍新月单胞菌、消化链球菌等。合成胡萝卜素的细菌主要有形成黄色素的球菌和杆菌。球菌包括链球菌、微球菌,主要来自瘤胃,其次为小肠和盲肠,而在结肠和直肠含量较少。杆菌包括嗜海水黄杆菌 (*Flavobacterium halmephilum*)、湿润黄杆菌 (*F.uliginosum*)、深黄短杆菌 (*Brevibacterium fulrum*)、暗褐短杆菌(*B.fuscum*)等。

1.2.2 瘤胃真菌

瘤胃真菌的发现经历了较为曲折的过程,因为早期的科学家普遍认为,自然界中不存在严格厌氧的真菌。直到 1975 年,Orpin 等首次证实了瘤胃中真菌的存在后,人们才对其进行了更深入的研究。自 Oprin 证实瘤胃真菌的存在以来,已有 16 种厌氧真菌被从瘤胃中分离出来。不同学者对区分真菌的种属所持的依据和标准多种多样,并且生长培养基也能影响某些真菌的形态特征。因此对真菌的种属的分类存在多个模板,目前最通用的是将其分为 6 属:真菌主要包括 *Orpinomyces*、*Anaeromyces*、*Neocallimastix*、*Promyces*、*Cyllamyces* 和 *Caeomyces*。

近年来的研究表明,真菌不仅在降解饲粮中的植物纤维过程中起重要作用,还与瘤胃中的细菌有着互利共生的合作关系。目前从瘤胃中分离得到的真菌共计 6 个属 16 个种之多。根据游离孢子的形态和菌丝的形成方式,可将它们划分为 2 种类型,即单中心类型真菌和多中心类型真菌。利用瘤胃真菌降解纤维素也是目前研究的热点,一些高效降解纤维素的厌氧真菌也作为饲料添加剂加以利用。Tuyen 等研究发现,真菌对瘤胃发酵的影响十分显著,真菌更偏向于利用饲粮中的木质素而非纤维素类物质。

1.2.3 瘤胃原虫

瘤胃原虫主要是纤毛虫,极少数是鞭毛虫。就个体而言,相对瘤胃内其他微生物而言,其体积最大。瘤胃原虫不仅存在于反刍动物瘤胃内,还存在于其他草食动物消化道内,如兔、马和鹿等。瘤胃内纤毛虫的种类,随宿主的种类、日粮、饲养管理以及所处环境的不同而不同。

瘤胃内的纤毛虫根据其形态特征的不同,可将其分为全毛虫和内毛虫。根据纤毛虫在形态方面的特征,可将其分为贫毛虫和全毛虫两大类。

1.2.3.1 全毛虫目(*Holomastigotoides*)

主要的科为均毛虫科(*Isotrichidae*),瘤胃中有 3 个属。

均毛中属(*Isotricha*):包括 2 个种,即 *I.intestinalis* 和 *I.prostoma*。

密毛虫属(*Dasytricha*):仅有 1 个种,即 *D.ruminantium*。

布契利氏属(*Biitschlia*):在瘤胃中较少见。

这 3 个属的数量仅为瘤胃纤毛虫的 1%~5%。

1.2.3.2 贫毛虫目(*Oligotrich*)

主要科为头毛虫科(*Ophryoscolecidae*),包括 7 个属,在瘤胃中常见的有 4 个属。

(1)内毛虫属(*Entodinium*):是纤毛虫在反刍动物瘤胃中的代表。在瘤胃中占纤毛虫总量 60%~70% 以上。本属主要有 *E.simplex*、*E.vorax* 等 10 多种。

(2)双毛虫属(*Diplodinium*):本属又分无甲亚属(*Anoplodinium*)、真双毛亚

属（*Eudiplodium*）、多甲亚属（*Polyplastron*）、硬甲亚属（*Ostracodinium*）。本属占瘤胃纤毛虫总数的 15%~30%。

（3）前毛虫属（*Epidinium*）：本属常见的有无尾前虫（*Ep.ecaudatum*）等。本属占瘤胃内总数的 1%~20%。

（4）头毛虫属（*Ophryoscoex*）：常见的如有尾头毛虫（*O.caudatum*），本属占瘤胃纤毛虫总数的 1%~2%。

也可根据其利用的营养物质进行分类，如利用可溶性糖的原虫、降解淀粉的原虫以及降解纤维素的原虫。

经过长期的选择和适应，微生物和宿主之间及微生物群落与群落之间形成了一种相互制约、相互依赖的动态平衡。这种平衡对于维持反刍动物的机体健康、提高反刍动物的生产性能、减少环境污染及保证产品安全等具有重要作用。

1.3　瘤胃微生物的消化生理

1.3.1　瘤胃内环境

瘤胃可看做是一个供厌氧微生物繁殖的发酵罐，具有微生物活动及繁殖的良好条件。食物和水分相对稳定地进入瘤胃，供给微生物生长繁殖所需要的营养，节律性瘤胃运动将内容物搅拌混合，并使未消化的食物残渣和微生物均匀地排入后段消化道。瘤胃内环境具有以下特点。

1.3.1.1　微生物有一定的区系、数量，并在一定范围内保持恒定

瘤胃微生物主要有细菌、古细菌、厌氧真菌、原虫和少量噬菌体，其中细菌数量最多，瘤胃液中有 10^{10}~ 10^{11} 个/ml；原虫在数量上比细菌少，瘤胃液中有 10^5~10^6 个/ml，但由于其体积较大，在瘤胃微生态总量中占相当大的比例；真菌游动孢子数则在 10^3~ 10^5 个/ml 之间。瘤胃微生物之间既存在协同关系又有竞争作用，一种微生物的代谢产物可以被其他微生物利用，而不同微生物利用底物转化为发酵产物的代谢间相互依赖。

1.3.1.2　微生物区系、数量的稳定依赖于饲料供应的稳定

饲料变化，微生物也必须发生适应性变化，如饲料突变而微生物不能适应时，即会发生消化障碍，从而导致营养障碍。

1.3.1.3 渗透压

瘤胃内容物的渗透压与血液相近，并维持相对恒定。

1.3.1.4 适宜的温度

由于瘤胃内容物的酵解，使瘤胃内的温度高达 39℃~41℃。

1.3.1.5 pH 值

pH 值变动介于 5.5~7.5 之间，饲料发酵过程中产生的大量挥发性脂肪酸，主要通过随唾液进入瘤胃的碳酸氢盐和蛋白质分解生成的氨来调节，维持瘤胃内一定的酸碱平衡，以维持微生物群系的高度活性。

1.3.1.6 氧化还原电势

处于 -250~-450 mV 之间，是厌氧微生物理想的生长环境。

1.3.1.7 瘤胃内的环境

瘤胃内容物高度缺氧，瘤胃内的厌氧环境有利于能量物质被宿主利用。瘤胃内的厌氧环境由发酵产生的气体如二氧化碳、甲烷及微量的氮、氢等来维持，随食物进入的一些氧气，很快被瘤胃内的兼性厌氧菌利用。

1.3.1.8 瘤胃的节律性运动

促进微生物和食糜的混合，以便微生物与食糜的充分接触。

1.3.2 瘤胃微生物消化

瘤胃中存在着大量的与牛"共生"的细菌和纤毛虫，这些微生物的生命活动对瘤胃的消化起着极其重要的主导作用。饲料中的 70%~80% 的可消化干物质和 50% 以上的粗纤维在瘤胃内消化，产生挥发性脂肪酸、二氧化碳和氨，以合成自身需要的蛋白质和 B 族维生素及维生素 K。因而有人把瘤胃称作是一个活的、庞大的、高度自动化的"饲料发酵缸"。另外，奶牛瘤胃容积很大，虽不具备分泌消化液的能力，但胃壁强大的纵形肌肉环，能有力地收缩和松弛，进行节律性的蠕动，以搅拌和揉磨胃中的食物。胃黏膜上发达的乳头状突起更有助于食物的揉磨与搅匀。

瘤胃微生物分泌 α 淀粉酶、蔗糖酶、呋喃果聚糖酶、蛋白酶、胱氨酸酶、纤维素酶、半纤维素酶等，这些酶将饲料中碳水化合物、蛋白质和脂肪分解成挥发性脂肪酸、NH_3 等物质，同时微生物发酵也产生 CH_4、CO_2、H_2、N_2 等气体，通过嗳气排出。

相关概念

1. 反刍:是指奶牛等反刍动物将瘤胃内的食物通过反刍运动吐到嘴里进行咀嚼,然后再吞咽下去的多次反复的行为。反刍行为是通过第一、二胃皱褶以及第二胃壁、贲门周围的接触性刺激引起的将食团吐到嘴里的反射行为,瘤胃内的纤维素饲料以及形成瘤胃覆盖层的饲料对反刍有一定的促进作用。

反刍在奶牛消化代谢方面具有重要的意义。首先,粗糙的食糜颗粒通过反刍逐渐变得细小,易于奶牛的消化吸收;其次,反刍过程中食糜与奶牛唾液的不断混合,可以中和瘤胃消化过程中产生的酸性物质。

通过奶牛的反刍次数可以看到牛的健康状况。正常的泌乳牛每次反刍后至少咀嚼 50 次以上再将食团吞咽下去。当牛生病时咀嚼次数会降低或停止,通过观察反刍次数也可以衡量牛的愈后恢复状态。反刍的另一个重点是唾液。咀嚼时会分泌唾液。采食碳水化合物含量较高的精饲料时,瘤胃内的 pH 值会下降,牛会通过分泌小苏打含量较多的唾液来调整 pH 值。分泌更多的唾液对于维持良好的瘤胃内环境是非常重要的。

如牛感到非常舒适,就算在挤奶时也可以观察到反刍。采食后的牛群进入反刍阶段后,就可以观察牛群的反刍状态,观察大概有多少头牛在反刍、反刍的节奏如何等。在休息时一般有 60% 的牛进行反刍。但是,也应该考虑到这个数字受给饲饲料的时机影响。正常的牛应该横卧着反刍,如果站立着进行反刍的牛太多就应该考虑设施是否出了问题。

2. 嗳气:奶牛的嗳气是指从其口腔中排出大量气体,这些气体是瘤胃微生物发酵的产物。由于瘤胃上背囊的收缩,促使瘤胃气体向上行或下行。上行气体由食管进入口中排出,下行气体则通过胃和肠经肛门排出。牛嗳气为 17~20 次/h,正常的嗳气也是其消化功能正常的表现,当奶牛不能正常嗳气时,或产气量太大时,就可能出现瘤胃胀气,严重时可危及生命。

3. 食管沟反射:当有流体食物进入时,食管沟反射并卷缩成管状,成为食管的延长部分,可将液体导入瓣胃和皱胃。犊牛在食用母乳阶段所饮用的乳汁和水,就是经食管沟卷缩成的管道直接进入皱胃的。这对犊牛来讲具有非常重要的意义,可以避免在其瘤胃功能尚未发育完善时液体进入其内,从而降低幼畜患病和死亡几率。随着动物年龄的增长,食管沟活动逐渐减弱,待其成年时,食管沟完全失去闭合作用。

食管沟反射避免了奶进入瘤胃和在瘤胃中发酵产生消化障碍。人工哺乳时应注意不要让犊牛吃奶过快而超过食管沟的容纳能力,导致奶进入瘤胃,引起不良发酵。人工哺乳要定时定人,以保持犊牛良好的食管沟反射。

2 碳水化合物营养代谢

2.1 概述

糖定义为多羟基醛、酮及其缩聚物和某些衍生物。有单糖、寡糖、多糖和复合糖类。

单糖是糖结构的单体,一般分为醛糖和酮糖两类。最简单的三碳糖是甘油醛和二羟基丙酮。醛糖中氧化数最高的碳原子指定为 C-1,酮糖中氧化数最高的碳原子指定为 C-2,除最简单的二羟丙酮外,都是手性分子。

糖的构型有 D 型和 L 型。D 型糖是指具有最高编号的手性碳,即离羰基碳最远的手性碳连接的-OH 在 Fischer 投影式中是朝向右的。

醛糖和酮糖可以形成环式的半缩醛。有 5 原环或 6 原环结构,称为呋喃糖或吡喃糖。环化单糖中氧化数最高的碳原子称异头碳,是手性碳,又有 α、β 两个新异构体(称为异头物)。在溶液中,有能力形成环结构的醛糖和酮糖,它们不同的环式和开链式处于平衡中。

单糖存在不同的构象。对于每个吡喃糖,都存在 6 种不同的船式构象和 2 种不同的椅式构象。在椅式构象中可以使环内原子的立体排斥减到最小,所以椅式构象比船式构象更稳定。

单糖可以通过糖苷键形成寡糖和多糖。最常见的糖苷键是 α-1,4-糖苷键和 β-1,4-糖苷键,另一种糖苷键 α-1,6-糖苷键出现在支链淀粉和糖原分子中。4 种重要的双糖有麦芽糖(α-1,4)、纤维二糖(β-1,4)、乳糖和蔗糖。乳糖是纤维二糖的差向异构体,是奶中的主要糖分。许多植物可合成蔗糖,它是自然界中发现的最丰富的糖(无还原性和变旋现象)。

淀粉、糖原是葡萄糖的同多糖。淀粉是植物和真菌中的储存多糖,糖原是在动物和细菌中发现的储存多糖。纤维素和几丁质是结构同多糖。

直链淀粉含 α-1,4 糖苷键,支链淀粉和糖原中除含 α-1,4-糖苷键外,在分支点上还有 α-1,6-糖苷键。糖原分子一般比淀粉分子大,分支多,但侧链含有的葡萄糖残基较少。纤维素中的葡萄糖残基通过 β-1,4-糖苷键连接。几丁质的单糖单位是 β-1,4-糖苷键连接的 N-乙酰葡萄糖胺。

单糖和大多数多糖是还原糖。都含有一个可反应的羰基,容易被较弱的氧化剂(如 Fe^{3+} 或 Cu^{2+})氧化。一个糖聚合物的还原能力,根据寡糖和多糖的聚合链的还原端和非还原端判断,在一个线形的聚合糖中,有一个还原端残基(含游离异头碳的残基)和一个非还原端残基。一个带支链的多糖含有很多非还原端,但只有一个还原端。

反刍动物日粮中的碳水化合物可分为纤维性碳水化合物和非纤维性碳水化合物。纤维性碳水化合物(FC)的主要营养生理功能包括,保证瘤胃的健康和为机体提供能量;非纤维性碳水化合物(NFC)的营养生理功能包括为瘤胃微生物提供能量,为机体提供能量和葡萄糖。

2.2 碳水化合物的消化吸收

2.2.1 碳水化合物在瘤胃的消化

前胃是反刍动物消化粗饲料的主要场所。前胃内微生物每天消化的碳水化合物占采食粗纤维和无氮浸出物的 70%~90%。其中瘤胃相对容积大,是微生物寄生的主要场所,每天消化碳水化合物的量占采食量的 50%~55%,具有重要营养意义。碳水化合物在瘤胃中的代谢可分为两个阶段,第一个阶段是将各种复杂的碳水化合物(纤维素、半纤维素、果胶)水解为寡聚糖,主要是双糖(纤维二糖、麦芽糖和木二糖)和单糖,这一过程是在细胞外微生物酶催化下完成的;第二阶段是微生物将第一阶段降解产生的各种糖立即吸收进入细胞内进一步分解。双糖与单糖对瘤胃微生物不稳定,被其吸收后迅速地被细胞内酶降解为挥发性脂肪酸(VFA),首先将单糖转化为丙酮酸,以后的代谢途径可有差异,同时产生 CH_4 和热量。饲料中未降解的和细菌的碳水化合物占采食碳水化合物总量的 10%~20%,这部分在小肠由酶消化,其过程同单胃动物,未消化部分进入大肠发酵。

2.2.1.1 瘤胃微生物细胞外消化

饲料中的各种复杂碳水化合物,包括结构性和非结构性碳水化合物均被瘤胃微生物分泌至细胞外的各种酶,进行不同程度降解,最终形成各种单糖。饲料中的纤维素被一种或几种 β-1,3-葡萄糖苷酶降解成纤维二糖,并进一步分解成葡萄糖或在磷酸化酶的作用下转变成葡萄糖-1-磷酸。淀粉和糊精经淀粉酶作用转变成麦芽糖,再经麦芽糖酶、麦芽糖磷酸化酶或 1,6-葡萄糖苷酶催化生成葡萄糖或葡萄糖-1-磷酸。果聚糖被相应酶水解成果糖。饲草中的半纤维素、戊聚糖和果胶,可被相应酶降解为木糖及其他戊糖或糖醛酸,并进一步进入糖代谢。木质素是一种特殊结构物质,基本上不能被分解。

2.2.1.2 瘤胃微生物细胞内代谢

碳水化合物在细胞外降解产生的各种单糖在瘤胃液中很难检测出来,它们会立即被微生物吸收进入细胞内代谢。进入细胞内的单糖代谢途径和动物体内相似,首先被细胞内的酶分解成丙酮酸,并进而分解成 VFA,主要有乙酸、丙酸、丁酸,少量有甲酸、异丁酸、戊酸、异戊酸和己酸。瘤胃中 24 h VFA 产量为 3~4 kg(奶牛瘤网胃),绵羊为 300~400 g,大肠产生并被动物利用了的 VFA 为上述量的 10%,乙酸、丙酸、丁酸的比例受日粮因素影响,如日粮组成(精粗比)物理形式(颗粒大小)、采食量、饲喂次数等。乙酸是主要酸,喂粗料时产量高,喂谷物时丙酸产量高,乙/丙比受日粮处理影响。VFA 的浓度受到吸收和产出的平衡调节,饲喂后浓度增加,伴随 pH 值下降,吃干草后 4 小时发酵达高峰,喂精料后达高峰时间更短。喂大量易消化碳水化合物后,唾液的缓冲作用不能维持 pH 值保持在 6~7,当 pH 值降到 4~4.5 时,纤维菌的增长受抑制。

Van.Soest(1977)根据 Wolin(1974)提出的反刍动物消化代谢概念,把葡萄糖发酵生成 VFA 的过程进行了归纳,每摩尔葡萄糖降解成乙酸将产生 8 个 H,丁酸 4 个 H,丙酸生成利用 4 个 H。因此,在 VFA 产生过程中,中间产物 H 有大量剩余,在厌氧条件下与 CO_2 结合形成甲烷。饲料能是指 C-H 中化学能,每克氢氧化成水可产生 42.26 KJ 热能,因此生 H 越多,能量损失越大。由此证明,转化成乙酸能量损失大,转化成丙酸和丁酸能量损失较小。

2.2.1.3 VFA 的吸收

碳水化合物分解产生的 VFA 有 75%直接从瘤网胃吸收,20%从真胃和瓣胃吸收,5%随食糜进入小肠后吸收。VFA 吸收是被动的,C 原子越多,吸收越快,吸收过程中,丁酸和一些丙酸在上皮和细胞中转化为 β-羟丁酸和乳酸。取决于瘤胃液和上皮细胞或血液中的浓度差,瘤胃 pH 值降低,VFA 吸收率增加。上皮细胞对丁酸代谢十分活跃,相应促进其吸收速度。

2.2.1.4 瘤胃能量损失量及估测方法

瘤胃微生物的强大发酵作用,导致饲料能在瘤胃中两大损失:①甲烷能;②发酵热。

2.2.1.4.1 瘤胃中甲烷的产生

甲烷(CH_4)是瘤胃发酵中产生的可燃性气体的主要成分,在瘤胃气体中,CO_2 占 40%,甲烷占 30%~40%,氢气占 5%,其他还有比例不恒定的少量氧化氮气。这些气体通常以嗳气方式经口排出体外。甲烷能主要是碳水化合物代谢过程中形成的终产物。很多研究发现,反刍动物每 100 g 可消化碳水化合物可形成 4.5g CH_4,每天产生的甲烷能占饲料能的 8%左右。甲烷还与地球的温室效应有关,据报道,来自反刍动物的 CH_4 约占全球甲烷生产量的 15%左右。

2.2.1.4.1 甲烷生成的机制

甲烷的研究始于 1910 年。甲烷生产是一个包括叶酸和维生素 B_{12} 参与的复杂反应过程,主要是由数种甲烷菌通过 CO_2 和 H_2 进行还原反应产生的,瘤胃内的代表性甲烷菌有反刍兽甲烷杆菌(*Methanobacterium ruminantium*)、甲酸甲烷杆菌(*Methanobacterium*)、甲烷八叠球菌(*Methanosarcina*)等。

甲烷的产生:$4H_2 + HCO_3^- + H^+ \rightarrow CH_4 + 3H_2O$

甲烷产量很高,能值高(7.6 kcal/g)不能被动物利用,因而是巨大的能量损失,甲烷能占食入总能的 6%~8%,甲烷产量估计式:

牛:甲烷(g)=4.012x+17.68

x:可消化碳水化合物的克数

2.2.2 碳水化合物在肠道的消化

瘤胃中未消化的淀粉与糖转移至小肠,在小肠受胰淀粉酶的作用,变为麦芽糖。在有关酶的进一步作用下,转变为葡萄糖,并被肠道吸收,参与代谢。小肠中未消化的淀粉进入盲肠、结肠,受细菌作用,产生与前述相同的变化。

瘤胃中未分解的纤维性物质,到盲肠、结肠后受细菌的作用发酵分解为 VFA、CO_2 和 CH_4。VFA 被肠壁吸收,参与代谢,CO_2、CH_4 由肠道排出体外,最后未被消化的纤维性物质由粪排出。

2.2.3 碳水化合物降解产物的吸收

约75%的挥发性脂肪酸经瘤胃壁吸收,约20%经皱胃和瓣胃壁吸收,约5%经小肠吸收。碳原子含量越多,吸收速度越快,丁酸吸收速度大于丙酸。3种挥发性脂肪酸(VFA)参与体内碳水化合物代谢,通过三羧酸循环形成高能磷酸化合物(ATP),产生热能以供动物应用。乙酸、丁酸有合成乳脂肪中短链脂肪酸的功能,丙酸是合成葡萄糖的原料,而葡萄糖又是合成乳糖的原料。

饲料中的可溶性糖和淀粉避开瘤胃发酵进入小肠被消化产生的葡萄糖主要在十二指肠和空肠吸收。瘤胃中未分解的纤维性物质,到盲肠、结肠后受细菌的作用发酵分解为 VFA。VFA 可经肠壁吸收,参与代谢。小肠主要吸收瘤胃未降时淀粉生成的葡萄糖。

2.3 碳水化合物的消化产物体内代谢周转

2.3.1 VFA 代谢

2.3.1.1 合成其他物质

乙酸,丁酸→体脂、乳脂

丙酸→葡萄糖

2.3.1.2 氧化供能

奶牛组织中的乙酸有50%、丁酸有2/3、丙酸有1/4被氧化,其中乙酸提供的能量占总能量需要量的70%。

1 mol 丙酸 → 17 mol ATP

1 mol 丁酸 → 25 mol ATP

1 mol 乙酸 → 10 mol ATP

2.3.2 葡萄糖代谢

相当长时期内,人们认为葡萄糖对反刍动物并不重要。事实上,反刍动物对葡萄葡萄糖的需要并不比单胃动物差,而是获取葡萄糖的途径不同。

2.3.2.1 反刍动物葡萄糖的功能

(1)是神经组织和血细胞的主要能源。

(2)肌肉代谢和糖原生成所必需。

(3)泌乳期和妊娠期生物合成的葡萄糖量增加,葡萄糖是乳糖和甘油的主要前体物,同时供给胎儿营养。

(4)是形成 NADPH 的必需。

反刍动物体内葡萄糖供给有两条途径。其一是外源葡萄糖,即饲料中的可溶性糖和淀粉避开瘤胃发酵进入小肠被消化吸收的葡萄糖(BSEG)。其二是内源葡萄糖,即由体内丙酸或生糖氨基酸经糖异生途径合成的葡萄糖(POEG)。反刍动物所需葡萄糖主要是体内合成,部位在肝脏,其来源:40%~60%来自丙酸,20%来自蛋白质,其余来自 VFA、乳和甘油。卢德勋(1996)将两者结合在一起,提出了代谢葡萄糖(MG)概念,所谓 MG 是指饲料中经过动物消化吸收后,可以给动物本身代谢提供能量的葡萄糖总量,并提出 MG 计算公式为:

MG(g/d)=POEG+BSEG

POEG=K_1×0.5×180.16×Pr /1000

BSEG(g/d)=0.9×K_2×BS

K_1-瘤胃丙酸吸收率;0.5-可吸收丙酸转化为葡萄糖的效率;180.16-葡萄糖的克分子量;Pr-瘤胃发酵产生的丙酸(mmol/d)。0.9-淀粉转化为葡萄糖的系数;K_2-过瘤胃淀粉在小肠中的消化率;BS-过瘤胃淀粉量(g/d)。

反刍动物采食后,糖异生作用增加,限食时异生减少,这与单胃动物相反,后者是在食时肝糖生产的量增加,采食反刍动物葡糖合成率只有绝食非反刍动物的 60%~65%,而饲喂状态下,反刍动物合成率比单胃动物低 10%~20%。反刍动物体内所需葡萄糖 20%~90%由糖异生途径提供,在以粗饲料为主的日粮中,80%~90%葡萄糖由丙酸合成。在放牧条件下,绵羊几乎不可能由小肠吸收葡萄糖,即使日产 40 kg 奶的高产奶牛,所需葡萄糖 60%来源于丙酸的糖异生。

2.3.2.2 分解代谢

2.3.2.2.1 糖的分解特点和途径

(1)糖的分解在有氧和无氧下均可进行,无氧分解不彻底,有氧分解使其继续,最终分解产物是 CO_2、H_2O 和能量。

(2)糖的分解首先要活化,无氧下的分解以磷酸化方式活化;有氧下,以酰基化为主。

(3)糖的分解途径主要有 3 条:糖酵解(葡萄糖→丙酮酸→乳酸);柠檬酸循

环（丙酮酸 →乙酰辅酶 A→CO_2+H_2O）；戊糖磷酸途径（葡萄糖→核糖–5–磷酸→CO_2+H_2O）。

2.3.2.2.2 糖酵解

（1）概念和部位。糖酵解（glycolysis）是无氧条件下，葡萄糖降解成丙酮酸并有 ATP 生成的过程。它是生物细胞普遍存在的代谢途径，涉及十个酶催化反应，均在胞液进行。

（2）反应过程和关键酶。

①己糖激酶（hexokinase）催化葡萄糖生成 6–磷酸葡萄糖（G–6–P），消耗一分子 ATP。

己糖激酶（HK）分布较广，而葡萄糖激酶（GK）只存在于肝脏，这是第一个关键酶催化的耗能的限速反应。若从糖原开始，由磷酸化酶和脱支酶催化生成 1–磷酸葡萄糖（G–1–P），再经变位酶转成 G–6–P。

②G–6–P 经异构酶催化转化为 6–磷酸果糖（F–6–P）。

③磷酸果糖激酶（PFK–Ⅰ）催化 F–6–P 磷酸化生成 1,6–二磷酸果糖（F–1,6–DP），消耗一分子 ATP。这是第二个关键酶催化的最主要的耗能的限速反应。

④醛缩酶裂解 F–1,6–DP 为磷酸二羟丙酮和甘油醛–3–磷酸。平衡有利于逆反应方向，但在生理条件下甘油醛–3–磷酸不断转化成丙酮酸，驱动反应向裂解方向进行。

⑤丙糖磷酸异构酶催化甘油醛–3–磷酸和磷酸二羟丙酮的相互转换。

⑥甘油醛–3–磷酸经脱氢酶催化甘油醛–3–磷酸氧化为 1,3 –二磷酸甘油酸。这是酵解中唯一的一步氧化反应，是由一个酶催化的脱氢和磷酸化两个相关反应。反应中一分子 NAD^+被还原成 NADH，同时在 1,3–二磷酸甘油酸中形成一个高能磷酸键，为在下一步酵解反应中使 ADP 变成 ATP。

⑦磷酸甘油酸激酶催化 1,3–二磷酸甘油酸生成 3–磷酸甘油酸。反应⑥和反应⑦联合作用，将一个醛氧化为一个羧酸的反应与 ADP 磷酸化生成 ATP 偶联。这种通过一高能化合物将磷酰基转移 ADP 形成 ATP 的过程称为底物水平磷酸化。底物水平磷酸化不需氧，是酵解中形成 ATP 的机制。

⑧磷酸甘油酸变位酶催化 3–磷酸甘油酸转化为 2–磷酸甘油酸

⑨烯醇化酶催化 2–磷酸甘油酸生成磷酸烯醇式丙酮酸（PFP）。PFP 具有很高的磷酰基转移潜能，其磷酰基是以一种不稳定的烯醇式互变异构形式存在的。

⑩丙酮酸激酶催化 PFP 生成丙酮酸和 ATP。这是第三个关键酶催化的限速反应。也是第二次底物水平磷酸化反应。

丙酮酸是酵解中第一个不再被磷酸化的化合物。其去路:在大多数情况下,可通过氧化脱羧形成乙酰辅酶 A 进入柠檬酸循环;在某些环境条件(如肌肉剧烈收缩),乳酸脱氢酶可逆地将丙酮酸还原为乳酸。

葡萄糖+2Pi+2ADP+2NAD$^+$ → 2 丙酮酸+2ATP+2NADH+2H$^+$+2H$_2$O

葡萄糖+2Pi+2ADP+2H$^+$ → 2 乳酸+2ATP+2H$_2$O

葡萄糖+2Pi+2ADP+2H$^+$ → 2 乙醇+2CO$_2$+2ATP+2H$_2$O

(3)糖酵解能量的估算和生理意义。

在体外,1 mol 葡萄糖→2 mol 乳酸,ΔGO′= −196 kJ/mol

1 mol 糖原→2 mol 乳酸, ΔGO′= −183 kJ/mol

在机体内,生成 2 mol ATP 相当捕获 2×30.514=61.028 kJ/mol

葡萄糖酵解获能效率=2×30.514/196×100% = 31%

糖原酵解获能效率=3×30.514/196×100% = 49.7%

糖酵解是生物界普遍存在的供能途径,其生理意义是为机体在无氧或缺氧条件下(应激状态)提供能量满足生理需要。例如,剧烈运动时,肌肉内 ATP 大量消耗,糖酵解加速可迅速得到 ATP;成熟的红细胞没有线粒体,完全靠糖酵解供能;神经细胞、白细胞、骨髓、视网膜细胞代谢极为活跃,不缺氧时亦由糖酵解提供部分能量。

(4)糖酵解的调控。糖酵解 3 个主要调控部位,分别是己糖激酶、果糖磷酸激酶(PFK)和丙酮酸激酶催化的反应。

HK 被 G-6-P 变构抑制,这种抑制导致 G-6-P 的积累,酵解作用减弱。但 G-6-P 可转化为糖原及戊糖磷酸,因此 HK 不是最关键的限速酶。

PFK 被 ATP 变构抑制,但这种抑制作用被 AMP 逆转,这使糖酵解对细胞能量需要得以应答。当 ATP 供应短缺(和 AMP 充足)时,加快速度,生成更多的 ATP,ATP 足够时就减慢速度。柠檬酸可增加 ATP 对酶的抑制作用;F-2,6-DP 可消除 ATP 对酶的抑制效应,使酶活化。PFK 被 H$^+$抑制,可防止肌乳酸过量导致的血液酸中毒。

丙酮酸激酶被 F-1,6-DP 活化,加速酵解。ATP、丙氨酸变构抑制此酶。

2.3.2.2.3　糖的有氧分解

（1）概念和部位。葡萄糖的有氧分解是从葡萄糖到丙酮酸经三羧酸循环（TCA），彻底氧化生成 CO_2、H_2O 和释放大量能量的过程。是在细胞的胞液和线粒体两个部位进行的。

（2）反应过程和关键酶。整个过程可分为三个阶段。

第一阶段是葡萄糖分解为丙酮酸，在胞液进行。与酵解反应过程所不同的是 3-磷酸甘油醛脱氢生成的 NADH 进入线粒体氧化。

第二阶段是丙酮酸进入线粒体氧化脱羧生成乙酰 CoA。

丙酮酸脱氢酶系是由 3 种酶和 5 种辅助因子组成的多酶复合体，是关键酶，硫胺素焦磷酸（TPP）是其重要辅酶之一，来源于维生素 B_1。维生素 B_1（硫胺素）属水溶性维生素，在体内主要以硫胺素焦磷酸辅酶（TPP）的形式存在，是动物体内能量代谢途径中重要的辅酶，在动物体内整个能量代谢过程起着至关重要的作用，它参与碳水化合物代谢过程中 α-酮酸的氧化脱羧反应，不能够进入线粒体转化为乙酰 CoA，那么丙酮酸就会在细胞质积累，乳酸脱氢酶的作用下利用瘤胃液中 NADH+H$^+$，丙酮酸被还原为乳酸，一直以来人们都认为奶牛瘤胃微生物合成的硫胺素足以满足其营养需要。但是在生产中发现，在一些特殊生理状况下，如奶牛在高精料的饲养条件或泌乳期及妊娠期等也需要在日粮中添加硫胺素等水溶性维生素，当机体缺乏维生素 B_1 时，碳水化合物代谢就会受阻，致使中间代谢产物乳酸积累及挥发性脂肪酸比例的失衡而诱发瘤胃酸中毒。

第三阶段是柠檬酸循环（又称三羧酸循环或 Krebs 循环）。此循环有 8 步酶促反应。

①柠檬酸合成酶催化乙酰 CoA 与草酰乙酸缩合成柠檬酸和 CoASH。是第一个关键酶催化的限速反应。

②顺乌头酸酶催化柠檬酸异构成异柠檬酸。

③异柠檬酸在异柠檬酸脱氢酶的催化下生成草酰琥珀酸，再脱羧生成 α-酮戊二酸。此步是第一次氧化脱羧，异柠檬酸脱氢酶是第二个关键酶。

④α-酮戊二酸由 α-酮戊二酸脱氢酶系催化氧化脱羧生成琥珀酰 CoA。此酶系由 3 种酶和 5 种辅助因子组成，是第三个关键酶催化的第二次氧化脱羧。

⑤琥珀酰 CoA 在琥珀酰硫激酶催化下生成琥珀酸。这是循环中唯一的一次底物水平磷酸化，GDP 磷酸化形成 GTP。

⑥琥珀酸在琥珀酸脱氢酶催化下氧化为延胡索酸。这是第三步脱氢,生成 $FADH_2$。

⑦延胡索酸在延胡索酸酶作用下水化形成苹果酸。

⑧苹果酸在苹果酸脱氢酶催化下氧化为草酰乙酸。这是第四步脱氢,生成 $NADH+H^+$。

一次三羧酸循环过程,可归结为一次底物水平磷酸化、二次脱羧、三个关键酶促反应、四步脱氢氧化反应。每循环一次产生 12 分子 ATP。

总反应: 乙酰 $CoA + 2H_2O + 3NAD^+ + FAD + ADP + Pi \rightarrow 2CO_2 + 3NADH + 3H^+ + FADH_2 + CoASH + ATP$

(3)能量的估算和生理意义

在体外,1 mol 葡萄糖 $\rightarrow CO_2 + H_2O$, $\Delta GO' = -2840$ kJ/mol。

体内总反应:葡萄糖 $+ 6O_2 + 30/32ADP + 30/32Pi \rightarrow 6 CO_2 + 42/44 H_2O + 30/32ATP$

第一阶段生成 5 或 7 分子 ATP,即 1 分子葡萄糖生成 2 分子丙酮酸、2 分子 ATP、2 分子 $NADH+H^+$(1 分子 $NADH+H^+$ 在胞液转运到线粒体氧化,经不同的转运方式,可生成 1.5 或 2.5 分子 ATP)。

第二阶段是 5ATP,即 2 分子丙酮酸氧化脱羧生成 2 分子乙酰 CoA 与 2 分子 $NADH+H^+$,后者经电子传递链生成 5ATP。

第三阶段是 20ATP,即 2 分子乙酰 CoA 经三羧酸循环生成 $2 \times 10 = 20ATP$。

葡萄糖有氧氧化的获能效率 $= 32 \times 30.5/2840 \times 100\% = 34\%$

糖的有氧氧化生理意义:①为机体提供更多的能量,是机体利用糖和其他物质氧化而获得能量的最有效方式。②三羧酸循环是糖、脂、蛋白质三大营养物质最终代谢通路和转化的枢纽。糖转变成脂是最重要的例子。③三羧酸循环在提供某些物质生物合成的前体中起重要作用。

(4)三羧酸循环的调控。三羧酸循环在细胞代谢中占据中心位置,受到严密的调控。丙酮酸脱氢酶复合物催化的反应是进入三羧酸循环的必经之路,可通过变构效应和共价修饰两种方式进行快速调节,乙酰 CoA 及 $NADH+H^+$ 对酶有反馈抑制作用。

三羧酸循环中 3 个不可逆反应是调节部位。关键酶的活性受 ATP、柠檬酸、NADH 的反馈抑制;异柠檬酸脱氢酶和 α-酮戊二酸脱氢酶是主要的调节点,

ADP 是异柠檬酸脱氢酶的变构激活剂。

2.3.2.2.4 其他单糖进入糖分解途径

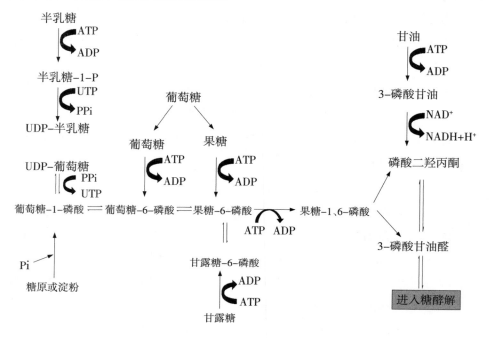

图 2-1 其他单糖代谢途径

2.3.2.2.5 戊糖磷酸途径

（1）概念和部位。葡萄糖经 G-6-P 生成磷酸戊糖、NADPH 及 CO_2 的过程。因从 G-6-P 开始，又称己糖磷酸支路（HMS）。在胞液中进行，在肝脏、脂肪、乳腺、肾上腺皮质和骨髓等组织，该途径是活跃的。

（2）反应过程。

①氧化阶段。从 G-6-P 开始，经过脱氢、脱羧反应生成 5-磷酸核酮糖、2 分子 $NADPH+H^+$ 及 1 分子 CO_2。

G-6-P 脱氢酶的活性决定 G-6-P 进入代谢途径的流量，为限速酶。$NADPH/NADP^+$ 比例升高。反应受抑制；反之，被激活。

②非氧化阶段。磷酸戊糖分子经过异构化互变，3 种戊糖（5-磷酸核酮糖、5-磷酸核糖、5-磷酸木酮糖）由转酮酶和转醛酶催化，产生 3C、4C、5C、6C、7C 糖的中间产物，最终生成 6-磷酸果糖和 3-磷酸甘油醛，与糖酵解相连接。

总反应式：$6G-6-P+12NADP^++7H_2O \rightarrow 5G-6-P+12NADPH+12H^++6CO_2+Pi$

（3）生理意义。虽非生物体氧化供能的主要方式，但却有两个重要的功能。一是提供NADPH用于需要还原力的生物合成反应，例如合成脂肪、胆固醇、类固醇激素等，所以在脂类合成旺盛的脂肪组织、泌乳期乳腺等比较活跃；二是提供5-磷酸核糖，用于核苷酸和核酸的生物合成。

2.3.2.3　糖的合成代谢

2.3.2.3.1　糖原的合成

葡萄糖等单糖合成糖原的过程称为糖原的合成。糖原合成是在糖原分子（引物约4-6个葡萄糖残基）基础上经酶系作用逐个加上葡萄糖，并形成分支。UDP-葡萄糖（UDPG）是葡萄糖的活性形式，是参与合成反应的葡萄糖的活性供体。

（1）UDP-葡萄糖焦磷酸化酶催化UTP和G-1-P合成UDP-G和焦磷酸，焦磷酸立即被焦磷酸酶水解，释放能量。反应基本上不可逆。

（2）糖原合成酶催化形成α-1,4-糖苷键，即把UDP-G的糖残基转移到糖原分子非还原端的C_4-OH基上。此酶是关键酶。

（3）分支酶催化α-1,6-糖苷键连接，形成分支。通常分支酶断裂含7个葡萄糖残基的一段糖链，将其转移到糖原分子更内部的位点。

糖原合成与分解是由不同酶催化的逆向反应，属于不同的途径，有利于调节。糖原合成酶和糖原磷酸化酶是两个过程的关键酶。其活性均受磷酸化和去磷酸化的共价修饰调节，磷酸化的方式相似，但效果不同，糖原合成酶磷酸化后失活，去磷酸化后有活性，而糖原磷酸化酶磷酸化后活性变强。两种酶的磷酸化受相应的激酶催化，并通过上一级酶的调节及激素调控使整个调节过程精细化。

2.3.2.3.2　糖异生

（1）概念和部位。非糖物质（如甘油、丙酮酸、乳酸和生糖氨基酸等）转变为葡萄糖或糖原的过程称为糖异生作用。这是体内单糖生物合成的唯一途径。

肝脏是糖异生的主要器官，奶牛泌乳早期，肾脏的糖异生作用增强。糖异生中许多反应是糖酵解的逆向过程，在胞液和线粒体内发生。

（2）反应过程。糖异生并非是糖酵解的逆转，己糖激酶、磷酸果糖激酶、丙酮酸激酶催化的3个高放能反应不可逆，构成"能障"，需要消耗能量走另外途径，或由其他的酶催化来克服不可逆反应带来的"能障"。

①丙酮酸羧化支路:丙酮酸羧化酶催化丙酮酸羧基化生成草酰乙酸,再经磷酸烯醇式丙酮酸羧激酶催化脱羧基和磷酸化形成磷酸烯醇式丙酮酸。

丙酮酸羧化酶仅存在线粒体中,胞液中的丙酮酸必须进入线粒体,才能羧化为草酰乙酸,此过程消耗 1 分子 ATP,草酰乙酸不能直接透过线粒体膜,转化成苹果酸或天冬氨酸才转运回胞液。PEP 羧激酶在线粒体和胞液都有,此步消耗 1 分子 GTP。PEP 经一系列酶催化生成 F-1,6-BP,其反应需用 1 分子 ATP 和 1 分子 NADH。

②果糖二磷酸酶催化 F-1,6-DP 水解为 F-6-P。

③G-6-P 酶催化 G-6-P 水解为葡萄糖。

总反应式:2 丙酮酸+4ATP+2GTP+2NADH+2H$^+$+6H$_2$O → 葡萄糖+4ADP+2GDP+6Pi+2NAD$^+$

糖异生等于用了 4 分子 ATP 克服由 2 分子丙酮酸形成 2 分子高能磷酸烯醇式丙酮酸的能障,用了 2 分子 ATP 进行磷酸甘油激酶催化反应的可逆反应。这比酵解净生成的 ATP 多用了 4 分子 ATP。

(3)糖异生的前体物质。

①凡是能生成丙酮酸的物质都可以变成葡萄糖。例如三羧酸循环的中间物柠檬酸、异柠檬酸、α-酮戊二酸、琥珀酸、延胡索酸和苹果酸都可以转变成草酰乙酸而进入糖异生途径。

②大多数氨基酸是生糖氨基酸如丙氨酸、谷氨酸、天冬氨酸、丝氨酸、半胱氨酸、甘氨酸、精氨酸、组氨酸、苏氨酸、脯氨酸、谷胺酰胺、天冬酰胺、甲硫氨酸、缬氨酸等,它们可转化成丙酮酸、α-酮戊二酸、草酰乙酸等三羧酸循环中间物参加糖异生途径。

③乳酸,瘤胃产生的大量乳酸随血流流至肝脏,先氧化成丙酮酸,再经过糖异生作用转变为葡萄糖,进而补充血糖,也可重新合成肌糖原被贮存起来,这一循环过程称为乳酸-葡萄糖(Cori 循环)。

(4)反刍动物糖异生途径十分活跃,瘤胃中的细菌分解纤维素和淀粉成为乙酸、丙酸、丁酸等,丙酸可转变成为琥珀酰 CoA 参加糖异生途径合成葡萄糖。糖异生对奶牛极其重要,并且葡萄糖前体物的供应量和由葡萄糖合成乳糖的理论效率很高,接近 97%。

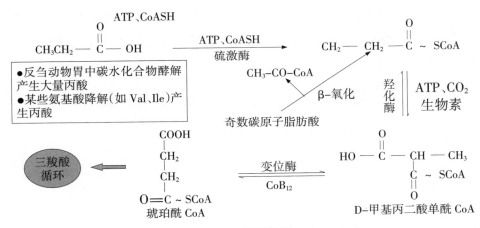

图 2-2　丙酸代谢

丙酰辅酶 A 羧化酶对于反刍动物十分重要,这种酶作用于丙酸转化为葡萄糖。对于奶牛来说,丙酸是葡萄糖合成主要的前体物。泌乳奶牛利用丙酸合成大量的葡萄糖,生物素是丙酸异生成糖的关键酶丙酰辅酶 A 羧化酶的辅酶,如果丙酰辅酶 A 羧化酶活性被生物素缺乏所限制,日粮中添加生物素就有可能提高葡萄糖含量以及产奶量。在奶牛体内,生物素和维生素 B_{12} 是丙酸异生成糖的关键酶的辅酶,奶牛瘤胃微生物能够利用钴合成维生素 B_{12}。

2.3.2.3.3　糖异生的调控

糖异生的前体,例如乳酸是由乳酸脱氢酶催化转化为丙酮酸进入糖异生途径的,甘油先转变成 α-磷酸甘油再转化成磷酸二羟丙酮进入糖异生途径。

表 2-1　糖代谢途径中主要关键酶活性调节

关键酶或酶系的名称	激活剂	抑制剂
己糖激酶	Pi	G-6-P(对葡糖激酶无影响)
磷酸果糖激酶	ADP,AMP,Pi	
2,6-二磷酸果糖	ATP,柠檬酸,脂肪酸	
丙酮酸激酶	ADP	ATP,柠檬酸,丙氨酸
丙酮酸脱氢酶系	ADP	ATP,乙酰 CoA,NADH
柠檬酸合酶	ADP	ATP
异柠檬酸脱氢酶	ADP,AMP	ATP
酮戊二酸脱氢酶系	ADP	ATP,琥珀酰 CoA,NADH
丙酮酸羧化酶	乙酰 CoA	
磷酸化酶	AMP	ATP,G-6-P
糖原合成酶	ATP	ADP,AMP

ATP/AMP 的变化是影响糖异生关键酶活性的重要因素。当 AMP 的水平高时,表明要合成更多的 ATP,AMP 激发 PFK,增加糖酵解的速率和抑制果糖

1,6-二磷酸酶,关闭糖异生作用;反之,当 ATP 和柠檬酸水平高时,PFK 受抑制,降低酵解的速率,以及柠檬酸激发果糖 1,6-二磷酸酶,增加糖异生的速率。

2.3.2.3.4 糖代谢途径的联系

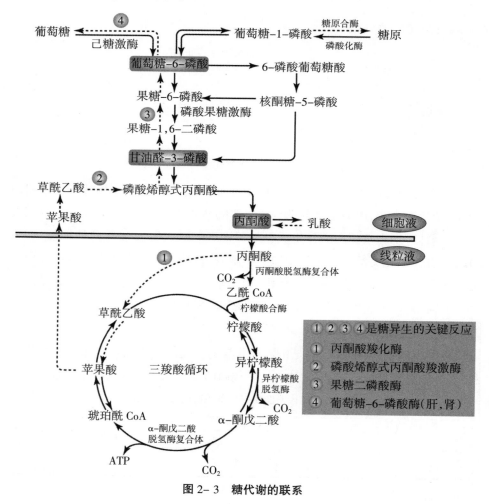

图 2- 3 糖代谢的联系

2.3.3 对奶牛碳水化合物消化研究的相关进展

反刍动物除了前胃外,消化道部分的消化吸收与单胃动物类似。前胃是反刍动物消化粗饲料的主要场所。其中瘤胃每天消化碳水化合物的量占总采食量的 50%~55%,具有重要的营养意义。碳水化合物在瘤胃中被微生物分泌的酶水解未短链的低聚糖,主要是二糖,部分二糖继续水解为单糖。二糖和单糖被瘤胃微生物摄取，在细胞酶的作用下迅速降解为挥发性脂肪酸——乙酸、丙酸、丁酸。瘤胃微生物的降解使纤维物质变得可用，对宿主动物有显著的供能作用，但发酵过程中存在碳水化合物的损失，宿主体内代谢需要的葡萄糖大部分由发酵产品经糖原异生供给。糖异生作用的前体物质（丙酸）在瘤胃发酵中的数量和比例很小，试验表明，在饲喂劣质饲草时，瘤胃液中的乙酸与丙酸比例为 100:16，在饲喂精料时比例为 100:75，丙酸不足时，会导致动物体脂合成与沉积量下降，导致机体蛋白质代谢恶化，导致母畜泌乳量下降，故在反刍动物饲喂中要适当饲喂精料。但精料过多时，淀粉在瘤胃迅速发酵，大量产酸，降低瘤胃 pH 值，抑制纤维分解菌活性，严重会导致酸中毒。而且饲粮中纤维水平过低，瘤胃液中挥发性脂肪酸中乙酸减少，会降低乳脂率和产乳量。

饲粮纤维在瘤胃中发酵所产生的挥发性脂肪酸是反刍动物的主要来源，挥发性脂肪酸能为反刍动物提供能量的需要的 70%~80%，因此，纤维素的消化不仅直接关系到反刍动物的能量供给和代谢，而且也与其生产性能密切相关。研究表明，日粮中添加硫、铜、纤维酶和半纤维酶等，可不同程度提高纤维素消化率，此外，不同形式的精料对反刍动物牛瘤胃纤维素消化率和微生物蛋白的合成也有大的影响。相关酶制剂的配伍以及日粮的配比对反刍动物的纤维饲料有很大的影响。

近年来，奶牛碳水化合物饲料研究主要集中在新饲料原料的使用效果和常用原料的不同处理方面。由于碳水化合物的组成影响其在瘤胃的供能效果，进而影响瘤胃微生物合成，所以奶牛可溶性和不溶性碳水化合物的利用，纤维与淀粉比例、NDF 与淀粉比例等也是当前研究的热点。在奶牛碳水化合物饲料副产品的研究中淀粉含量水平、玉米副产品、大豆副产品及麦类副产品仍是目前研究较多的内容。另外，纤维来源、物理有效纤维、颗粒大小、糖和淀粉来源及加工、粗料比例和长度被认为是调控日粮中物理有效纤维的主要因素，并且有利于防止瘤胃酸中毒，也是目前的研究热点。

相关概念

1. 中性洗涤纤维(NDF):植物性饲料经中性洗涤剂煮沸处理,不溶解的残渣为中性洗涤纤维,主要为细胞壁成分,其中包括半纤维素、纤维素、木质素和硅酸盐。

2. 酸性洗涤纤维(ADF):植物性饲料经酸性洗涤剂煮沸处理,不溶解的残渣为酸性洗涤纤维,主要包括纤维素、木质素和硅酸盐。

3. 非淀粉多糖(NSP):非淀粉多糖是由若干单糖通过糖苷键连接成的多聚体,包括除 α–葡聚糖以外的大部分多糖分子。通常非淀粉多糖一般分为 3 大类,即纤维素、非纤维多糖(半纤维素性聚合体)和果胶聚糖。其中非纤维多糖又包括木聚糖、β–葡聚糖、甘露聚糖、半乳聚糖等。按照水溶性的不同,非淀粉多糖又可分为可溶性非淀粉多糖(SNSP)和不可溶性非淀粉多糖(INSP),这是因为在谷物细胞壁中,一些非淀粉多糖以氢键松散地与纤维素、木质素、蛋白质结合,故溶于水,称为可溶性非淀粉多糖。非淀粉多糖(NSP)是饲料纤维的主要成分,这些纤维将饲料营养物质包围在细胞壁里面,部分纤维可溶解于水并产生黏性物质。

4. 代谢葡萄糖(MG):所谓 MG 是指饲料中经过动物消化吸收后,可以给动物本身代谢提供能量的葡萄糖总量。

5. 糖异生:生物体将多种非糖物质转变成糖的过程。在哺乳动物中,肝脏是糖异生的主要器官,正常情况下,肾脏的糖异生能力只有肝脏的 1/10,长期饥饿时肾脏糖异生能力则可大为增强。糖异生的主要前体是乳酸、丙酮酸、氨基酸及甘油等。在反刍动物的消化道中,经细菌作用能将大量纤维素等转变成丙酸,后者在体内也可转变成糖。

3　蛋白质营养代谢

3.1　概　述

在动物营养学中,饲料中的蛋白质通常是指粗蛋白(CP),定义为饲料原料中的氮乘以 6.25,它包括真蛋白、非蛋白氮(NPN)和不溶解氮。真蛋白(即生化意义上的蛋白质)是大小、形状、功能、溶解度和氨基酸组成上不同的大分子,可以根据它们的三维结构和溶解度进行分类,如白蛋白、球蛋白、谷蛋白、醇溶蛋白、组蛋白和纤维蛋白。NPN 通常是指用钨酸或三氯乙酸提取真蛋白后滤液中剩余的含氮物质部分,包括肽、游离氨基酸、核酸、氨基(amide)、胺(amines)和氨态氮等低分子化合物。常见的饲料真蛋白和 NPN 平均只占饲料总氮的 65%。其余的为不溶解氮,它包括谷物中结合在完整淀粉颗粒的蛋白、大部分细胞壁结合蛋白和一部分叶绿体蛋白以及与中性洗涤纤维(NDF)结合的热变性蛋白质。

3.2　蛋白质的消化吸收

3.2.1　蛋白质在瘤胃的代谢

日粮中的蛋白质经过咀嚼进入反刍动物瘤胃后,其中在瘤胃中可降解日粮蛋白在瘤胃微生物相关的酶的作用下,与内源蛋白(包括动物脱落上皮细胞、唾液和瘤胃微生物残留物所含蛋白质)混合在一起进行发酵,在瘤胃微生物(细菌、原虫和真菌)蛋白降解酶的作用下,降解成小分子蛋白,小分子蛋白进一步分解成肽和氨基酸,其中大多数氨基酸又被降解成有机酸、氨和二氧化碳,瘤胃微生物降解所产生的氨与一些简单的肽类和游离氨基酸,用于微生物生长和微生物蛋白合成。生成的氨除用于微生物合成瘤胃微生物菌体蛋白质外,若瘤胃内氨浓度较高时,则经瘤胃吸收,入门静脉,随血液进入肝脏合成尿素。合成的尿素一部分经唾液和血液返回瘤胃再利用,另一部分从肾排出。因此蛋白质的消化吸收在一定程度上反映了整个机体的代谢情况,但是当饲料中的氮不能被奶牛利用时,则其生产利用效率就会急剧下降,并以粪氮、尿氮以及气态氮的形式大量排放到环境中,造成环境污染。

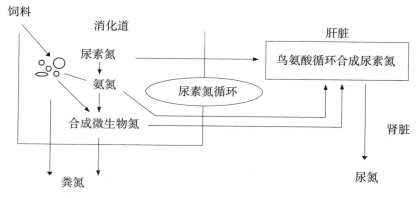

图 3-1 瘤胃内蛋白代谢途径

不同种类的微生物有不同的作用:①细菌参与饲料蛋白降解过程,并合成菌体蛋白,菌体蛋白是微生物蛋白的主体。氨基酸的降解和氨的产生超过细菌蛋白合成的需要将导致日粮蛋白的浪费。多年来,一直认为脱氨基作用仅限于大量的能够由蛋白和蛋白水解产物产生氨的细菌。但最新的研究表明,氨基酸的脱氨基作用是由大量脱氨基酶活性低的细菌和少部分脱氨基酶活性高的细菌共同作用的结果。②原虫在瘤胃蛋白降解过程中也具有活性,并起着重要的作用。原虫只吞噬颗粒物(细菌、真菌和小的饲料颗粒)。因此原虫使不溶性饲料蛋白(如豆粕和鱼粉)降解的作用比使可溶性蛋白降解的作用更强,同时,这种吞噬作用增加了氮在瘤胃内的周转和消耗。此外,原虫和细菌一样都具有较强的脱氨基作用,但原虫不能由氨合成氨基酸,所以原虫是净生成氨的微生物。虽然原虫对瘤胃微生物生物量的贡献大,但它们对进入十二指肠的蛋白量的贡献却与它们对瘤胃微生物生物量的贡献并不成比例。③由于真菌在瘤胃液中的含量很低,所以真菌在瘤胃蛋白质降解中的作用通常认为可以忽略。日粮蛋白质在瘤胃降解的程度,取决于它发酵的难易程度和在瘤胃内的滞留时间。粗饲料的滞留时间相对较长,未被降解而直接通过瘤胃的粗饲料蛋白质很少。动物性蛋白质(如鱼粉)快速降解部分很少,所以大部分蛋白质未被降解而通过瘤胃到达真胃和小肠。经过瘤胃发酵的饲料过瘤胃蛋白质与原样相比,其氨基酸组成有所改变。

3.2.2 蛋白质在小肠中的消化

蛋白质在反刍动物小肠中的消化过程与单胃家畜相似,尽管反刍动物的蛋白质小肠消化过程与单胃家畜相似,但其蛋白质来源却有所不同。饲料中未被降解的过瘤胃蛋白、瘤胃微生物合成的微生物蛋白和消化道的内源蛋白构成了反刍动物小肠的蛋白质总和,在营养上它们具有不同的意义和作用。过瘤胃蛋白是小肠蛋白的重要组成部分,在生产上具有十分重要的意义,调整饲料过瘤胃蛋白是调节反刍动物小肠蛋白组成的重要手段,例如,在大部分或全部的饲草为高质量的禾本科或豆科牧草的条件下,提供可消化过瘤胃蛋白含量高的饲草对高产奶牛来说极其重要。提高微生物蛋白的产量是提高小肠蛋白质的主要措施,因为微生物合成的微生物蛋白占流入小肠蛋白的大部分,是小肠蛋白质的主要来源。而消化道的内源蛋白主要是消化道脱落的上皮细胞、各种消化酶、粘蛋白、血液蛋白等。正常情况下,这部分内源蛋白质在随粪便排出体外前,约有90%又被机体重新吸收了。内源蛋白质的这种周转(释放到肠道和被肠道重新吸收)在反刍动物蛋白质营养代谢上同样具有稳衡控制的重要作用。

3.2.3 蛋白质降解产物的吸收

传统的观点认为,蛋白质必须水解成游离氨基酸(FAA)后才能被吸收,但是随着研究方法的不断进步,许多研究得出结论,蛋白质降解为氨基酸的中间产物小肽也能被胃肠道所吸收。蛋白质降解后在胃肠道可以以两种形式吸收,即游离氨基酸和小肽。

3.2.3.1 蛋白质降解产物在前胃的吸收

过去人们一直认为前胃对蛋白质降解产物无吸收作用,蛋白质必须水解成游离氨基酸后才能被吸收。但最近研究表明,二肽和三肽能够被前胃所吸收。研究表明,小肽均能被瘤胃和瓣胃所吸收,但是二者吸收强度不同,瘤胃的吸收能力不及瓣胃的吸收能力。用同位素标记法研究发现瘤胃和瓣胃具有吸收小肽的能力,且瓣胃吸收能力比瘤胃还强。瘤胃和瓣胃内存在转运小肽的 mRNA 和肽的转运蛋白。

3.2.3.2 蛋白质降解产物在小肠的吸收

随着对肽营养生理研究的不断深入,人们认识到,除游离氨基酸外,动物肠道对小肽的吸收是肠道氨基酸吸收的另一种重要形式。除了反刍动物的蛋白质降解产物氨基酸在小肠被大量吸收之外,研究还发现,小肠对于小肽也有吸收作用,但是二者之间存在着不同的相互独立的转运系统。游离氨基酸(FAA)在肠细胞中的主动转运主要存在酸性、碱性、中性和亚氨基酸系统;小肽的逆浓度梯度转运主要依赖于钙离子或氢离子浓度转运,而 FAA 的逆浓度梯度转运是依靠不同的钠离子和非钠离子泵转运系统来完成。小肽转运系统具有转运速度快、耗能低、不易饱和等特点。但是反刍动物肠道吸收的游离氨基酸仍然是其氮营养素的主要来源,胃区吸收的肽类是其有益的补充。研究表明,不同来源肽的小肠吸收率存在很大不同,因此,通常认为肠道以吸收游离氨基酸为主,较少吸收小肽,并且空肠和回肠也是游离氨基酸吸收的主要部位。

3.3 蛋白质消化产物体内代谢周转

3.3.1 氨基酸的分解代谢

氨基酸的一般代谢是指各种氨基酸共同的分解代谢途径。开始于脱氨作用;氨与天冬氨酸的 N 原子结合,形成尿素并被排放;氨基酸的碳骨架(脱氨基产生的 α−酮酸)转化为一般的代谢中间物。

3.3.1.1 脱氨基作用

氨基酸脱氨有氧化脱氨和非氧化脱氨两种方式,氧化脱氨又和转氨作用组成联合脱氨基作用。非氧化脱氨主要在微生物体内进行。

3.3.1.1.1 氧化脱氨基作用

氧化脱氨是酶催化下伴随有脱氢的脱氨,α−氨基酸转变为 α−酮酸。主要的酶有 L−氨基酸氧化酶、D−氨基酸氧化酶和 L−谷氨酸脱氢酶。前两类是黄素蛋白酶,辅基为 FMN 和或 FAD,在动物体内作用都不大,所形成的 $FMNH_2$ 或 $FADH_2$ 被氧分子氧化,产生毒性的过氧化氢,可由过氧化氢酶分解为水和氧。

L−谷氨酸脱氢酶广泛分布于动物、植物和微生物,辅酶为 NAD^+ 或 $NADP^+$。

L-谷氨酸脱氢酶活性高,专一性强,只催化 L-谷氨酸氧化脱氨生成 α-酮戊二酸、NH_3、NADH 或 NADPH,反应是可逆的。此酶是一种变构酶,ATP、GTP 和 NADH 是变构抑制剂,而 ADP、GDP 是变构激活剂。

味精生产即利用微生物体内的 L-谷氨酸脱氢酶将 α-酮戊二酸转变为谷氨酸,进而转化为谷氨酸钠。

3.3.1.1.2　转氨基作用

一种 α-氨基酸的氨基在转氨酶催化下转移到 α-酮酸上,生成相应的 α-酮酸和另一 α-氨基酸,反应是可逆的。

转氨作用沟通了糖与蛋白质的代谢。大多数转氨酶以 α-酮戊二酸作为氨基的受体,这样许多氨基酸的氨基通过转氨作用转化为谷氨酸,再经 L-谷氨酸脱氢酶的催化使氨基酸氧化分解。所以谷氨酸在很多氨基酸合成和降解代谢反应中是一个关键的中间代谢物。

已发现 50 种以上转氨酶。谷丙转氨酶(GPT)在肝脏中活性最高,谷草转氨酶(GOT)在心脏中活性最高,都是细胞内酶。肝细胞受损,血清 GPT 明显升高。

转氨酶的辅酶只有一种,即磷酸吡哆醛,是维生素 B_6 的磷酸酯。在转氨过程中,磷酸吡哆醛及磷酸吡哆胺之间相互转变,起着传递氨基的作用,类似于打乒乓球,所以称为乒-乓反应机制。

3.3.1.1.3　联合脱氨基作用

两种或两种以上的酶联合催化氨基酸的 α-氨基脱下,并产生游离氨的过程,称为联合脱氨基作用。动物体内大部分氨基酸是通过这种方式脱氨的,常见的有两种途径:

(1)转氨酶与 L-谷氨酸脱氢酶的联合。主要在肝、肾等组织,转氨酶与 L-谷氨酸脱氢酶的联合作用,可使大部分氨基酸脱去氨基,全过程是可逆的,其逆过程可以合成新的氨基酸。在这一过程中,α-酮戊二酸是一种氨基传递体,可由三羧酸循环中大量产生。

(2)连续转氨偶联嘌呤核苷酸循环。主要在心肌、骨骼肌和脑进行。肌肉内 L-谷氨酸脱氢酶活性不高,氨基酸通过连续脱氨,将氨基转移给草酰乙酸,生成天冬氨酸,再与次黄嘌呤核苷酸(IMP)生成 AMP。AMP 在腺苷酸脱氢酶催化下,生成 IMP 并释放氨,完成联合脱氨基作用。IMP 既是接受天冬氨酸的起始物,又是释放氨基后的再生物,于是构成了嘌呤核苷酸循环。

3.3.2 氨的去路

血氨的去路:一是合成尿素;二是合成谷氨酰胺;三是合成非必需氨基酸或其他含氮物(嘌呤或嘧啶碱)。

3.3.2.1 尿素的合成

3.3.2.1.1 部位

肝脏线粒体和胞液。

3.3.2.1.2 反应过程

有 5 步反应,前 2 步在肝细胞线粒体,其他 3 步在胞质溶液中进行。尿素循环本身是四步酶促反应组成。

氨甲酰磷酸合成酶Ⅰ(CPS-Ⅰ)激活氨结合 CO_2 形成氨甲酰磷酸。

鸟氨酸转氨甲酰酶催化氨甲酰磷酸转移到鸟氨酸上生成瓜氨酸。

精氨琥珀酸合成酶催化瓜氨酸与天冬氨酸缩合生成精氨琥珀酸。这是尿素中第 2 个氮原子的来源。

精氨琥珀酸酶催化精氨琥珀酸裂解为精氨酸和延胡索酸(后者可进入三羧酸循环,并转变为草酰乙酸,转氨后又形成天冬氨酸)。

精氨酸酶水解精氨酸生成尿素,并重新产生鸟氨酸,进入第二轮循环。

总反应式:$NH_3 + HCO_3^- +$ 天冬氨酸 $+3ATP \rightarrow CO(NH_2)_2 +$ 延胡索酸 $+ 2ADP + 2Pi + AMP + PPi$

尿素的合成是一个耗能的过程,循环中使用了 4 个高能磷酸键(3 分子 ATP 水解为 2ADP 及 Pi、1 个 AMP 和 PPi,后者随之水解为 Pi)。

尿素循环产生的延胡索酸可进入 TCA,精氨酸与甘氨酸缩合形成瓜基乙酸,进而合成肌酸磷酸(肌肉中的一种高能化合物)。

3.3.2.1.3 调节

氨甲酰磷酸合成酶Ⅰ是变构酶,乙酰谷氨酸(AGA)是该酶的激活剂,而精氨酸(Arg)又是 AGA 合成酶的激活剂,因此,精氨酸浓度增高时,尿素生成加速。精氨琥珀酸合成酶活性最低,是限速酶。高产奶牛瘤胃吸收的氨量很高,饲喂高产奶牛高蛋白日粮会影响尿素的生成并导致氨中毒,降低采食量和产奶量、血氨升高对奶牛繁殖影响。所以加速奶牛血液向尿素生成的转化有助于降低血氨,精氨酸是一种条件必需氨基酸,可通过尿素循环调控氨的代谢,Arg 是多胺、肌酸和一氧化氮等的直接前体物,可对动物机体血管再生产生积极效应,最终改善氮代谢、繁殖、泌乳、免疫和动物的生长性能。因为 Arg 在瘤胃内降解率高且价格昂贵，奶牛必须饲喂瘤胃保护性 Arg。N-氨基甲酰基谷氨酸（NCG）是 N-乙酰谷氨酸酶（NAG）的结构类似物，能激活尿素循环的关键酶氨基甲酰磷酸化合成酶 I 和 Arg 合成通路，目前已经成为非反刍动物中 Arg 的潜在替代物。鉴于其瘤胃内的低降解性，NCG 可以不用包被保护而直接添加于反刍动物日粮。在高产中国荷斯坦奶牛日粮中添加 NCG 可增加奶产量和乳成分产量，改善氮的利用效率，其机理可能是由于 NCG 有效调节尿素循环而改变了血浆中代谢物和平衡 AA 的模式所致。

3.3.2.2　合成谷氨酰胺

NH_3 可与谷氨酸结合生成谷氨酰胺，变成无毒的形式在体内运输。

3.3.2.3　合成非必需氨基酸

在生物体内可以通过转氨基作用，利用 NH_3 与酮酸生成氨基酸。

3.3.3　α-酮酸的去路

α-酮酸的去路：①氨基化生成非必需氨基酸（如丙氨酸、谷氨酸和天冬氨酸

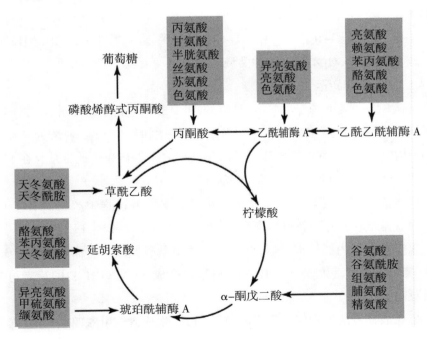

图 3-2　氨基酸的代谢联系

由一步转氨反应合成,其他的也是通过短的,不太耗能的途径合成);②转变成糖和脂肪;③氧化供能。

脊椎动物体内的 20 种氨基酸的碳骨架由各自的酶系进行氧化分解,途径各异,但集中形成 5 种产物进入柠檬酸循环。这 5 种产物是乙酰 CoA、α-酮戊二酸、琥珀酰 CoA、延胡索酸和草酰乙酸。它们最后氧化成 CO_2 和 H_2O,释放能量。

降解为柠檬酸循环中间代谢物的氨基酸还可以进入糖异生途径生成葡萄糖,这样的氨基酸称为生糖氨基酸;那些形成乙酰 CoA 氨基酸可以成为脂肪酸和酮体的前体,称生酮氨基酸;既可生成柠檬酸循环中间代谢物,又可生成乙酰CoA 的氨基酸称为生糖兼生酮氨基酸。

3.3.4 个别氨基酸的分解代谢

3.3.4.1 氨基酸与一碳单位

生物体内许多物质的代谢和含有一个碳原子的基团有关,如卵磷脂的生物合成中有由 S-腺苷甲硫氨酸提供甲基的反应。某些氨基酸在分解代谢过程中可以产生一碳单位。

3.3.4.1.1 概念

甲基、亚甲基($-CH_2-$)、次甲基($-CH=$)、甲酰基、亚胺甲基($-CH=NH$)等,称为一碳单位。但 CO_2 不属于这种类型。

3.3.4.1.2 产生和转运

一碳单位主要来源于丝氨酸、甘氨酸、组氨酸及色氨酸的代谢。一碳单位不能游离存在,必须与载体四氢叶酸(FH_4)结合转运和参与代谢。叶酸为 B 族维生素,在体内经二氢叶酸还原酶作用,加氢形成 FH_4。一碳单位通常结合在 FH_4 分子的 N^5、N^{10} 位上,如 N^5,N^{10}-甲烯四氢叶酸。

丝氨酸在羟甲基转移酶催化下,生成甘氨酸的过程中产生 $N^5,N^{10}-CH_2-FH_4$,而甘氨酸在甘氨酸裂解酶作用下,也会产生 $N^5,N^{10}-CH_2-FH_4$。

组氨酸在体内经酶促分解产生 N-亚氨甲基谷氨酸,进而转化为谷氨酸。(FH_4 接受亚氨甲基生成 $N^5-CH=NH-FH_4$,再生成 $N^5,N^{10}=CH-FH_4$,后者可参与合成嘌呤碱 C_8 原子。)

色氨酸在分解过程中产生甲酸,结合 FH_4,生成 N^{10}-甲酰四氢叶酸,参与合成嘌呤碱 C_2 原子。

不同形式的一碳单位可通过氧化还原反应而彼此转变。其中 N^5-甲基四氢叶酸的生成是不可逆的,它的含量较多,成为细胞内四氢叶酸的储存形式和甲基的间接供体,即将甲基转移给同型半胱氨酸生成甲硫氨酸(Met),在腺苷转移酶催化下生成 S-腺苷甲硫氨酸(SAM),再在甲基转移酶催化下,将活性甲基转移给甲基受体,然后水解去除腺苷生成同型半胱氨酸,从甲硫氨酸(蛋氨酸)活化为 SAM 到供出甲基及其再生成的整个过程称为甲硫氨酸循环。体内一些有重要生理功能的化合物,如肾上腺素、胆碱、肉碱、肌酸等的合成都是从 SAM 获得活性甲基。

3.3.4.2 氨基酸的生理作用

主要是作为合成嘌呤和嘧啶核苷酸的原料。是将氨基酸和核苷酸代谢联系起来,与细胞的增殖、生长和机体发育过程有密切关系。

氨基酸除了作为蛋白质的构件分子外,还是许多特殊生物分子的前体,包括激素、辅酶、核苷酸、卟啉、NO 及一些胺类分子。以下仅介绍几种:

3.3.4.2.1 神经递质

氨基酸的脱羧作用在微生物中很普遍,在高等植物组织中亦有,但不是机体氨基酸代谢的主要方式。体内部分氨基酸可在专一性很高的氨基酸脱羧酶的催化下,生成相应的胺。如在脑组织,谷氨酸在谷氨酸脱羧酶作用下,脱去 α-羧基生成 γ-氨基丁酸(GABA),是一种抑制性神经递质。

组氨酸脱羧生成的组胺可控制血管收缩以及胃分泌胃酸。

色氨酸经羟化后脱羧生成 5-羟色胺(5-HT),也是一种神经递质,还是某些非神经组织的激素。

3.3.4.2.2 激素

牛磺酸是某些胆酸的组分,于 1827 年在牛的胆汁中被发现。牛磺酸分布于心、肝、肾、肺、脑、骨骼肌,来源于半胱氨酸氧化脱羧,也被认为是一种抑制性神经递质。

苯丙氨酸和酪氨酸是两种重要的芳香族氨基酸。苯丙氨酸经羟化作用生成酪氨酸。后者参与儿茶酚胺、黑色素等代谢。苯酮酸尿症、白化病等遗传病与它们代谢异常有关。

3.3.4.3 蛋氨酸的代谢

蛋氨酸是体内合成许多重要化合物,如肾上腺素、胆碱、肌酸和核酸等的甲基供体。甲基供体的活性形式为S-腺苷蛋氨酸(SAM)。SAM也是一种一碳单位衍生物,其载体是S-腺苷同型半胱氨酸,携带的一碳单位是甲基。维生素 B_{12} 是参与体内S-腺苷甲硫氨酸传递甲基,对于提高蛋氨酸利用率有关。维生素 B_{12} 作为甲基转移酶的辅因子,参与蛋氨酸、胸腺嘧啶等的合成,如使甲基四氢叶酸转变为四氢叶酸而将甲基转移给甲基受体(如同型半胱氨酸),使甲基受体成为甲基衍生物(如甲硫氨酸即甲基同型半胱氨酸),因此维生素 B_{12} 可促进蛋白质的生物合成。

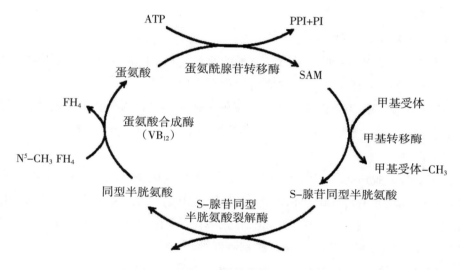

图 3-3 S-腺苷甲硫氨酸循环的反应过程

3.3.5 氨基酸合成代谢的概况

不同的生物合成氨基酸的能力不同,合成氨基酸的种类也有差异。奶牛瘤胃微生物可以利用氨通过谷氨酸和谷氨酰胺整合到氨基酸等代谢物中,它们的碳骨架来自糖酵解、柠檬酸循环和戊糖磷酸途径。

氨基酸生物合成途径不是分解途径的逆转,是多酶体系催化的多步骤反应。所有自身能合成的非必需氨基酸都是生糖氨基酸。而必需氨基酸有生糖氨基酸和生酮氨基酸,因为它们转变成糖和转变成酮体的过程是不可逆的,所以脂肪很少或不能用来合成氨基酸。

不同氨基酸的生物合成途径不同,按相关代谢途径的中间物提供的起始物的不同,可以将氨基酸分为以下几族。

丙氨酸族：丙酮酸（Ala、Val、Leu）

丝氨酸族：甘油酸-3-磷酸（Ser、Gly、Cys）

谷氨酸族：a-酮戊二酸（Glu、Gln、Pro、Arg）

天冬氨酸族：草酰乙酸（Asp、Asn、Lys、Thr、Ile、Met）

组氨酸和芳香氨基酸族：磷酸核糖（His）

磷酸赤藓糖+PEP（Phe、Tyr、Trp）

3.3.6 奶牛瘤胃微生物蛋白合成的机理及影响因素

3.3.6.1 瘤胃微生物蛋白合成机理

瘤胃微生物利用发酵饲料过程中产生的挥发性脂肪酸（VFA）、能量（ATP）和部分寡肽、氨基酸以及大量利用非蛋白氮（氨，包括内源性的氨）合成微生物蛋白。最后，这些微生物蛋白连同饲料中过瘤胃蛋白（包括过瘤胃完整蛋白和部分小肽）随食糜流入真胃和小肠。瘤胃的这种微生物蛋白的合成和分解体系除了能使反刍动物大量利用 NPN 外，还在反刍动物蛋白质代谢上具有重要的稳衡控制作用。通常情况下 MCP 能提供动物很多种物质需要，能提供蛋白需要量的 40%~80%MCP，但高产奶牛 MCP 远远不能满足其蛋白质需要，需要额外供应瘤胃未将降解蛋白提高必要的氨基酸。

3.3.6.2 瘤胃微生物蛋白合成的影响因素

作为一个独立的生态系统，微生物的活动受到很多方面因素的影响。碳水化合物、氮源、维生素、矿物质、瘤胃内环境等都为影响因素。

瘤胃中合成的微生物蛋白受能氮平衡及同步释放的影响较大，研究证实，碳水化合物的降解和消化速度在控制微生物生长所需能量方面起重要作用。不同的氮源对于微生物蛋白的合成的影响也不同，氨是结构性碳水化合物微生物发酵的唯一氮源，而降解非结构性碳水化合物的微生物在提供氨基酸的情况下，其生长会加快。据报道，瘤胃微生物优先利用肽，其次是氨基酸，粗饲料比例、采食量和饮水量的变化等均可通过影响瘤胃食糜外流速率间接地影响进入十二指肠微生物蛋白的数量。矿物质对瘤胃微生物的作用取决于两个方面：一是矿物质会改变其内部的环境，如钠与碳酸氢根离子能调节瘤胃 pH 值，更好地适应微生物的生长。二是给微生物提供一定的营养物质。瘤胃液渗透压升高刺激反刍动物大量饮水，而瘤胃的体积是一定的，结果造成瘤胃内容物稀释率的提高。瘤胃内稀释率的整体提高减少了其内其他生物对瘤胃内微生物的吞噬造成氮元素的不合理利用,减少瘤胃内微生物对能量的摄取需要以及瘤胃细菌老化造成恶劣的营养物质不合理循环现象,微生物蛋白质的合成得到很大的提高。相反,瘤胃液渗透压降低,微生物蛋白质的合成率降低。最近的研究表明,饲喂管理及环境应激等因素也会影响瘤胃微生物的合成活力。

反刍动物瘤胃微生物蛋白质的合成机理为反刍动物借助瘤胃内栖居的厌氧微生物利用日粮蛋白降解产生的氨、肽和氨基酸作氮源,利用日粮有机物发酵产生的挥发性脂肪酸(VFA)和 ATP 分别作为碳架和能量合成 MCP。其中氮源、碳水化合物、维生素、矿物质、瘤胃内环境等因素都对瘤胃 MCP 的合成有影响。在了解这些的基础上,我们应该充分应用现有的知识,控制好各因素,促进瘤胃 MCP 的合成,为我国奶业的发展提供更有利的条件。

3.3.6.3 奶牛蛋白质营养研究相关进展

由于瘤胃微生物的作用,使反刍动物对蛋白质的消化、利用与单胃动物又有很大的差异。进入瘤胃的饲料蛋白质,经微生物的作用降解成肽和氨基酸,其中多数氨基酸又进一步降解为有机酸、氨和二氧化碳。微生物降解所产生的氨与一些简单的肽类和游离氨基酸,又被用于合成微生物蛋白质。如果饲喂的蛋白质含量过高,降解的氨会在瘤胃积聚并超过微生物所能利用的最大氨浓度,多余的氨会被瘤胃壁吸收,经血液输送到肝脏,并在肝中转变成尿素。饲料供给的蛋白质少,瘤胃液中氨浓度就很低,经血液和唾液以尿素形式返回瘤胃的氮的数量可能超过以氨的形式从瘤胃吸收的氮量,在瘤胃中可转变为微生物蛋白质。因此,瘤胃微生物对反刍动物蛋白质的供给有一种"调节"作用,能使劣质蛋白质品质改善,优质蛋白质生物学价值降低。瘤胃微生物蛋白质的品质一般略次于优质的动物蛋白,与豆饼和苜蓿叶蛋白大约相当,优于大多数谷物蛋白。所以,通过给反刍动物饲料中添加尿素,提高瘤胃细菌蛋白质合成量已成为一项使用措施,此外,优质蛋白质要进过适当处理,如包被等,使其在瘤胃中不过多的降解。

目前,对高产奶牛,即使瘤胃微生物蛋白质产量增加到最大程度,仍存在进入小肠的蛋白质不足以供应奶牛发挥产奶性能需要的问题。其主要原因是瘤胃微生物在饲料蛋白质分解和菌体蛋白质合成的过程中,改变了饲料中蛋白质氨基酸的构成比例,而微生物蛋白质与奶牛产奶的理想蛋白质氨基酸构成是不同的。由于这个原因,营养学家用 RUP(瘤胃未降解蛋白质)来补充瘤胃微生物蛋白质的不足。其中大多数方法是加热和化学处理。主要目标是通过合适的加工条件增加可消化 RUP 数量,同时尽量减少氨基酸的损失。由于在反刍动物的日粮中添加结晶型的 Lys 和 Met 会受瘤胃微生物的作用而在瘤胃中迅速发生脱氨基作用,给反刍动物饲喂通过瘤胃而不被降解,同时又不影响氨基酸在小肠的消化的瘤胃保护 Lys 和 Met,则可取得满意的结果。国内外的大量研究表明:饲喂瘤胃保护氨基酸(RPAA)对奶牛干物质的采食量没有显著影响,但可提高奶产量和乳蛋白含量,饲喂 RPAA 可提高血浆中相应氨基酸的浓度及日粮蛋白质的利用率。

近年来,随着奶牛养殖业的蓬勃发展,特别是奶牛养殖集约化程度的提高,奶牛生产过程中的氮排放对环境保护带来的压力越来越大。有数据表明,奶牛生产过程中排放的氮约占动物生产氮排放量的 60%。日粮中的蛋白质和含氮化合物需经消化后被机体吸收利用,但在这个过程中只有约 21% 的氮可被奶牛机体有效吸收利用,其余的则被排出体外,造成蛋白质饲料的浪费。氮的大量排放会造成环境污染,引起空气质量下降,以及水源和土壤氮元素富营养化。通过蛋白质营养调控技术减少瘤胃氨氮损失,提高小肠蛋白质利用率可以减少蛋白饲料资源的浪费,减少环境污染,实现奶牛养殖业的可持续发展。目前蛋白质营养调控技术主要集中在降低日粮粗蛋白质水平、增加过瘤胃蛋白的比例、对必需氨基酸进行保护。增加过瘤胃蛋白的比例的方法,一是使用天然过瘤胃蛋白含量高的饲料,奶牛日粮中蛋白质种类的组成决定了日粮粗蛋白质的过瘤胃率,通过使用天然过瘤胃蛋白含量高的饲料如玉米酒精糟、双低菜籽粕等可以提高日粮过瘤胃蛋白比例。二是对蛋白质进行瘤胃保护,常用的蛋白质饲料保护方法有加热法、化学法和物理包被法。加热处理包括干热、焙炒、高压加热和蒸汽加热,加热的同时采用物理化学复合处理。加热使蛋白质变性,在瘤胃中的降解率降低。对膨化大豆和焙烤大豆进行研究发现,大豆处理后能降低瘤胃氨态氮浓度、减少环境污染,提高蛋白过瘤胃率,乙酸/丙酸有所改变、乳脂率得到提高。目前膨化大豆已成为高产牛群主要蛋白源饲料之一。化学处理包括甲醛处理、锌盐处理、单宁处理、氢氧化钠等其他化学药品处理以及非酶促褐化反应。这些处理主要利用化学药品与蛋白质分子间发生化学反应或美拉德反应,使蛋白质在瘤胃中溶解度降低,减少瘤胃微生物对蛋白质的分解,从而提高蛋白质过瘤胃率;当复合物到达小肠时,在小肠环境的作用下,蛋白质与处理时所用药品分离,释放蛋白质,使其在小肠中被消化利用。目前单宁对蛋白瘤胃保护研究成为热点之一,单宁的理化性质主要表现出很强的极性和与蛋白质结合形成不溶于水的复合物沉淀的特性,单宁-蛋白复合物在 pH 值位于 3.5~7.0 时是稳定的,瘤胃 pH 值位于 5~7 之间,单宁结合的蛋白质比较稳定,不易被微生物降解。当此化合物流经真胃(pH 值为 2.5)和小肠(pH 值介于 8~9)时,蛋白质与单宁立即分离,经胃蛋白酶和胰蛋白酶分解,形成容易吸收的小分子物质,在某种程度上起到了过瘤胃蛋白保护作用。虽然单宁对蛋白质都有结合能力,但是仍然具有选择性,体现在不同的单宁对不同蛋白质的亲和力不同。近几年的研究表明,补充瘤胃保护蛋氨酸和赖氨酸可以适当降低日粮粗蛋白质水平,但不影响产奶量,同时可减少奶牛的氮排泄量。降低奶牛的日粮蛋白质浓度条件下,平衡日粮的可代谢氨基酸和赖氨酸,可维持甚至提高产奶量,改善乳成分。

相关概念

1. 粗蛋白质(CP):饲料中含氮物质的总称。包括真蛋白质和非蛋白含氮物两部分,后者主要包括游离氨基酸、硝酸盐、氨等。在常规分析中,用凯氏法测定饲料样本中的氮含量(%),然后乘以系数6.25,即得到饲料中粗蛋白质的含量。粗蛋白质(%)=[样本含氮量(克)×6.25/饲料样本重(克)]×100%

2. 可消化粗蛋白质(DCP):饲料中的粗蛋白质减去未被消化而从粪中排出的蛋白质,余下的即为可消化粗蛋白质。可通过畜禽的消化试验测定。可消化粗蛋白质(%)=[(食入粗蛋白质量−粪中粗蛋白质量)/食入粗蛋白质量]×100%

3. 非蛋白氮(NPN):指非蛋白质形态的含氮化合物。包括:游离氨基酸及其他蛋白质降解的含氮产物,以及氨、尿素、铵盐等简单含氮化合物。因此,它们是粗蛋白质中扣除真蛋白质以外的成分。

4. 瘤胃降解蛋白质(RDP)和非降解蛋白质(UDP):饲料中的氮可分为蛋白态氮和非蛋白态氮两类。蛋白态氮进入瘤胃后,一部分被微生物降解为非蛋白态氮,称之为"瘤胃降解蛋白质",而未被分解的部分,即过瘤胃蛋白质,称之为"未降解蛋白质"。因此,饲料中粗蛋白质由降解蛋白质和非降解蛋白质组成。

5. 瘤胃微生物蛋白质(MCP):即指瘤胃降解蛋白质。饲料中的粗蛋白质进入瘤胃后由于细菌作用,约有70%左右蛋白质被降解为肽、氨基酸、氨。微生物可利用这三种物质合成微生物蛋白。微生物蛋白和未被微生物降解的饲料蛋白质一起进入真胃和小肠,在胃蛋白酶、胰蛋白酶、肠蛋白酶的作用下分解成氨基酸,被肠壁吸收合成动物体蛋白质和畜产品蛋白质。在胃肠中未被消化的蛋白质,随粪便排出体外。

6. 小肠蛋白质和小肠可消化蛋白质:鉴于传统的粗蛋白质或可消化粗蛋白质体系不能完全反映反刍动物蛋白质消化代谢的实质,即没有反映出日粮的蛋白质在瘤胃中降解和转化为瘤胃微生物蛋白质的效率,没有反映出进入小肠的日粮非降解蛋白质的量,也无法确定进入小肠的氨基酸量和各种氨基酸的比例,世界各国逐步将传统的粗蛋白质体系更改为小肠蛋白质体系。

小肠蛋白质=饲料瘤胃非降解蛋白质+瘤胃微生物蛋白质

小肠可消化蛋白质=饲料瘤胃非降解蛋白质×小肠消化率+瘤胃微生物蛋白质×小肠消化率。

7. 瘤胃尿素再循环:饲料蛋白质进入瘤胃后,首先被瘤胃微生物降解成肽和氨基酸,多数氨基酸进一步降解为有机酸、氨和二氧化碳。微生物降解所产生的氨和一些简单的肽及游离的氨基酸,又被其利用合成微生物蛋白质进入皱胃和小肠被消化利用,多余的氨在瘤胃内积累并超过瘤胃微生物所能利用的最大氨浓度,此时,多余的氨被瘤胃壁吸收,经门静脉随血液进入肝脏转变成尿素,生成的尿素一部分经唾液和血液返回瘤胃再次被利用,但大部分随尿液排出而浪费。这种氨与尿素的生成和不断循环,称为瘤胃尿素再循环。由于这种特殊的循环作用,故而在奶牛饲料中加入非蛋白氮作为微生物合成蛋白质的饲料。

8. 必需氨基酸(EAA):在动物体内不能自行合成,或合成的速度和数量不能满足机体需要,必须由饲料供给的氨基酸。

9. 限制性氨基酸(LAA):在常规饲料中含量很少,不易于满足动物的需要,而且它们的短缺往往限制了饲粮中其他氨基酸的利用,从而降低了蛋白质营养价值的必需氨基酸。

4　脂肪营养代谢

4.1　概　述

脂类包括脂肪和类脂。脂肪包括脂和油,常温下呈固态者称脂,呈液态者称油。脂和油由碳、氢、氧3种元素组成,先组成甘油和脂肪酸,再由一分子甘油和三分子脂肪酸组成三酰甘油,也称中性脂肪,如常食用的动、植物油,如猪油、菜油、豆油、芝麻油等。类脂包括磷脂、固醇、脂蛋白等,如卵磷脂、脑磷脂、胆固醇和各种脂蛋白。脂肪酸是组成脂肪的主要成分,在化学上根据碳原子价键不同,可将脂肪酸分为以下3类:饱和脂肪酸、单不饱和脂肪酸和多不饱和脂肪酸。

4.2　脂肪的消化吸收

4.2.1　脂肪在瘤胃的消化

瘤胃尚未发育成熟的反刍动物,脂肪的消化与非反刍动物类同。瘤胃脂肪的消化,实质上是微生物的消化,瘤胃微生物分解脂肪产生甘油和脂肪酸,甘油部分被微生物分解产生 VFA,脂肪酸部分中的不饱和脂肪酸被氧化成饱和脂肪酸。进入十二指肠的脂肪包括吸附在饲料表面上的饱和脂肪酸和微生物脂,在胰脂酶和胆汁作用下水解。其结果是脂肪的质和量发生明显变化。

瘤胃内环境是高度还原环境,大部分不饱和脂肪酸经微生物作用变成饱和脂肪酸,必需脂肪酸减少。生物氢化是瘤胃脂肪消化的一个重要过程。饲粮中的脂肪—水解—脂肪酸—微生物酶催化—氢化(NADH、内源电子供体、瘤胃发酵产生的氢)—饱和脂肪酸。饲粮中90%以上的含多个双键的不饱和脂肪酸被氢化,氢化作用必须在脂肪水解释放出不饱和脂肪酸的基础上才能发生。氢化反应受细菌产生的酶催化。据研究,瘤胃发酵产生的氢大约14%用于微生物体内合成,特别是微生物脂肪合成和不饱和脂肪氢化。不饱和脂肪酸被氢化为以硬脂酸为主的饱和酸或含一个双键的脂肪酸。一种细菌不能将一种多不饱和脂肪酸完全氢化饱和,脂肪酸的氢化作用是各种细菌协同作用的结果。不同细菌的氢化作用有空间的选择性。

部分氢化的不饱和脂肪酸发生异构变化。粗饲料和谷物中的脂肪主要是甘油三酯、半乳糖甘油酯和磷脂,饲草、饲粮中的脂肪酸是顺式脂肪酸。主要的脂肪酸是C18:2和C18:3。在氢化过程中,涉及脂肪酸发生同分异构化。改变脂肪酸的链长和双键位置,反式脂肪酸比较稳定、熔点也高于顺式酸。C18:2和C18:3的生物氢化涉及一个同分异构反应,即将顺12-双键转化为反-11双键异构体,随后还原为反-11-C18:1,最终进一步还原为C18:0(硬脂酸)。C18:0是C18:1、C18:2和C18:3生物氢化后的主要产物,但瘤胃中产生的一些反式异构体随食糜进入小肠被吸收,结合到体脂和乳脂中。

脂肪中的甘油被大量转化为挥发性脂肪酸。小肠胰脂酶主要将甘油三酯水解为游离脂肪酸和甘油一酯,瘤胃微生物酶则主要将甘油三酯水解为游离脂肪酸和甘油,后者被转化为挥发性脂肪酸。半乳糖甘油酯先被水解为半乳糖、脂肪酸和甘油,后者再转化为挥发性脂肪酸。

支链脂肪酸和奇数碳原子脂肪酸增加。瘤胃微生物可利用丙酸、戊酸等合成奇数碳原子链脂肪酸(如C15:0),也可利用异丁酸、异戊酸以及支链氨基酸(缬氨酸、亮氨酸和异亮氨酸)等的碳骨架合成支链脂肪酸。脂肪经过重瓣胃和网胃时,基本上不发生变化;在皱胃,饲料脂肪、微生物与胃分泌物混合,脂肪逐渐被消化,微生物细胞也被分解。

4.2.2 脂肪在小肠的消化

进入十二指肠的脂肪由吸附在饲料颗粒表面的脂肪酸、微生物脂肪以及少量瘤胃中未消化的饲料脂肪构成。由于脂肪中的甘油在瘤胃中被大量转化为挥发性脂肪酸,所以反刍动物十二指肠中缺乏甘油一酯,消化过程形成的混合微粒构成与非反刍动物不同。成年反刍动物小肠中混合微粒由溶血性卵磷脂、脂肪酸及胆酸构成。链长小于或等于14个碳原子的脂肪酸可不形成混合乳糜微粒而被直接吸收。混合乳糜微粒中的溶血性卵磷脂由来自胆汁和饲粮的磷脂在胰脂酶作用下形成,此外由于成年反刍动物小肠中不吸收甘油一酯,其黏膜细胞中甘油三酯通过磷酸甘油途径重新合成。

由于反刍动物消化道对脂肪的消化损失较小,加之微生物脂肪的合成,所以进入十二指肠的脂肪酸总量可能大于摄入量。绵羊饲喂高精料饲粮,进入十二指肠的脂肪酸量是采食脂肪酸的 104%。

4.2.3 脂肪消化产物的吸收

瘤胃中产生的短链脂肪酸主要通过瘤胃壁吸收。其余脂肪的消化产物,进入回肠后都能被吸收。呈酸性环境的空肠前段主要吸收混合微粒中的长链脂肪酸,中后段空肠主要吸收混合微粒中的其他脂肪酸。溶血磷脂酰胆碱也在中、后段空肠被吸收,胰液分泌不足,磷脂酰胆碱可能在回肠积累。脂肪在反刍动物空肠上段被吸收 15%~26%,大部分在空肠下 3/4 处吸收。吸收能力达 80%~90%,受形成乳糜微粒能力大小的影响。

4.3 脂肪的消化产物体内代谢周转

4.3.1 脂肪分解代谢

储存在脂肪细胞中的脂肪,被脂肪酶逐步水解为游离脂肪酸和甘油,并释放入血以供其他组织细胞氧化利用,该过程称为脂肪动员。

在脂肪动员中,脂肪细胞内的甘油三酯脂肪酶是限速酶,它受多种激素的调控,因此称为激素敏感性脂肪酶(HSL),是脂肪动员的限速酶。肾上腺素、去甲肾上腺素和胰高血糖素是该酶的激活剂,胰岛素、前列腺素 E2 和烟酸是该酶的抑制剂。脂肪分解是生物体利用脂肪作为供能原料的第一个步骤。

研究发现给患有酮病的奶牛饲喂烟酸,其血液中酮体水平降低。对于烟酸的作用机理,可能是烟酸抑制了腺苷酸环化酶的活性或激活了磷酸二酯酶的活性,从而使环腺苷酸含量减少,抑制了脂肪组织中游离脂肪酸的释放,同时烟酸又是脂肪动员激素敏感脂肪酶的抑制剂,减缓脂肪动员分解产生脂肪酸和甘油,减缓了高血脂以及大量酮体蓄积对机体所造成的危害。

4.3.1.1 甘油的氧化

脂肪动员产生的甘油主要在肝细胞经甘油激酶作用生成 3–磷酸甘油,再脱

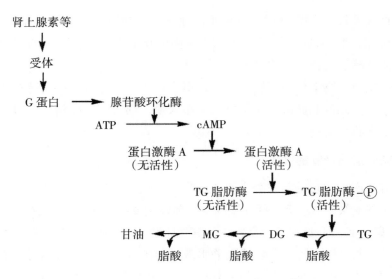

图 4-1　激素对 TG 脂肪酶的活性调节

注:激素敏感脂肪酶(HSL)是脂肪动员的关键酶,主要受共价修饰调节。

图 4-2　激素敏感脂肪酶的活性调节

氢生成磷酸二羟丙酮后沿糖代谢途径分解或经糖异生途径转化成葡萄糖。脂肪细胞及骨骼肌等组织因甘油激酶活性很低,不能很好利用甘油。

$$
\begin{array}{c}
\text{CH}_2\text{—OH} \\
| \\
\text{HO—C—H} \\
| \\
\text{CH}_2\text{—OH} \\
\text{甘油}
\end{array}
\xrightarrow[\substack{\text{甘油激酶}\\(\text{肝、肾、肠})}]{\text{ATP} \quad \text{ADP}}
\begin{array}{c}
\text{CH}_2\text{—OH} \\
| \\
\text{HO—C—H} \\
| \\
\text{CH}_2\text{—O—P} \\
\alpha\text{-磷酸甘油}
\end{array}
\xrightarrow[\substack{\alpha\text{-磷酸甘油}\\\text{脱氢酶}}]{\text{NAD}^+ \quad \text{NADH+H}^+}
\begin{array}{c}
\text{磷酸二}\\
\text{羟丙酮}
\end{array}
$$

糖酵解　　糖异生　肝

4.3.1.2　脂肪酸的氧化分解

脂肪酸不溶于水,在血液中与清蛋白结合后(10:1),运送至全身各组织,在组织的线粒体内氧化分解,释放大量的能量,以肝脏和肌肉最为活跃。

4.3.1.2.1 脂肪酸的活化

在细胞液中游离脂肪酸(FFA)通过与辅酶 A(CoA)酯化被激活,催化该反应的酶是脂酰 CoA 合成酶,需 ATP、Mg^{2+}参与。反应产生的 PPi 立即被焦磷酸酶水解,阻止了逆反应,所以 1 分子 FFA 的活化实际上消耗 2 个高能磷酸键。

$$RCOOH+ATP+CoASH \longrightarrow RCO{\sim}SCoA+AMP+PPi$$

4.3.1.2.2 脂酰 CoA 进入线粒体

脂肪酸的氧化是在线粒体内进行的,而脂酰 CoA 不能自由通过线粒体内膜进入基质,需要通过线粒体内膜上肉碱转运才能将脂酰 CoA 带入线粒体。内膜两侧的脂酰 CoA 肉碱酰基转移酶Ⅰ、Ⅱ(同工酶)催化完成脂酰基的转运和肉碱的释放。酶Ⅰ是 FFA 氧化分解的主要限速酶。

肉碱作为奶牛饲料添加剂,常用来改善奶牛泌乳期间的能量负平衡情况,降低奶牛由泌乳期能量负平衡引起的危害,同时提高奶牛的繁殖性能。研究发现,日粮中每天添加 50 g 肉碱会减少母牛产犊后肝脏中总脂肪含量和甘油三酯的积累,提高泌乳早期肝糖原水平,进而降低母牛泌乳早期代谢紊乱的几率。日粮中添加肉碱可显著降低奶牛血清中游离脂肪酸、谷氨酸脱氢酶和胆固醇水平,并提高了母牛受孕率。

4.3.1.2.3 脂酰 CoA 的 β-氧化

脂酰 CoA 氧化生成乙酰 CoA 涉及 4 个基本反应:第一次氧化反应、水化反应、第二次氧化反应和硫解反应。

第一步由脂酰 CoA 脱氢酶催化脱氢生成反-$\triangle^2$-烯脂酰 CoA 和 $FADH_2$。

第二步由反-$\triangle^2$-烯脂酰 CoA 水化酶催化加水生成 L-(+)-β-羟脂酰 CoA。

第三步由 L-(+)-β-羟脂酰 CoA 脱氢酶催化生成 β-酮脂酰 CoA 和 $NADH+H^+$。

第四步由硫解酶作用底物的 α- 与 β-C 键断裂,CoASH 参与,生成 1 分子乙酰 CoA 和比原来少 2 个 C 的脂酰 CoA。然后再一轮 β-氧化,如此循环反应。

4.3.1.2.4 脂肪酸氧化的能量计算

1 分子软脂酸(16C)经 7 次 β-氧化可生成 8 个乙酰 CoA、7 个 $NADH+H^+$、7 个 $FADH_2$。每个乙酰 CoA 进入 TCA 循环生成 3 个 $NADH+H^+$、1 个 $FADH_2$、1 个 GTP,并释放 2 分子 CO_2。

总反应方程式是:软脂酰 $CoA+23O_2+131Pi+131ADP \rightarrow CoASH+16CO_2+$

123H$_2$O+108ATP

　　净生成的 ATP 数：10×8+2.5×7+1.5×7−2 =106。（脂肪酸活化消耗 2 个高能磷酸键，相当于消耗 2 个 ATP）

　　当以脂肪为能源时，生物体还获得大量的水。骆驼的驼峰是储存脂的"仓库"，既提供能量，又提供所需的水。

4.3.1.3　酮体的生成和利用

　　脂肪酸经 β−氧化生成的大多数乙酰 CoA 进入 TCA 循环，当乙酰 CoA 的量超过 TCA 循环氧化能力时，多余的生成酮体（*ketone bodies*），包括 β−羟丁酸（占70%）、乙酰乙酸（占 30%）和丙酮（微量）。酮体是燃料分子，作为"水溶性的脂"，在心脏和肾脏中比脂肪酸氧化得更快。

4.3.1.3.1　酮体的生成

　　二分子乙酰 CoA 经肝细胞线粒体乙酰乙酰 CoA 硫解酶催化缩合成乙酰乙酰 CoA，再在羟甲基戊二酸单酰 CoA 合成酶（HMG− CoA 合成酶）的催化下，结合第三个乙酰 CoA 生成 β−羟基−β−甲基戊二酸单酰 CoA。然后 HMG− CoA 裂解酶催化生成乙酰乙酸和乙酰 CoA（乙酰乙酰 CoA 也可在硫酯酶催化下水解为乙酰乙酸和 CoA）。

　　乙酰乙酸在 β−羟丁酸脱氢酶的催化下，由 NADH 供氢，被还原为 β−羟丁酸或脱羧生成丙酮。

4.3.1.3.2　酮体的利用

　　酮体是正常的、有用的代谢物，是很多组织的重要能源。但肝细胞氧化酮体的酶活性很低，因此酮体经血液运输到肝外组织进一步氧化分解。心、肾、脑和骨骼肌线粒体有活性很高的氧化酮体的酶。β−羟丁酸在 β−羟丁酸脱氢酶催化下重新脱氢生成乙酰乙酸，在不同肝外组织中乙酰乙酸可在琥珀酰 CoA 转硫酶或乙酰乙酸硫激酶作用下转变为乙酰乙酰 CoA，再由乙酰乙酰 CoA 硫解酶裂解为 2 分子乙酰 CoA，进入 TCA 途径彻底氧化。肝脏将长链的脂肪酸氧化生成短链的酮体，该短碳链的化合物可较容易地被其他组织作为碳源和能源，尤其对于不能利用脂肪酸的脑组织来说，酮体作为能源物质具有重要意义。

　　正常情况下，奶牛血中酮体含量为 0.3~3 mg/100ml。在泌乳早期，体内脂肪动员加强，酮体生成增加，超出肝外组织利用酮体的能力，血中酮体含量升高，造成酮症酸中毒,称为酮血症,若尿中酮体增多则称为酮尿症。

4.3.1.3.3 泌乳早期奶牛酮病可能生化机制

奶牛酮病的发生与机体糖类和脂肪代谢紊乱及高能量饲料饲喂过量引起的能量负平衡有很大的关系。奶牛所需要的能量主要来自瘤胃内微生物发酵产生的纤维素生成的挥发性脂肪酸,挥发性脂肪酸包括丙酸、丁酸和乙酸,丙酸为机体内草酰乙酸先质和生糖先质,丁酸和乙酸可以转化成乙酰辅酶 A,进入三羧酸循环。乙酰辅酶 A 的去向在肝脏中是由草酰乙酸决定的,正常情况下,草酰乙酸可以使乙酰辅酶 A 进入柠檬酸循环供能,但是,由于分娩引起的奶牛内分泌及生理机能发生改变,采食量不能达到泌乳所需的能量,导致泌乳早期奶牛能量负平衡,由于产奶量的增加,机体糖类消耗增大,但由于机体丙酸缺乏和体脂储备动员缓慢,糖类得不到及时的补充,就会造成奶牛低血糖。糖异生加快,草酰乙酸作为糖异生原料供应增加,而奶牛低血糖会导致体脂动员,生成大量的游离脂肪酸,进入肝脏,这又进一步增强了氧化作用,大量生成乙酰辅酶 A,而此时由于机体糖类缺乏造成的磷酸甘油生产量减少,不能将多余的游离脂肪酸转化为甘油三酯,这势必导致多余的游离脂肪酸氧化生成乙酰辅酶 A 和乙酰乙酸辅酶 A,两者经过缩合、再分解后生成乙酰乙酸,乙酰乙酸又经过加氢还原或脱羧生成 β 羟丁酸或丙酮,导致酮体含量升高。

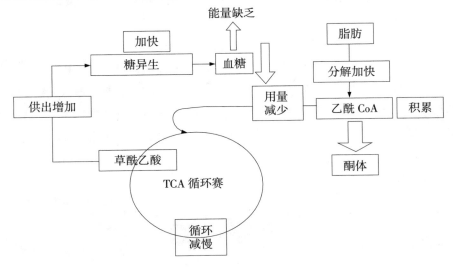

图 4-3 酮体生成可能生化机制

4.3.2 脂肪的合成代谢

合成原料涉及 3-磷酸甘油的生成和脂肪酸的生物合成。肝脏、脂肪组织和小肠均可合成脂肪,以肝脏合成能力最强。

4.3.2.1 3-磷酸甘油的生成

糖分解代谢产生的磷酸二羟丙酮经脱氢酶催化还原生成 3-磷酸甘油是最主要的来源;脂肪分解产生的甘油主要用于糖异生,很少一部分经脂肪组织外的甘油激酶催化与 ATP 作用生成 3-磷酸甘油。

4.3.2.2 脂肪酸的生物合成

合成脂肪酸的酶系主要在胞浆,而糖代谢提供的乙酰 CoA 原料又在线粒体生成,所以乙酰 CoA 需通过转运。合成脂肪酸的过程不同于 β-氧化的逆过程,是由 7 种酶蛋白和酰基载体蛋白(ACP)组成的多酶复合体完成,合成的产物是软脂酸。碳链延长是在线粒体和内质网中的 2 个不同的酶系催化下进行的。

4.3.2.1.1 软脂酸的生物合成

(1)乙酰 CoA 转运至胞浆(柠檬酸-丙酮酸循环)。

乙酰 CoA 与草酰乙酸在线粒体先缩合生成柠檬酸,经内膜上的载体转运入胞浆,在 ATP-柠檬酸裂解酶作用下生成乙酰 CoA 与草酰乙酸,前者参与脂肪酸的合成,后者可经苹果酸脱氢酶和苹果酸酶催化转变为丙酮酸再进入线粒体,也可在载体作用下,经苹果酸直接进入线粒体,继而转变为草酰乙酸。

(2)乙酰 CoA 羧化生成丙二酸单酰 CoA。

乙酰 CoA 羧化酶催化,ATP、生物素、Mg^{2+}参与。

总反应:乙酰 CoA+ATP+HCO_3^- $\longrightarrow$ 丙二酸单酰 CoA+ADP+Pi

ATP 提供能量,生物素起转移羧基的作用,乙酰 CoA 羧化酶是 FA 合成的限速酶(变构酶),变构剂柠檬酸与其变构部位结合可激活此酶的活性,胰岛素以及乙酰辅酶 A 也是该酶的激活剂,而高血糖素和丙二酸单酰 CoA 是该酶的抑制剂。

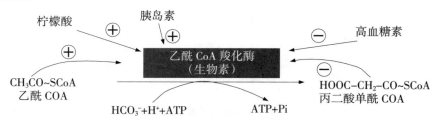

（3）乙酰基和丙二酸单酰基的转移。

脂肪酸合成的酰基载体不是 CoA，而是酰基载体蛋白（ACP）。在乙酰 CoA–ACP 转酰基酶和丙二酸单酰 CoA–ACP 转酰基酶的催化下，乙酰基和丙二酸单酰基被转移至 ACP 上，生成乙酰–ACP 和丙二酸单酰–ACP。

（4）缩合、还原、脱水、还原反应（脂肪酸合成酶系催化）。

①酮酰基–ACP 合成酶接受乙酰–ACP 的乙酰基，释放 HS–ACP，并催化乙酰基转移到丙二酸单酰–ACP 上生成乙酰乙酰–ACP。

②乙酰乙酰–ACP 中的 β–酮基转换为醇基，生成 β–羟丁酰–ACP。反应由酮酰基–ACP 还原酶催化，NADPH 为该酶的辅酶。

③β–羟丁酰–ACP 经脱水酶催化生成带双键的反式丁烯酰–ACP。

④反式丁烯酰–ACP 还原为四碳的丁酰–ACP。反应是由烯脂酰–ACP 还原酶催化，NADPH 为该酶的辅酶。

如此每循环一次，有一个新的丙二酸单酰 CoA 参与合成（提供二碳单位），7 次循环，生成 16C 的软脂酰–ACP，经硫解酶水解生成软脂酸和 HS–ACP。

4.3.2.3　脂肪酸碳链的延长

动物中脂肪酸合成酶的最常见的产物是软脂酸。其他各种 FA 的合成需要肝细胞的线粒体或内质网中的一些酶。

在线粒体，乙酰 CoA 提供碳源，NADPH 提供还原当量，沿 β–氧化逆过程，前 3 步反应相同，第 4 步反应由烯脂酰 CoA 还原酶催化，辅酶是 NADPH 而不是 $FADH_2$，通过这种方式，每一轮反应可延长 2 个 C 原子，一般可延长碳链至 24C 或 26C，以 18C 的硬脂酸为主。

在内质网，丙二酸单酰 CoA 提供碳源，NADPH 供氢，反应过程与软脂酸合成相似，不同的是 CoASH 代替 ACP 作为酰基载体，一般可延长碳链至 22C 或 24C，也以 18C 的硬脂酸为主。

4.3.2.4　脂肪酸代谢的调控

动物的脂肪酸代谢受激素的调控，主要调节物是胰岛素，肾上腺素和胰高血糖素的作用与胰岛素相反。

4.3.2.5　脂肪的合成

细胞内的 FFA 的含量并不多，大多数是以酯化形式三脂酰甘油和磷脂存在。脂肪合成的前体是甘油–3–磷酸和脂酰 CoA。酰基转移酶催化 1 分子甘油–3–磷酸和 2 分子脂酰 CoA 生成磷脂酸,经磷脂酸磷酸酶水解去磷酸生成二脂酰甘油,甘油,再由酰基转移酶催化结合 1 分子脂酰 CoA 生成三脂酰甘油。

4.3.3 脂肪代谢的调节

4.3.3.1 脂肪组织中脂肪的合成与调节

在脂肪组织中,主要利用糖的供应来调控脂肪酸的动员:(1) 糖供应不充足,脂肪动员增加;(2)糖供应充足,脂肪动员减弱。

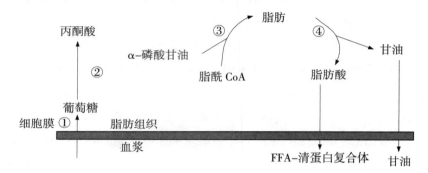

①葡萄糖转运过膜 ②酵解 ③酯化作用 ④酯解作用

图 4–4 脂肪组织中脂肪的合成与调节

4.3.3.2 肌肉中糖与脂肪分解代谢的相互调节

通过这一循环可以达到两个目的:(1) 在机体需要时,动员脂肪酸以节约糖;(2)利用血浆脂肪酸的含量变化,保持血糖水平的恒定。

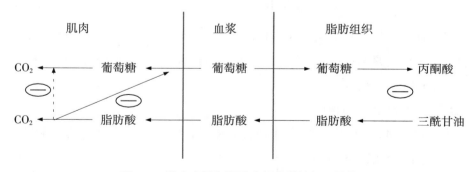

图 4–5 肌肉中糖与脂肪分解代谢的相互调节

4.3.3.3　肝脏的调节

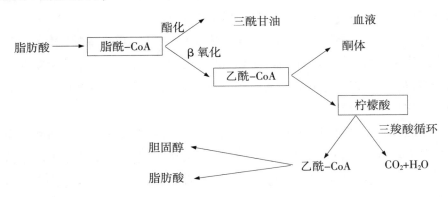

图 4-6　肝脏的调节

4.3.3.4　激素的调节

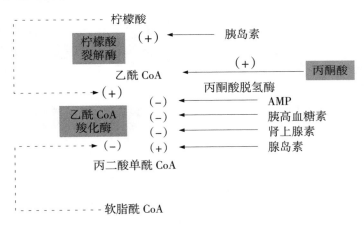

图 4-7　激素的调节

4.3.4　对奶牛脂类消化研究的相关进展

脂类进入瘤胃后,实质是微生物的消化,瘤胃微生物将甘油三酯水解为游离脂肪酸和甘油,后者被转化为挥发性脂肪酸,主要通过瘤胃壁吸收。大部分不饱和脂肪酸经微生物作用变成饱和脂肪酸,部分氢化的不饱和脂肪酸发生异构变化,支链脂肪酸和奇数碳原子脂肪酸增加。脂类经过重瓣胃和网胃时,基本不发生变化,在皱胃,脂类逐渐被消化,微生物细胞也被分解。进入十二指肠的脂类由溶血性卵磷脂、脂肪酸及胆酸构成。链长小于 14 个碳原子的脂肪酸可直接

被吸收,空肠前段主要吸收混合微粒中的长链脂肪酸,中后段主要吸收其他脂肪酸,其余脂类消化产物,进入回肠后都能被吸收。

许多不饱和脂肪酸,如二十碳五烯酸(EPA)、二十二碳六烯酸(DHA)、顺9,反11-共轭亚油酸(cis-9,trans-11 CLA)等对维持人类身体健康非常重要。但由于瘤胃微生物对不饱和脂肪酸存在生物氢化作用,导致通过饲粮调控提高乳中不饱和脂肪酸含量的效果不太理想。

因此,深入了解生物氢化发生的途径,通过营养途径调控乳脂肪酸的组成成为研究热点之一。通过日粮油脂调控改善乳脂组成,提高乳中不饱和脂肪酸及其活性脂肪酸的含量已成为近些年的主要研究之一。日粮油脂添加目前研究表明全棉籽以及相应包被产品对奶牛生产性能及乳品质具有积极作用。瘤胃保护脂肪酸也成为新的能量源之一。

相关概念

1. 脂肪动员：储存在脂肪细胞中的脂肪，被脂肪酶逐步水解为游离脂酸（FFA）及甘油并释放入血液，被其他组织氧化利用，该过程称为脂肪动员。在禁食、饥饿或交感神经兴奋时，肾上腺素、去甲肾上腺素和胰高血糖素分泌增加，激活脂肪酶，促进脂肪动员。

2. 酮体：在肝脏中，脂肪酸氧化分解的中间产物乙酰乙酸、β-羟基丁酸及丙酮，三者统称为酮体。肝脏具有较强的合成酮体的酶系，但却缺乏利用酮体的酶系。

3. 必需脂肪酸（EFA）：指在动物体内不能合成或合成的数量不能满足需要而必须从饲料中供给的具有几个不饱和双键的不饱和脂肪酸。

4. 载脂蛋白：脂蛋白中的蛋白质部分称载脂蛋白，主要有apoA、apoB、apoC、apoD、apoE五类。不同脂蛋白含不同的载脂蛋白。载脂蛋白是双性分子，疏水性氨基酸组成非极性面，亲水性氨基酸为极性面，以其非极性面与疏水性的脂肪核心相连，使脂蛋白的结构更稳定。

5. 乳糜微粒（CM）：主要功能是转运外源性甘油三酯及胆固醇。空腹血中不含CM。外源性甘油三酯消化吸收后，在小肠黏膜细胞内再合成甘油三酯、胆固醇，与载脂蛋白形成CM，经淋巴入血运送到肝外组织中，在脂蛋白脂肪酶作用下，甘油三酯被水解，产物被肝外组织利用，CM残粒被肝摄取利用。

6. 极低密度脂蛋白（VLDL）：是运输内源性甘油三酯的主要形式。肝细胞及小肠黏膜细胞自身合成的甘油三酯与载脂蛋白，胆固醇等形成VLDL，分泌入血，在肝外组织脂肪酶作用下水解利用，水解过程中VLDL与HDL相互交换，VLDL变成IDL被肝摄取代谢，未被摄取的IDL继续变为LDL。

7. 低密度脂蛋白（LDL）：血中的LDL是由VLDL转变而来的，它是转运肝合成的内源性胆固醇的主要形式。肝是降解LDL的主要器官，肝及其他组织细胞膜表面存在LDL受体，可摄取LDL，其中的胆固醇脂水解为游离胆固醇及脂肪酸，水解的游离胆固醇可抑制细胞本身胆固醇合成，减少细胞对LDL的进一步摄取，且促使游离胆固醇酯化在胞液中储存，此反应是在内质网脂酰CoA胆固醇脂酰转移酶（ACAT）催化下进行的。除LDL受体途径外，血浆中的LDL还

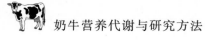

可被单核吞噬细胞系统清除。

8. 高密度脂蛋白(HDL)：主要作用是逆向转运胆固醇,将胆固醇从肝外组织转运到肝代谢。新生 HDL 释放入血后经系列转化,将体内胆固醇及其酯不断从 CM、VLDL 转入 HDL,这其中起主要作用的是血浆卵磷脂胆固醇脂酰转移酶(LCAT),最后新生 HDL 变为成熟 HDL,成熟 HDL 与肝细胞膜 HDL 受体结合被摄取,其中的胆固醇合成胆汁酸或通过胆汁排出体外,如此可将外周组织中衰老细胞膜中的胆固醇转运至肝代谢并排出体外。

5　三大营养物质代谢联系与调节

5.1　物质代谢的相互联系

物质代谢通过各代谢途径的共同中间产物相互联系,但在相互转变的程度上差异很大,有些代谢反应是不可逆的。乙酰 CoA 是糖、脂、氨基酸代谢共有的重要中间代谢物,三羧酸循环是三大营养物最终代谢途径,是转化的枢纽。

5.1.1　糖代谢与脂肪代谢的关系

糖可以转变成脂肪、磷脂和胆固醇。二羟丙酮磷酸经甘油磷酸脱氢酶催化变成甘油-α-磷酸;丙酮酸氧化脱羧变成乙酰辅酶 A,再合成双数碳原子的脂肪酸。

甘油可经糖异生变成糖原,但脂肪酸代谢的乙酰辅酶 A 不能转变成丙酮酸,不能异生成糖。虽然甘油、丙酮和丙酰 CoA 可以转变成糖,这个途径在奶牛体内供应葡萄糖异生达 50%以上。

5.1.2　糖代谢与蛋白质代谢的关系

糖不能转变成蛋白质,而蛋白质可转变成糖。糖代谢产生的 α-酮酸(丙酮酸、α-酮戊二酸、草酰乙酸)氨基化和转氨生成相应的非必需氨基酸。蛋白质分解的 20 种氨基酸(亮氨酸、赖氨酸除外),均可生成 α-酮酸转变为糖。

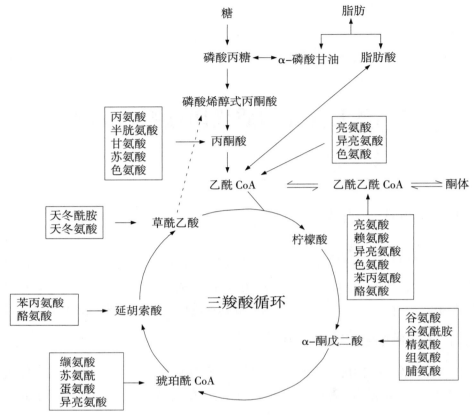

图 5-1　三大营养物质代谢联系

5.1.3　脂肪代谢和蛋白质代谢的关系

脂不能转变为蛋白质,而蛋白质可转变为脂类。因为脂肪酸转变成氨基酸仅限于谷氨酸,且需草酰乙酸存在(来源糖)。

氨基酸代谢可生成乙酰 CoA 及合成磷脂的原料。

5.1.4　核酸和其他物质代谢的关系

核酸和其他物质代谢的关系密切。核酸通过控制蛋白质的合成影响细胞的组成成分和代谢类型,核酸代谢离不开酶及调节蛋白。许多核苷酸在物质代谢中起重要作用,UTP 参与糖的合成,CTP 参与磷脂的合成,CTP 为蛋白质合成所必需。许多辅酶为核苷酸衍生物。氨基酸及其代谢产生的一碳单位,糖代谢磷酸戊糖途径产生的磷酸核糖是合成核苷酸的原料。

5.2　组织、器官的代谢特点及联系

各组织、器官的代谢方式有共同之处,但由于细胞分化和结构不同、酶体系的组成与含量不同,功能各异,各具特色。

各组织器官都通过血液循环和神经系统联成一个统一整体,并非孤立进行。

5.2.1　肝脏

肝脏是机体物质代谢的枢纽。肝耗氧量占全身耗氧量的 20%,在各种物质的代谢中均有重要作用,其中有些是肝所特有的功能。如:糖异生、酮体生成、糖原分解补充血糖、生物转化等功能。

5.2.2　心脏

依次以酮体、乳酸、游离脂肪酸和葡萄糖为能源物质,并且以有氧氧化为主要供应能量的途径。心脏是对于氧气及其 ATP 依赖性很强的器官。

5.2.3　脑

脑是机体耗能大、且几乎是以血液葡萄糖为唯一能源的器官。脑的耗氧量占全身耗氧量的 20%~25%。脑无糖原储备,也不能利用脂肪酸,仅在长期饥饿、血糖供应不足时利用肝脏生成的酮体。

5.2.4　肌肉组织

通常以氧化脂肪酸为主。剧烈运动、缺氧状态时利用葡萄糖进行糖酵解生成乳酸。肌糖原不能在肌肉组织直接分解补充血糖。

5.2.5　红细胞

只能利用葡萄糖进行无氧酵解供应能量。

5.2.6　脂肪组织

是合成、储存脂肪的重要器官。脂肪细胞含有脂肪动员的酶类,在需要的时候分解脂肪释放入血。

5.2.7　肾脏

　　肾是除肝以外唯一可以进行糖异生和生成酮体的器官。正常情况下肾生成葡萄糖的能力是肝脏的 10%，而饥饿状态肾进行糖异生的能力几乎与肝脏相等。肾髓质主要由糖酵解供应能量，肾皮质主要利用脂肪酸和酮体。

表 5-1　重要器官组织氧化及供能特点

组织器官	特有的酶	主要代谢途径	主要代谢物	主要代谢产物
肝脏	GK、G6P 酶、甘油激酶、PEP 羧激酶	糖异生、β–氧化、糖有氧氧化、酮体生成	葡萄糖、脂肪酸、甘油、乳酸、氨基酸	葡萄糖、酮体、VLDL、HDL
脑		有氧氧化、糖酵解、氨基酸代谢	葡萄糖、酮体、氨基酸、脂酸	乳酸、二氧化碳、水
心脏	脂蛋白酯酶、呼吸链	氨基酸代谢	乳酸、葡萄糖、VLDL	二氧化碳、水
脂肪组织	脂蛋白酯酶、HSL	酯化脂酸、脂解	VLDL、CM	游离脂酸、甘油
肌肉	脂蛋白酯酶、呼吸链	有氧氧化、糖酵解	葡萄糖、酮体、脂酸	乳酸、二氧化碳、水
肾	甘油激酶、PEP 羧激酶	糖异生、糖酵解、酮体生成	葡萄糖、脂酸	葡萄糖
红细胞	无线立体	糖酵解	葡萄糖	乳酸

5.3　物质代谢的调节

5.3.1　代谢调节的方式和水平

5.3.1.1　细胞水平的调节

　　细胞水平的调节是指通过改变关键酶的结构或含量以影响酶的活性，进而对代谢进行调节。是生物最基本的调节方式。关键酶催化的反应特点：在整条代谢通路中催化的反应速度最慢，又称限速酶；催化单向反应或非平衡反应；受多种效应物的调节。

5.3.1.2　激素水平的调节

　　激素水平的调节是指通过与靶细胞受体特异结合，将激素信号转化为细胞内一系列化学反应，最终表现出激素的生物效应。

5.3.1.3　神经水平的调节

　　神经水平的调节是指神经系统通过激素、酶或直接对组织、器官施加影响，进行整体调节。

5.3.2　细胞水平的调节

5.3.2.1　酶活性的调节

表 5-2　酶的变构调节

代谢途径	变构酶	变构激活剂	变构抑制剂
糖酵解	HK PFK PK	AMP、ADP、FDP、Pi FDP	G-6-P 柠檬酸 乙酰辅酶 A、ATP
三羧酸循环	柠檬酸合酶 异柠檬酸脱氢酶	AMP AMP、ADP	ATP、长链脂酰辅酶 A ATP
糖异生	丙酮酸羧化酶	乙酰辅酶 A、ATP	AMP
糖原分解	磷酸化酶 b	AMP、G-1-P、Pi	ATP、G-6-P
脂酸合成	乙酰辅酶 A 羧化酶	柠檬酸、异柠檬酸	长链脂酰辅酶 A
氨基酸代谢	谷氨酸脱氢酶	ADP、leu、met	GTP、ATP、NADH
嘌呤合成	酰胺转移酶		AMP、GMP
嘧啶合成	天冬氨酸转甲酰酶		CTP、UTP
核酸合成	脱氧胸苷激酶	dCTP、dARP	DTTP

通过改变酶结构快速调节酶活性，有两种调节方式。

5.3.2.1.1　变构调节

变构剂与酶的调节亚基或调节部位非共价结合，引起酶分子构象改变，从而改变酶活性。受调节的酶称为变构酶或别构酶。变构剂有底物、产物、代谢途径终产物及小分子核苷酸类物质。变构效应有变构激活和变构抑制。变构调节主要以反馈方式控制酶的活性，反馈抑制（负反馈）普遍存在。

5.3.2.1.2　共价修饰调节

酶分子的某些基团在另一种酶催化下发生化学共价修饰（如磷酸化/脱磷酸，乙酰化/脱乙酰，甲基化/脱甲基等），使酶的构象改变，从而改变酶活性。具有放大效应。

表 5-3　共价修饰对酶的活性调节

被修饰的酶	化学修饰类型	酶活性改变
糖原磷酸化酶 b 激酶	磷酸化/脱磷酸	(+)/(-)
糖原磷酸化酶	磷酸化/脱磷酸	(+)/(-)
糖原合酶	磷酸化/脱磷酸	(-)/(+)
丙酮酸脱羧酶	磷酸化/脱磷酸	(-)/(+)
磷酸果糖激酶	磷酸化/脱磷酸	(-)/(+)
丙酮酸脱氢酶	磷酸化/脱磷酸	(-)/(+)
HMG-COA 还原酶激酶	磷酸化/脱磷酸	(-)/(+)
HMG-COA 还原酶	磷酸化/脱磷酸	(+)/(-)
乙酰辅酶 A 羧化酶	磷酸化/脱磷酸	(-)/(+)
脂肪细胞甘油三酯脂肪酶	磷酸化/脱磷酸	(+)/(-)
黄嘌呤氧化脱氢酶	-SH/-S-S-	脱氢酶/氧化酶

糖原合成酶和磷酸化酶分别是糖原合成与分解代谢中的限速酶,它们均受到变构与共价修饰两种调节。6-磷酸葡萄糖可激活糖原合成酶,刺激糖原合成,同时,抑制糖原磷酸化酶阻止糖原分解,ATP 和葡萄糖也是糖原磷酸化酶抑制剂,高浓度 AMP 可激活无活性的糖原磷酸化酶 b 使之产生活性,加速糖原分解。Ca^{2+}可激活磷酸化酶激酶进而激活磷酸化酶,促进糖原分解。

体内肾上腺素和胰高血糖素可通过 cAMP 连锁酶促反应逐级放大,构成一个调节糖原合成与分解的控制系统。

当机体受到某些因素影响,如血糖浓度下降和剧烈活动时,促进肾上腺素和胰高血糖素分泌增加,这两种激素与肝或肌肉等组织细胞膜受体结合,由 G 蛋白介导活化腺苷酸环化酶,使 cAMP 生成增加,cAMP 又使 cAMP 依赖蛋白激酶(*cAMP dependent protein kinase*)活化,活化的蛋白激酶一方面使有活性的糖原合成酶 a 磷酸化为无活性的糖原合成酶 b;另一面使无活性的磷酸化酶激酶磷酸化为有活性的磷酸化酶激酶,活化的磷酸化酶激酶进一步使无活性的糖原磷酸化酶 b 磷酸化转变为有活性的糖原磷酸化酶 a,最终结果是抑制糖原生成,促进糖原分解,使肝糖原分解为葡萄糖释放入血,使血糖浓度升高,肌糖原分解用于肌肉收缩。

丙酮酸在丙酮酸羧化酶催化下形成草酰乙酸,需要生物素和 Mg^{2+}为辅酶。

磷酸果糖激酶又叫 6-磷酸果糖激酶-1(*Phosphofructokinase*;*PFK*)是一类激酶,可作用于果糖-6-磷酸(*fructose 6-phosphate*)。在糖酵解中和己糖激酶、丙酮酸激酶一样催化的都是不可逆反应,因此这 3 种酶都有调节糖酵解途径的作用。2,6-二磷酸果糖是它的最强变构激活剂。

该酶会受到高浓度 ATP 的抑制,高的 ATP 浓度磷酸果糖激酶在呼吸作用中的调控作用。

磷酸果糖激酶在呼吸作用中的调控作用会使该酶与底物果糖-6-磷酸的结合曲线从双曲线形变为 S 形。而柠檬酸就是通过加强 ATP 的抑制效应来抑制磷酸果糖激酶的活性,从而使糖酵解过程减慢。因磷酸果糖激酶是糖酵解作用的限速酶,因此,对此酶的调节是调节酵解作用的关键步骤。

丙酮酸脱氢酶催化丙酮酸为乙酰 CoA 的不可逆反应的复合酶,即通过丙酮酸脱羧生成的羟乙基硫胺素二磷酸和硫辛酸反应形成乙酰二氢硫辛酸,乙酰基被转移至 CoA。二氢硫辛酸通过 FAD 被氧化,氢最后被传递至 NAD^+。在这个反应循环中,除 CoA 和 NAD 外,都和酶紧密结合。该酶复合体可从动物组织和细菌中提取出来,但对从大肠杆菌中提纯的研究进行得较多。在生理上,耗氧性糖分解时,作为从丙酮酸形成乙酰 CoA 的阶段是极其重要的。与该酶复合体十分相似的物质有 α-酮戊二酸脱氢酶的复合体。辅助因子为焦磷酸硫胺素(TPP),硫辛酸,FAD,NAD$^+$,COA,Mg^{2+}。

　　HMG-CoA 还原酶(HMGR)催化依赖于 NADPH 的从 3-羟基-3-甲基戊二酰辅酶 A 到甲羟戊酸(MVA)的合成反应,由于甲羟戊酸的生成是一个不可逆过程, 因此,HMGR 被认为是 MVA 途径中的第一个限速酶, HMG-CoA 还原酶是肝细胞合成胆固醇过程中的限速酶,催化生成甲羟戊酸,抑制 HMG-CoA 还原酶能阻碍胆固醇合成。HMG-CoA 还原酶在胞液中经蛋白激酶催化发生磷酸化丧失活性,而在磷蛋白磷酸酶作用下又可以脱去磷酸恢复酶活性,胰高血糖素等通过第二信使 cAMP 影响蛋白激酶, 加速 HMG-CoA 还原酶磷酸化失活,从而抑制此酶,减少胆固醇合成。胰岛素能促进酶的脱磷酸作用,使酶活性增加,则有利于胆固醇合成。此外,胰岛素还能诱导 HMG-CoA 还原酶的合成,从而增加胆固醇合成。甲状腺素亦可促进该酶的合成,使胆固醇合成增多。

　　乙酰辅酶 A 羧化酶(*Acetyl CoA carboxylase*)催化乙酰辅酶 A+ATP+HCO^{3-}→丙二酰辅酶 A+ADP+Pi 反应的生物素酶。广泛存在于生物界。此反应制约着脂肪酸合成第一阶段的速度。酶是一种变构酶,原体不显示活性,而聚合成纤维状的多聚体则呈现活性。该动物由于营养条件、激素条件的不同使脂肪酸的合成速度发生变化,在这种变化调节中此酶起着主要作用。即一方面酶量在变化,另一方面每一分子酶的催化力可为柠檬酸等所激活的长链脂肪酸辅酶 A 等所阻抑。

　　脂肪细胞甘油三酯脂肪酶在脂肪动员中起决定性作用,是脂肪分解的限速酶。其活化形式为磷酸化形式,可直接作用于脂肪,使甘油三酯水解为甘油二酯。HSL 受多种激素调控,故称激素磷酸化形式,可直接作用于脂肪,使甘油三酯水解为甘油二酯。HSL 受多种激素调控,故称激素敏感性脂肪酶。能促进脂肪敏感性脂肪酶。能促进脂肪动员的激素称脂解激素。

　　胰岛素、前列腺素和烟酸可以抑制其活性,称为抗脂解激素;胰高血糖素、肾上腺素、促肾上腺皮质激素及甲状腺素等促进其活性,称脂解激素。

5.3.2.2　酶量的调节

　　通过改变酶的合成或降解以调节细胞内酶的含量,从而调节代谢的速度和强度。属迟缓调节。酶合成是受基因表达调节的,可在转录和翻译水平进行。

5.3.2.3 酶的区域化

同一个细胞内催化各种代谢的酶有 2000 多种，催化各种代谢途径的酶往往组成各种多酶体系，存在于胞液和一定的亚细胞结构区域，酶在细胞内有一定的分布和定位现象称酶的区域化。

真核细胞主要代谢酶系的区域化分布：糖酵解、戊糖磷酸途径、糖原合成、脂肪酸合成在胞液，三羧酸循环、氧化磷酸化、呼吸链、脂肪酸 β 氧化、酮体生成在线粒体，核酸合成在细胞核，蛋白质合成、磷脂合成在内质网，糖异生、尿素合成在胞液和线粒体，胆固醇合成、类固醇激素合成在胞液和内质网，多种水解酶在溶酶体，ATP 酶、腺苷酸环化酶在细胞质膜。

5.3.3 激素对代谢的调节

激素是多细胞生物特殊细胞或腺体产生，经体液输送到特定部位引起特定生物学效应的一些微量化学物质。

激素是靶细胞外的信号分子，对代谢的调节是通过细胞信息传递，需受体介导的，和受体的作用有专一性、可逆性、放大性。

受体是与激素、递质或其他化学物质专一性结合并相互作用，最终触发细胞生物学效应的生物大分子，多数是蛋白质。

5.3.3.1 膜受体激素

此类激素是蛋白质肽类激素及氨基酸衍生类激素，多为水溶性。激素（第一信使）与膜受体结合，激活膜上腺苷酸环化酶，使 ATP 转为 cAMP（第二信使），再激活蛋白激酶，进而发挥对靶细胞的调节作用。

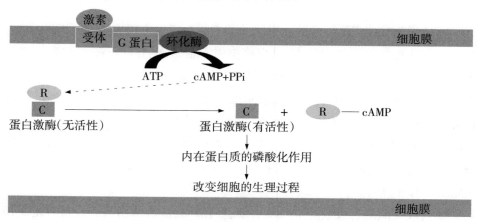

图 5-2 膜受体激素作用示意图

5.3.3.2　胞内受体激素

为类固醇激素,多为脂溶性。激素到达靶细胞,与胞内一种特殊的受体蛋白结合,形成复合物,在一定条件下进入细胞核,作为转录因子,调控相应基因的表达,产生代谢效应。

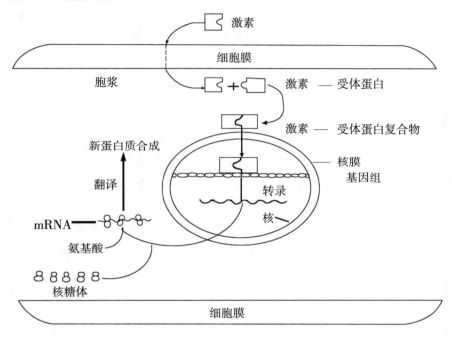

图 5-3　胞内受体激素作用示意图

例 1:短期饥饿,胰岛素分泌减少,胰高血糖素分泌增多,引起体内肌肉蛋白质分解,糖异生增强,脂肪分解及酮体生成增多。长期饥饿,则蛋白质降解减少,脂肪分解及酮体生成进一步增多,肾的糖异生增强。

例 2:应激时,肾上腺髓质与皮质分泌增多,胰岛素分泌减少,引起脂肪动员增强,蛋白质分解加强,血糖升高。

5.3.4　神经系统对代谢的调节

神经系统对代谢的调节是整体调节,以保持内环境的相对稳定。

6 矿物质营养代谢

6.1 概　述

矿物质元素是对奶牛生长、繁殖、泌乳等各生理阶段均具有重要影响的日粮营养因素之一。奶牛在不同的生理阶段具有不同的生理特点和营养需求，分别给予适当的营养，是提高奶牛产奶和繁殖性能及延长奶牛使用寿命的基本条件。为确保奶牛有良好的生理状况及生产性能，就营养方面来讲，除给予适宜的蛋白质和能量外，还必须注意矿物元素的合理供给。有科学依据证实的奶牛必需矿物质元素有 20 多种，分为常量元素和微量元素两类，体内含量大于0.01%的为常量元素，包括钙、磷、钠、钾、氯、镁、硫；体内含量不足 0.01%的为微量元素，包括铜、铁、锌、锰、硒、碘、钴、铬、钼、氟。

6.2 常量矿物元素营养代谢

常量矿物质元素在维持奶牛正常的生命活动和促进健康方面发挥着重要的作用。常量元素不仅是骨骼和其他组织的重要组成成分，而且参与机体的各项代谢活动。泌乳期奶牛从奶中分泌出大量常量矿物质元素，如果机体得不到及时的补充，则会出现相应的缺乏症，严重的甚至可导致死亡。因此，必须保证泌乳奶牛所需矿物元素的及时供应，同时还要注意矿物元素之间及矿物元素与其他营养物质之间的比例关系。

6.2.1　奶牛对钙的需要

6.2.1.1　钙的生物学功能

动物机体内钙的分布有细胞外钙和细胞内钙两种形式。细胞外钙是骨骼形成、神经冲动传递、骨骼肌兴奋及心肌收缩、血液凝固所必需的,是牛乳的成分。体内总钙量的98%以上存在于骨骼和牙齿中,以维持骨骼和牙齿的正常的硬度。细胞内钙的浓度为细胞外钙浓度的万分之一,细胞内钙与许多酶的活性有关,是细胞表面向细胞内部传递信息的重要的第二信使(张萍,2001)。

对于泌乳奶牛而言,钙除具有上述生物学功能外,钙还是奶牛乳汁的重要组成成分,机体中钙的含量影响着其瘫痪、胎衣不下及真胃变位等疾病的发生,因此,奶牛日粮中必须补充钙(徐峰,2008)。

6.2.1.2　钙的吸收与排泄

体内的钙主要来自食物,大部分在小肠的上段吸收。钙的吸收量与肠道内钙浓度、机体的需要量及肠内酸碱度有关。当肠内酸度增加时钙盐易溶解,因而吸收增加。当肠内存在碱性物质时则形成不溶解的钙皂,从而使钙的吸收减少。钙的吸收量与机体的需要量是相适应的,当缺钙时肠道吸收钙的速度增加,而当体内钙过多时,则吸收速度降低。摄入的钙80%从粪便排出,20%从肾排出。从肾小球滤过的钙有98%被重吸收,因此从尿中排泄不多,尿中钙的排泄量受下列因素的影响:①钙的摄入量;②肾脏的酸碱调节机能;③甲状旁腺激素的分泌量。甲状旁腺激素可升高血钙水平,降低血磷水平,是由于此激素促进肾小管对钙的重吸收,而抑制对磷的重吸收。

6.2.1.3　钙对瘤胃发酵及内环境的影响

瘤胃微生物为维持其活性需要大量的矿物质元素,Durand 等(1982)报道,矿物质通过调节反刍动物瘤胃的渗透压、pH 值以及稀释率来影响瘤胃微生物的消化作用。因此,适当地补充矿物质元素,可以通过上述途径提高瘤胃的消化功能。奶牛日粮中钙过量会抑制瘤胃微生物作用而使日粮消化率降低,使体内 P、Mn、Fe、Mg、I 等矿物质元素代谢紊乱。

6.2.1.4　奶牛钙的需要量

钙是奶牛体内重要的常量矿物质元素之一,在维持奶牛正常的生命活动和促进健康方面发挥着重要的作用。关于奶牛钙的适宜供给量,美国 NRC 认为应采用析因分析方法,将其分为生长、维持、妊娠、泌乳四个阶段分别研究(NRC,2001)。

Hansard 等报道非泌乳牛对钙的维持需要量为 0.0154 g/kg 体重;泌乳牛的

维持需要量为 0.031 g/kg 体重。犊牛处于骨骼积极生长阶段，其对钙的生长要求较高，当骨骼成熟时生长所需的钙就会减少一些，美国农业和食品研究委员会（AFR）提出析因模型，采用生长率方程来计算生长犊牛的钙需要量（Martz et al.,1990）。平均每千克日增重对吸收钙的需要量为: $Ca(g/d) = 9.83 \times (MW^{0.22})$ $\times (BW^{-0.22}) \times WG$；其中 MW 为期望成熟活体重（kg），BW 为当前体重，WG 为体增重。

不同品种奶牛所产的牛奶乳蛋白含量不同，其每产 1 kg 牛奶所需的钙量也略有不同。每产 1 kg 牛奶荷斯坦牛需要吸收钙 1.22 g，娟姗牛需要 1.45 g，其他品种的牛则需要 1.37 g（孟庆翔,2002）。

6.2.1.5 奶牛钙的缺乏与过量

青年母牛缺乏日粮钙会阻碍新骨的矿化,造成生长停滞,最终会导致佝偻病的发生。泌乳奶牛在缺乏日粮钙时,会被迫调用骨钙来维持细胞外液的稳态。这样会引起骨质疏松和骨软化症,容易产生自发性骨折。由于在日粮钙严重缺乏时,牛乳中的钙浓度也不会发生变化,所以高产奶牛围产期日粮缺钙则极易引起出产后瘫痪等症状。

奶牛进食过量的日粮钙通常不会产生什么特定的中毒症。日粮钙浓度超过1%时,可引起 DMI 减少,生产性能下降。过量进食钙会妨碍微量元素（尤其是锌）的吸收,取代本可以更好地用来增加产奶量的能量或蛋白质。

6.2.2 奶牛对磷的需要

6.2.2.1 磷的生物学功能

动物机体内总磷量存在于骨骼和牙齿中，以维持骨骼和牙齿的正常硬度，骨骼内的磷主要存在形式为羟基磷灰石和磷酸钙（刘振,2010）。磷是身体软组织和神经磷脂的组成成分,参与体内广泛的酶反应,尤其是与能量代谢及转移有关的反应，磷也是传递遗传信息所必需的且磷是机体内缓冲体系的重要组成部分,另外磷还能够维持细胞壁的结构和完整性（初汉平,2007）。

6.2.2.2 磷的吸收与排泄

磷吸收的主要地点是小肠等（Reinhardt et al.,2002）,尤其是十二指肠和空肠。少量的磷在瘤胃壁、瓣胃和皱胃被吸收。磷的吸收率受到诸多元素影响,如维生素、日粮磷水平、钙磷比等,其他矿物质元素亦影响其吸收,诸如钙、镁、钾等。小肠中可吸收磷的浓度也直接影响着对磷的吸收利用。奶牛的年龄也会影响磷的吸收,磷的利用率随着奶牛年龄的增长而降低。磷的主要排放途径有以下 3 种:粪便、牛奶和尿。其中粪磷占总磷排放量最多,占 68.7%;牛奶中的磷占总磷排放的 30.3%;尿磷最少,仅为 1%(刘振,2010)。

6.2.2.3 奶牛磷的需要量

美国 NRC(2001)在 1989 版的基础上,通过对大量试验研究报道进行了整理分析总结,已经降低了奶牛日粮中磷含量的推荐量。奶牛可吸收磷的需要量为维持、生长、泌乳及妊娠所需量的总和。其中维持需要,每摄入饲料干物质中需含磷 1.0 g;泌乳需要,每产奶 1 kg 需 0.9 g 磷。英国农业研究委员会(ARC)推荐成年奶牛磷的维持需要量为 0.0207 g/kg 体重,产奶需量为 1.56 g/kg 奶重。法国(AEC)推荐成年奶牛磷的维持需要量为 0.062 g/kg 体重,产奶需要量为 1.25 g/kg 奶重。德国推荐成年奶牛磷的维持需要量为 0.040 g/kg 体重,产奶需要量为 1.66 g/kg 奶重。与其他国家采用标准相比,NRC 推荐的奶牛磷需要量偏高(初汉平,2007)。

按照我国现行《NY/T 34-2004 奶牛饲养标准》中制定的奶牛磷需要量标准,以体重约为 600 kg 的奶牛为例:产奶量 10~40 kg,乳脂率 3.5%,维持需要按 1.1 倍计算,日粮磷含量推荐量约为 0.47%~0.58%。我国现行标准明显高于 NRC(2001)中泌乳牛日粮磷含量推荐量。奶牛日粮中添加过量的磷不仅造成饲料资源浪费,而且造成环境污染(胡伶,2001)。

6.2.2.4 磷对瘤胃发酵及内环境的影响

国外一些对反刍动物唾液调节体内磷的研究表明,唾液磷对于维持瘤胃内磷浓度水平具有重要意义。Koddebusch 等(1988)证明,瘤胃微生物消化纤维,合成微生物蛋白质需要磷,要想瘤胃微生物可以充分降解饲料原料,瘤胃内每千克可消化有机物的可利用率含量不得少于 5 g。但就目前研究而言,瘤胃微生物的最适磷浓度尚未完全确定,Koddebusch 等研究指出,瘤胃磷浓度的水平应该至少保持在 75 mg/L~100 mg/L,才能够维持瘤胃微生物的最大数量和最大活性。

6.2.2.5 奶牛磷的缺乏与过量

相比于猪、禽等单胃动物,草食动物最容易出现磷缺乏。当奶牛缺乏磷时,首先会引起机体钙磷比失调,随后便可引起一系列的机体代谢紊乱,进而出现奶牛的异嗜癖、软骨症、乳质下降、饲料利用率降低、产后瘫痪等。

6.2.3 奶牛对钾的需要

6.2.3.1 钾的生物学功能

钾是动物机体中仅少于钙和磷的第三大矿物元素,也是细胞内浓度最高的元素。钾还是肌肉中最多的矿物质,是非常重要的矿物元素。钠主要存在于血浆和细胞外液,而钾主要存在于细胞内液。钾参与细胞内的酸碱平衡、离子平衡、水平衡,并且作为机体最重要的电解质参与渗透压的形成。钾也在神经和肌肉细胞的电生理活动中发挥重要的作用。这涉及钾和钠的跨膜运输,许多酶系参与该反应的启动。从某种程度上说,正是钾钠泵实现了细胞内外的物质运送,从而维持了细胞的正常生理功能。钾与钙的平衡对于肌肉的正常活动性是必需的。钙过量会使肌肉处于完全收缩状态,即出现所谓的钙强直。相反,钾过量会使肌肉处于松弛状态,即钾抑制。对于泌乳牛而言,钾还是牛奶的重要组分,钾是乳汁中含量最多的矿物元素(刘旭,2008)。

6.2.3.2 钾的吸收与排泄

动物体内的钾主要来自饲料及饲草,主要吸收部位是十二指肠,其次是胃、小肠后段和结肠。动物每天从消化道吸收的钾中,内源部分是外源部分的数倍之多。进入体内的钾,90%~95%经尿排出体外,部分也可通过粪便、皮肤、汗腺、奶和蛋等排泄(杨凤,2006)。

6.2.3.3 奶牛钾的需要量

钾是奶牛体内非常容易耗竭的元素,除了肌细胞和神经细胞以外,体内基本上没有什么储存,而钾对完成细胞正常的生理功能又是必需的,因此,必须每天给奶牛提供足量的钾。这一点与钙和磷不同,钙和磷主要存在在骨骼中,并且可以动用。此外,奶牛泌乳对钾的需要量要远高于钙和磷。日泌乳 40 kg 的奶牛单是产奶一项就需要 60 g 钾、40 g 磷和 48 g 钙。奶牛钾摄入量的 25%~40%直接进入奶中。同时,泌乳期母畜的其他生理活动也需要大量的钾(刘旭,2008)。

除玉米外,各种饲料每千克干物质中的含钾量均在 5 g 以上,青饲料每千克干物质中含钾量超过 15 g。所以,常用饲料均能满足奶牛对钾的需要,尤其是日粮中饲草比例大时,钾的摄入量远远超过需要量,一般情况下不需要额外补充钾。但是,在夏季天气炎热,而且防暑降温措施又不够理想的情况下,在补钠的同时适当补充钾离子对维持奶牛体内电解质平衡、缓解热应激具有积极作用（王加启，2006）。

6.2.3.4　奶牛钾的缺乏与过量

奶牛钾的缺乏症首先表现为食欲降低、采食量下降、生长受阻，对于泌乳期的奶牛还会表现为产奶量降低。当奶牛处于热应激状态时，这些缺乏症会表现得更为明显。奶牛食入多余的钾会很快被排泄掉，故很少发生钾中毒。

6.2.4　奶牛对钠和氯的需要

6.2.4.1　钠和氯的生物学功能

钠和氯主要分布于细胞外液，在保持体液的酸碱平衡和渗透压方面起重要作用，此外，钠和其他离子协同参与维持骨肉神经的正常兴奋性。以重碳酸盐形式存在的钠可抑制奶牛瘤胃中产生过量的酸，从而为瘤胃微生物创造适宜的生存环境（徐峰，2008）。氯是胃液中主要的阴离子，它与氢离子结合形成盐酸，激活胃蛋白酶，并使胃液呈酸性，具有杀菌作用。

6.2.4.2　钠和氯的吸收与排泄

在反刍动物的前胃，钠和氯可经偶联的主动吸收机制吸收。在一般情况下，钠主要通过糖和氨基酸的吸收而伴随吸收，但在无能营养素存在条件下，以此方式吸收效果极差。钠、钾、氯都是一价离子，也能通过简单扩散吸收。钠和氯的主要吸收部位是十二指肠，其次是胃、小肠后段和结肠。动物每天从消化道吸收的钠和氯中，内源部分是外源部分的数倍之多。进入体内的钠和氯，90%~95%经尿排出体外，部分也可通过粪便、皮肤、汗腺、奶和蛋等排泄（杨凤，2006）。

6.2.4.3　奶牛钠、氯的需要量

奶牛处于不同的生理阶段，对于日粮中钠和氯的需求量也有所不同。对于后备母牛，每天钠和氯的需要量为日粮干物质的 0.2%~0.3%。对于泌乳奶牛，由于要从乳中分泌出较多的钠和氯，所以必须注意对泌乳奶牛食盐的供给，食盐不足则会导致泌乳牛产奶量和体重明显下降。一般情况下，产奶牛的食盐供给量可按钠占饲料干物质的 0.18% 或氯化钠占饲料干物质的 0.45% 计，一般是在混合精料中配入 0.5%~1.0% 的食盐，或让奶牛自由采食。干奶牛日粮氯化钠的需要量约占日粮总干物质的 0.25%。

6.2.4.4 奶牛钠、氯的缺乏与过量

奶牛缺钠和氯可表现出食欲减退,生长受阻,饲料利用率降低等缺乏症。而食盐中毒后,病牛则会表现为精神沉郁、头低、耳聋、鼻镜干燥、眼窝下陷,结膜潮红,肌肉震颤,食欲不振,渴欲增强;腹泻,尿液减少,瘤胃蠕动减弱,蠕动次数减少乃至废绝;心动过速、收缩力量减弱。此外,日粮高含量的盐可使奶牛产后乳房水肿加剧。

6.2.5 奶牛对镁的需要

6.2.5.1 镁的生物学功能

镁是动物体内含量仅次于钙、钠、钾,而在细胞内仅次于钾的阳离子,是调节细胞内外钙、钠、钾平衡的重要离子。镁参与体内所有的能量代谢,催化或激化 300 多种酶体系,特别是一系列的 ATP 酶所必需的辅助因子(代迎春,2007)。

镁是奶牛机体内必需的矿物元素,是构成机体的重要无机成分之一,体内绝大多数的镁存在于骨骼之中,少部分存在于体液和其他软组织中。镁还可以影响奶牛机体对钙磷等元素的吸收和利用;成骨细胞的活性可以影响到骨的钙化速度,镁又能够影响成骨细胞的活性,因此,镁可以间接影响骨钙化。此外,钙盐在骨中的沉积过程也需要镁的参与。碱性磷酸酶可以水解软骨细胞和骨细胞中的磷酸葡萄糖产生磷酸根(PO_4^{3-})离子,Ca 与磷酸根结合生成 $Ca_3(PO_4)_2$,在骨中沉积,促进骨钙化,Mg^{2+}能够激活碱性磷酸酶,因而镁能够影响骨的正常钙化(李忠鹏,2014)。

6.2.5.2 镁离子(Mg^{2+})的吸收与排泄

反刍动物消化道中镁主要经瘤网胃壁吸收,镁可以以两种形式吸收:一种是以简单的离子扩散吸收;另一种是形成螯合物或与蛋白质形成络合物经异化扩散吸收。不同来源的镁离子对反刍动物的生物学效价变化很大。在奶牛日粮配合中,一般认为镁离子如氧化镁的溶解度很低,而硫酸镁和氯化镁中的镁离子溶解度高,因此在瘤胃中的吸收率也高(刘庆平,2002)。日粮中高浓度钾会降低镁在瘤胃和网胃的吸收。由于许多饲料中特别是粗饲料中存在大量的钾,所以对于泌乳期奶牛来说,日粮中应包含高浓度的镁。瘤胃可降解蛋白食入量过多,增加瘤胃中 NH_4^+ 的浓度,而瘤胃中 NH_4^+ 浓度突然增加会降低镁在瘤胃内的吸收。日粮中可发酵的非纤维碳水化合物的含量过高会提高瘤胃中镁的消化能

力和代谢能力(徐峰,2008)。

6.2.5.3　奶牛镁的需要量

镁普遍存在于各种饲料中,尤其是糠麸、饼粕和青饲料含镁丰富,谷实、块根、块茎等也含较多的镁。奶牛配合日粮中最常用的镁源是氧化镁,不仅提供镁,而且还可用为瘤胃碱化剂。

奶牛对镁的需要依季节和所处生理阶段不同而有所不同。春季采食大量青草,由于青草中镁的含量低,加之奶牛对镁的利用率低、需要量大,因此容易出现低镁综合症——青草搐搦症,所在春季应适当在奶牛日粮中补充一定水平的镁源。NRC(2001)总结多项研究的结果认为,围产期奶牛的日粮干物质中镁含量达到0.4%对预防胎衣不下、产后乳房水肿等具有积极作用。

6.2.5.4　奶牛镁的缺乏与过量

镁缺乏对奶牛健康和泌乳有不良影响。奶牛缺镁主要表现为:厌食、生长受阻、过度兴奋、痉挛和肌肉抽搐,严重的导致昏迷死亡。血液学检查表明:血镁降低,也可能出现肾钙沉积和肝中氧化磷酸化强度下降,外周血管扩张和血压体温下降等症状。镁过量引起动物中毒,主要表现为采食量下降、生产性能降低、昏睡、运动失调和腹泻,严重可引起死亡(吴卫杰,2006)。

6.2.6　奶牛对硫的需要

6.2.6.1　硫的生物学功能

对于反刍动物,硫在构成蛋白质和影响酶活性中发挥着重要作用,它几乎参与反刍动物体内所有的代谢过程。硫还作为维生素——硫胺素和生物素的组分参与许多代谢过程。许多物质必须被转化为无毒的硫酸盐以后,才能通过尿液排出体外,在机体脱毒过程中起着重要的作用。以硫酸盐形式存在的硫,是一组多糖化合物的重要组成成分,这组多糖与特定的蛋白质结合以后,就构成了粘多糖。软骨素就是非常重要的一种粘多糖,因为它是软骨、骨、肌腱和血管壁的组分。如果日粮硫的水平太低,奶牛就会利用其他硫源——主要是含硫氨基酸去合成软骨素,因此硫是奶牛不可缺少的营养物质(刁其玉,2003)。

6.2.6.2　硫的吸收与排泄

反刍动物消化道中微生物能将一切外源硫转变成有机硫。吸收进入体内的有机硫、无机硫分别参与各自的代谢。吸收入体内的无机硫基本上不能转变成有机硫,更不能转变成含硫氨基酸。动物利用无机硫合成体蛋白质,实质上是微生物的作用。因此,反刍动物利用无机硫的能力较强,非反刍动物很弱。硫主要经粪和尿两种途径排泄。由尿排泄的硫主要来自蛋白质分解形成的完全氧化的尾产物或脱毒形成的复合含硫化合物(杨凤,2006)。

6.2.6.3 奶牛硫的需要量

在动物体内硫的含量约为体重的 0.16%~0.23%,一头体重 500~550 kg 的奶牛约含有 900~1000 g 的硫。一般情况下,乳用家畜饲料能够满足奶牛对硫的需要。然而,当利用非蛋白氮作为奶牛日粮的主要氮源之一时,日粮添加硫对提高奶牛的饲料利用效率及生产水平是非常重要的;日粮中氮与硫的比例控制在 10~12:1,有助于采食含非蛋白氮日粮的奶牛体内微生物发酵过程中氮有效地被利用(程园,1995)。添加硫对奶牛消化吸收营养物质特别是粗纤维的消化吸收和促进瘤胃内细菌蛋白合成有着重要的作用,硫离子及其在日粮中的含量直接影响到纤维素的消化率,而提高纤维素消化率有利于提高产奶量、饲料利用率和反刍动物的生长,对改善氨基酸的利用有良好的作用。据双金等(1999)报道,在奶牛日粮中按日粮的 0.8% 添加硫酸钠,可提高产奶量 10.08%~13.17%,提高经济效益 25.6%。在高纤维日粮中添加 0.11% 的硫酸钠,可提高日粮的消化率,硫添加量为 0.46%~0.6% 时,干物质中的有机物、酸性洗涤纤维、粗蛋白的表现消化率呈线性增加趋势,并能提高瘤胃真菌数目(刘旭,2008)。

此外,还有研究表明,高产奶牛日粮中硫的水平应为每公斤饲料干物质含硫 2.3~2.6 g,或者硫占日粮干物质 0.23%~0.26%。当日粮硫含量处于低水平时,泌乳奶牛体内硫的沉积亦相对减少,并引起硫的负平衡。幼牛对硫的需要量应为每公斤日粮干物质含 1.5~2 g。

6.2.6.4 奶牛硫的缺乏与过量

奶牛日粮缺硫会引起食欲减退、增重减轻、毛的生长速度变慢、产奶量下降等。如果利用非蛋白氮作氮源,当饲粮氮、硫比大于 12:1 时可能引起奶牛硫缺乏。

自然条件下硫过量的情况少见。用无机硫作添加剂,用量超过 0.3%~0.5% 时,可能使动物产生厌食、失重、便秘、腹泻、抑郁等毒性反应,严重时可导致死亡。

6.3 微量矿物元素营养代谢

微量矿物元素在奶牛的许多生理生化过程中起作用。如维生素的合成、酶的活性、胶原蛋白的形成、组织的合成、氧的传递、化学能的产生及许多其他与生长、泌乳、繁殖和健康有关的生理过程都需要微量元素。某些元素的不足或一些元素的过量将会导致奶牛生长发育受阻、生产性能下降、繁殖机能紊乱,严重者还会导致各种疾病的发生,从而损害奶牛场的经济效益。目前查明的微量元素有 20 种,其中在奶牛中研究较多的有:铜、铁、锌、锰、硒、碘、钴、铬、钼、氟等10 种。

6.3.1 奶牛对铜的需要

6.3.1.1 铜的研究进展

铜是人和动物的必需微量元素之一,具有广泛的生物学效应,与畜禽的生长性能、繁殖能力以及免疫能力有着密切的联系。铜的缺乏会对动物的神经系统、造血功能、被毛生长、骨骼生长以及结缔组织造成各种影响。19 世纪初,人们就发现铜对维持动物的健康有着重要的作用。1928 年,Halt 研究喂乳汁而患贫血的大鼠及添加铜与铁对血红素形成是必要的,证实了铜是动物细胞必需的微量元素。而铜在动物营养中的作用, 则是在 1950 年以后由 Deksten 等人提出的。研究表明,铜是动物体内一系列酶的组成成分,广泛参与氧化磷酸化、自由基解毒、黑色素合成、儿茶酚胺代谢、结缔组织交联、血液凝固以及毛发形成等过程,此外,铜还是葡萄糖代谢、胆固醇代谢、骨骼矿化作用、免疫机能、红细胞生成和心脏功能等机能代谢所必需的微量元素。铜对反刍动物的营养也受到了广泛的重视,有关奶牛的铜营养也有较多的报道(段智勇等,2003)。

6.3.1.2 铜的生物学功能

铜对奶牛的繁殖、生长和产乳性能有重要作用。铜是许多酶的重要组分和激活剂,参与造血、骨骼构成、被毛色素沉着和红白细胞的形成,增加垂体释放GH、TSH、LH 和 ACTH,并影响肾上腺皮质类固醇及儿茶酚胺的合成,可增强易感基因型个体的抵抗力,降低细菌和病毒致病的发病率(陈清华等,2003)。

6.3.1.3 奶牛铜的需要量

NRC(1996)对奶牛铜的需要量定为 10 mg/kg。但在实际生产中,奶牛日粮中铜的供给应该与其年龄、生理阶段、生产性能及饲料中锌、铬、铁的水平,特别是钼和硫的水平有关。研究表明,奶牛对铜的需要量很大程度上取决于日粮中钼和硫的含量,其变异幅度可以是 45 mg/kg~15 mg/kg。日粮中钼的存在会加强对铜的拮抗作用,而硫也会降低铜的吸收。相当多的证据表明钼和硫相互作用可以在瘤胃中形成硫化钼盐类,当硫化钼盐类与铜相互作用后可在瘤胃中形成难以吸收的不可溶复合物。只有部分硫化钼能被机体吸收,并进而影响铜的吸收(李建军,1999)。对于放牧的奶牛来说,缺铜已被确定为一个严重的问题。缺铜可能是因为牧草中铜的浓度低,还可因为钼和硫的浓度升高而进一步恶化。为了消除这些副作用,建议在多数生产环境中补充铜。一般奶牛铜的需要量为每千克饲料干物质中含铜 8~12 mg,对于体重 550 kg,日产奶 20 kg 的奶牛推荐量为 10 mg,而对于 6 月龄以前的犊牛日粮,可提高其含铜量到 18 mg/kg(陈清华等,2003)。

6.3.1.4 奶牛铜的缺乏与过量

奶牛缺铜会引发营养性贫血、被毛粗糙、毛色变浅。严重缺铜还会导致病理性腹泻、骨骼异常,母牛则表现为发情率低或延迟、难产、胎盘恢复困难等繁殖问题。还有研究表明,铜的缺失能够引起奶牛蹄病的发生(Alhave et al.,1977;Murata et al.,2008)。

奶牛对铜的耐受量比单胃动物低。根据现有的资料表明,奶牛饲料中铜的最大允许量为 100 mg/kg。铜过量多发生于补饲过量的情况下,以及铜污染较严重的地区,中毒症状主要表现为溶血性疾病、黄疸以及组织坏死等。

6.3.2 奶牛对铁的需要

6.3.2.1 铁的研究进展

铁是构成血红蛋白的重要组成成分,同时也是许多酶的组成成分,与血液中氧的运输、体内生物氧化密切相关。铁是动物体内的必需微量元素之一,对维护机体正常生理功能具有重要作用。此外,铁对动物生殖机能的影响也不可忽视,铁对动物胚胎成活率、子宫容量有重要影响。缺铁可导致机体贫血,胚胎发育障碍或停滞,另外缺铁还会使机体的免疫功能降低,增强对疾病的易感性,从而使机体发生生殖器官炎症的几率增加(Paradis et al.,1997)。Surendra 等人给未发情的母牛在 21 d 内每天补充一定量的铁、铜和钾等,结果补铁的 18 头牛中有 13 头表现发情,其中 11 头牛黄体发育正常,而对照组中没有一头牛显示发情表现。Manjckm 等人研究认为,铁含量与母牛每次怀孕的输精次数有很大关系,铁可提高母牛的受精率。Reddy 测定了受孕和未受孕牛血清铁含量,发现受孕牛血清铁浓度明显高于未受孕牛(包括排卵迟缓、不排卵和早期胚胎死亡的牛),孕牛血清铁浓度为（16.48±1.81）mg/L,未受孕牛血清铁浓度分别为（13.56±0.93）mg/L、（13.89±1.17）mg/L 和（11.31±0.78）mg/L,表明铁参与母牛排卵和早期胚胎的发育过程(刘宗平,2003)。

6.3.2.2　铁的生物学功能

铁对于犊牛生长、奶牛健康及泌乳牛产奶性能都有重要作用。铁是血红蛋白、肌红蛋白、细胞色素和其他酶系统的必需成分,参与体内氧气和二氧化碳的运输,奶牛体内电子传导的酶、细胞色素氧化酶、过氧化氢酶等也需要铁(李鑫等,2007)。铁的缺乏将导致犊牛生长速度下降,奶牛产奶水平降低,严重者还会出现铁代谢负平衡,使代谢机能紊乱。目前关于奶牛缺铁的病例报道不多,而在试验条件下,犊牛缺铁主要表现为贫血、皮肤和黏膜苍白、呼吸困难、嗜睡、腹泻、生长受阻、舌乳头明显萎缩等。铁无论缺乏或过量都会影响奶牛免疫系统的功能,试验结果都表明,一旦发生感染,补铁便能加强免疫反应,消灭侵人机体的微生物。

6.3.2.3　奶牛铁的需要量

奶牛对铁的需要量与铁的化合形式、有效利用率以及奶牛的生产水平等因素有关。铁的需要量建议为 50 mg/kg,从现实角度来看,奶牛日粮中并不缺铁,并且常常是过量的。日粮中的铁含量超过 100 mg/kg 也是常见的。过量的铁（>100 mg/kg）会对其他矿物质元素的生物利用率产生不利影响,如降低铜、锌的吸收。据报道,铁、铜、锰有协同作用,铁的利用必须有铜的存在。许多情况下,奶牛可从环境中直接摄人大量铁,这主要来源于土壤和一些饲料污染物。由于土壤基质与铁结合紧密,因而土壤中的铁很少被胃肠道吸收,但土壤铁可与其他元素发生交换,并可能降低其他二价阳离子的有效性。一般情况下,每千克饲料干物质中铁含量在 50~120 mg/kg 就能满足奶牛的营养需要。对于体重 550 kg,日产奶 20 kg 的奶牛,推荐量为每千克饲料干物质中含铁 80 mg。

6.3.2.4　奶牛铁的缺乏与过量

奶牛缺铁的症状主要表现为贫血、虚弱、免疫功能降低等,临床表现为发病率升高。通过添加铁盐(硫酸亚铁、氯化亚铁、硫酸铁等)可满足奶牛对铁的需求。关于奶牛铁中毒现象的研究不多,也很少发现奶牛铁中毒现象。近些年一些研究资料表明,奶牛铁过量时会出现腹泻、体温过高、代谢性酸中毒、采食量和增重下降等症状,同时还会降低机体对铜和钼的吸收利用。

6.3.3　奶牛对锌的需要

6.3.3.1　锌的研究进展

锌通过调节酶的活性来影响动物体内蛋白质和核酸的合成与代谢、糖类的吸收、维生素 A 代谢、生殖机能和内分泌机能等生命活动。因此,锌具有"生命元素"之称,在哺乳动物和禽类体内的含量居于第二位(Andrieu et al.,2008)。

李文力(1997)研究发现,日粮中添加锌能改善公牛精液品质,对精子的发生和成熟及精子耐冻性的提高均有一定促进作用。国外的相关研究则发现,奶牛缺锌时产奶量和乳的质量下降。公牛睾丸萎缩,母牛性周期紊乱,受胎率低,易发生早产、流产、死胎及胎儿畸形等。姚军虎等报道,日粮中添加 10 mg/kg 的锌,可促进青年牛的生长和饲料的有效利用。日粮中加锌可明显缩短性反射时间,增强公牛的性欲。孙占田等报道,定期补蛋白锌可减少母牛乳房的内感染。

还有研究报道,日粮中补锌可提高青年奶牛的产犊率,成年奶牛补锌可提高受孕率。Spears 等(1994)发现蛋氨酸锌组的乳中体细胞数量明显降低,但对新生乳房感染的影响没有差异。Chang 等(1992)在研究锌的来源对奶牛健康状况的影响时发现补充蛋氨酸锌使牛的自然死亡显著减少,戴丽梅(1999)的试验研究还表明,奶牛日粮中添加蛋白锌比氧化锌更易吸收利用,大幅度提高牛奶中的含锌量,提高了牛奶的营养价值。

6.3.3.2　锌的生物学功能

锌是动物机体内多种酶和蛋白质的重要组成部分,参与体内多种代谢反应:蛋白质合成、维生素的合成转运、碳水化合物合成、脂类和核酸代谢,维持生物膜的稳定、清除自由基,对生物体的生长、发育、免疫和繁殖有重要的影响(Shils et al.,2004)。锌是肾上腺皮质的固有成分,并富集于垂体、性腺和生殖器官,参与调节垂体肾上腺和垂体甲状腺以及垂体性腺系统的功能,通过影响性腺活动和性激素的分泌而对奶牛的性器官正常发育、性机能的正常发挥等表现出重要的生理意义。在雌性动物,长期缺锌可使卵巢萎缩,发情周期紊乱,受胎率及产仔率降低,重者可导致不孕。母牛缺锌常使受精卵不能着床、胚胎早期死亡,表现为屡配不孕。缺锌还可使母牛难产的发生率增加。研究表明,向种公牛日粮中添加锌 75 mg/100 kg 体重,可显著改善其精液品质,并提高母牛的受胎率。

6.3.3.3 奶牛对锌的需要量

奶牛对锌的需要量受饲料中钙、钾、铜含量的影响,当这些元素含量高时,容易出现出锌缺乏,也有人认为锌与铁、硒的竞争作用明显。同时还受饲料利用率、牛的产奶水平及不同生理阶段的影响。锌的吸收、贮留、体内分布及排泄数量和途径与锌的摄入量、化学形式、奶牛健康状况及饲料组成等有关(刘雨田,2000)。高钙、植酸、纤维素均不利于锌的吸收:高蛋白饲料、各种螯合剂、玉米油、高压蒸煮饲料、维生素 A_1、维生素 D_1、维生素 E 等都有利于锌的吸收利用;Cu、Fe、P、Co、K、Na 等矿物元素,不饱和脂肪酸能抑制锌的吸收;当日粮中钙、铜、镉含量高时就会增加奶牛对锌的需要。

一般认为每千克饲料含锌 30~80 mg 即能满足奶牛的营养需要量。奶牛对锌的需要量因日粮类型、动物体型、体重、性别、增重速度等因素的不同而有所差异。NRC(1996)推荐需要量为 40 mg/kg(干物质基础),最大耐受量为 500 mg/kg;法国 INRA(1989)推荐需要量为 50 mg/kg,最大耐受量为 250 mg/kg。对于体重 550 kg、日产奶 20 kg 的奶牛推荐量为每千克饲料干物质含锌 50 mg。而对于 4~6 月龄的犊牛,日粮中最佳含锌量为 40~50 mg/kg。饲料中含有 60~100 mg/kg 的锌是很正常的,奶牛对锌的耐受力较强,很少发现中毒现象。姚军虎等(1996)报道,日粮中添加 10.1 mg/kg 的锌,可促进青年牛的生长和饲料有效利用;在奶牛日粮中添加 91.6 mg/kg 的锌时,其饲料转化率明显提高,繁殖性状表现明显。锌能促进锰、铜的吸收,但高锌可致铁、铜继发性缺乏,出现贫血。正常饲料中钙锌比为 100~150:1,用犊牛试验表明,钙磷比较小时,高锌有助于牛体内钙的贮存;反之,则不利于钙的贮存。

6.3.3.4 奶牛锌的缺乏与过量

奶牛缺锌首先会表现为产奶量和乳质下降、犊牛生长发育受阻、饲料采食量下降、皮肤角质化、被毛易脱落等。缺锌还会导致骨生长缓慢、骨龄迟缓,甚至出现骨畸形。有研究者发现,锌能够影响骨密度,骨的含锌量越高,骨密度越大,反之则越低(Alhave et al.,1977)。

各种动物对高锌都有较强的耐受力,但耐受力随动物种类、生长阶段以及饲粮中锌拮抗物的量不同而异。奶牛对锌的耐受力较强,很少发现中毒现象。在严重锌中毒的情况下肝脏和奶中锌的含量增高,这种动物变得呆滞、食欲丧失,且由于铜代谢紊乱而引起腹泻。此时假若除去日粮中的锌,并加入铜和铁盐等补充剂,则中毒症状迅速消失。

6.3.4　奶牛对锰的需要

6.3.4.1　锰的研究进展

锰于 1931 年被证实为动物机体必需的微量元素(Elsa et al.,1931),之后大量研究表明,锰对动物具有重要的营养作用。锰在动物机体内含量较少,主要存在于骨骼、肝、肾等组织和器官中。然而它却是动物生长和合成骨组织过程中必需的物质,参与骨骼的形成,性激素和某些酶的合成,直接关系到繁殖性能,参与碳水化合物及脂肪代谢,还对中枢神经系统发生作用。由于饲料中锰的含量较低。锰的吸收率也较低,因而在日粮中添加锰是必需的。日粮中补充锰可以提高非特异性免疫中酶的活性,从而增强巨噬细胞的杀伤力。奶牛日粮中锰缺乏将表现出脂肪酸合成代谢受阻、骨骼变态、伴有无繁殖机能、怀孕牛流产和新生犊牛骨骼变态等症。Ahke 等人试验证明,锰能加强胚胎的着床,提高产仔数;锰与生殖机能有关,影响奶牛发情,并且在缺锰时往往使奶牛发情表现不明显,并能导致雌性胎儿死亡,致使其后代的性比移位,出生的公犊增加,并因此而推断雌性胎儿对锰的需要量较大。

还有研究者发现,日粮中锰含量在一定程度上可以影响奶牛骨骼中锰的含量。日粮中缺乏锰,奶牛骨骼中锰含量大大降低。奶牛缺锰常常引发骨骼和关节畸形,骨骼的骨密度、重量和长度等全部降低,关节肿胀膨大。锰能影响骨基质的形成,缺锰导致骨中粘多糖合成不足,粘多糖水平大大降低,骨基质形成和发育不良。硫酸软骨素有助于维持结缔组织的硬度,其生成受锰的影响,当奶牛机体缺锰时,骨骺和骺软骨中的硫酸软骨素合成明显减少,引起骨骼和关节的畸形,奶牛发生肢蹄病。缺锰会导致奶牛四肢骨骼和关节畸形发生肢蹄病(李忠鹏,2014)。

6.3.4.2 锰的生物学功能

锰的生物学功能与动物体内的酶的作用有关,是动物体内多种酶的组成成分和激活剂。锰参与脂类、碳水化合物和蛋白质等的代谢,促进骨骼的形成和生长,促进中枢神经系统的发育(NRC,1989)。锰对奶牛的生物学功能主要体现在提高机体抗氧化能力、免疫功能及繁殖能力 3 个方面:① 锰与锌、铜的功能类似,是奶牛体内超氧化物酶、过氧化氢酶的重要部分,奶牛缺锰机体抗氧化能力会显著降低。② 锰能够提高嗜中性粒细胞和巨噬细胞的功能,组织中的锰通过增强巨噬细胞的杀伤力提高动物体非特异性免疫功能,钙与锰在激活淋巴细胞作用上有协同作用,奶牛缺锰会表现为机体免疫力显著降低;③ 锰是动物体内二羧酸酶催化胆固醇合成所必需的(李用超等,2009),胆固醇是雌激素、睾酮、孕酮等激素合成的前体物质,奶牛缺锰会导致排卵障碍,甚至卵巢变性(于倩楠,2013)。

6.3.4.3 奶牛对锰的需要量

由于饲料中锰的含量较低,加之奶牛对锰的吸收率也较低,因而在奶牛日粮中添加锰是必需的。一般建议奶牛日粮中锰含量在 40 mg/kg~60 mg/kg 为宜,6 月龄以前的犊牛日粮中锰的最佳含量为 30 mg/kg~40 mg/kg。为防止任何可能存在的缺乏症,应常给牛补充锰。奶牛对锰的需要量取决于生产水平、日粮钙磷含量等因素,当日粮中钙多磷少,则增加奶牛对锰的需要量。当日粮中锰含量高时可引起体内铁贮备下降。据认为在多数环境中,锰并不严重缺乏,一般奶牛的耐受量为 1000 mg/kg。

6.3.4.4 奶牛锰的缺乏与过量

锰缺乏将会导致奶牛生长缓慢,犊牛和母牛的毛色不齐,囊性卵巢的发病率增加。试验结果表明,正常奶牛中卵巢中锰的含量高于患有囊性卵巢病奶牛卵巢中的锰含量。有人报道,锰可以改变母牛雌激素和孕酮等性激素的合成,还可影响卵巢黄体的代谢,降低高产奶牛产乳热的发病率(代迎春,2007)。青年母牛缺锰表现为发情周期不正常、受胎率降低;成年母牛表现为繁殖力低下、易发生流产、囊性卵巢的发病率增加。

奶牛对饲粮中过量的锰均具有较大的耐受力,但若以高锰饲粮喂动物也将会产生毒性反应,其症状表现为食欲不振,对纤维的消化降低,生长减缓,抑制体内铁的代谢过程,并且影响动物对钙、磷的利用,以致出现佝偻病或软骨症。

此外,当饲粮中锰的水平达 0.1%~0.5% 时,会使奶牛体内的铁贮备减少,并随之发生缺铁性贫血。

6.3.5　奶牛对硒的需要

6.3.5.1　硒的研究进展

硒是动物体内非常重要的一种必需微量元素,它具有抗氧化作用,对动物生殖机能有重要的影响。缺硒常使母畜发情周期失调,受胎率、产仔率和幼仔存活率降低,甚至导致不孕(王秀,2004)。Sutle 等发现缺硒对反刍动物免疫机能的不良影响,给繁殖机能较低的奶牛群补硒,使子宫炎的发病率明显下降,并可防止奶牛由大肠杆菌引发的乳房炎(Clure,1994)。Harrison 等(1984)报道,雌性繁殖动物缺硒时,子宫活动力降低,排卵数减少,并影响精子在其生殖道内的转移能力,繁殖母畜的妊娠率、胎儿、胎衣以及产后性活动受到不良影响,胚胎的存活率、母畜的产奶能力和新生儿的生长发育也受到不良影响(Ankem et al.,1989)。胎衣不下是奶牛生产中常见的疾病之一,Miller 等人认为此类病牛在产前 2 周血浆中总抗氧化物水平低于正常奶牛。饲喂低硒日粮(0.05 mg/kg~0.07 mg/kg)的奶牛补硒后,可明显降低胎衣不下的发病率,并发现硒和维生素 E 的混合使用对预防胎衣不下的效果比单独使用任何一种都更有效。Segerson 等(1981)发现,对血浆硒浓度处于临界状态的奶牛同时注射硒和维生素 E,减少了胎衣不下的发生率,但对血浆硒浓度充足或极度缺乏的奶牛则效果不明显(Millers et al.,1993)。母牛缺硒导致胎衣不下的机理目前尚不清楚,Segerson 认为可能是缺硒和维生素 E 损伤了子宫肌肉生理功能而引起。

6.3.5.2　硒的生物学功能

硒广泛存在于机体内的所有组织和体液中,动物体内的硒以两种形式存在:硒蛋白和含硒蛋白,硒的主要存在方式为硒蛋白(石军等,2002)。硒在畜禽的生长发育、生产性能(陈忠法等,2003)、抗氧化、免疫和繁殖中发挥着重要作用。硒与维生素协同提高机体的抗氧化能力。硒可以提高机体免疫系统的功能,增强动物的抗病能力。硒与动物体的繁殖能力密切相关,尤其是对公畜的繁殖能力有重要影响。公畜体内硒主要存在于精液中,以硒蛋白的形式存在于精细胞的尾部,硒缺乏时睾酮的分泌量明显降低。硒与锌、锰、铜不足通常是限制动物体生长和发育的重要因素(于倩楠,2013)。

硒对奶牛的繁殖机能、奶牛乳房炎的发生及乳的成分都有影响。许多研究表明:硒和维生素 E 可以减少胎衣不下和子宫炎的发生,促进子宫的收缩和恢复,提高繁殖率,减少组织损伤,使组织保持正常作用。补硒亦与免疫有关,还可增加小牛出生重、增重、乳产量及乳脂率。给奶牛补硒后,仅少部分转入牛奶中,补硒不会使牛奶硒水平上升到有害于消费者的程度。

6.3.5.3 奶牛对硒的需要量

奶牛对硒的真实需要量还不明确,大多数营养学家认为合适的添加量为 0.1 mg/k~0.3 mg/kg。尽管有时日粮中硒的量达到要求,但是仍不能满足需要,尤其在泌乳期。日粮中不饱和脂肪酸、维生素 E、硫和砷的含量以及钙、铜、锌均会影响硒的吸收强度和利用效率,但戴丽梅(1999)等报道在一定剂量下硒、锌之间具有协同作用,试验发现硒锌联用时对奶牛抗氧化酶的活性比单独应用硒效果更好。Aseltine 等(1990)报道,产前 21 天肌注 1000 IU 维生素 E 和 50 mg 硒,奶牛产后乳房炎发生明显减少。进一步研究指出,全血 GSH-PX 与血硒成正相关(r=0.958)。补硒后细胞膜得到有效保护的另一个证据是,血清中来自细胞内的某些酶(如 GOT)活性下降(王俊东,1992)。此外补硒亦与免疫有关。Arechiga 等(1994)报道,试验奶牛在预产前 21 天肌注 680 IU 维生素 E 和 50 mg 硒,同时每天每头牛日粮中添加 500 IU 维生素 E 和 0.3 mg/kg 硒,结果产后胎衣不下的奶牛数从 11.0% 下降到 3.0%,对产犊到第一次配种间隔时间无影响,而第一次配种的妊娠率明显提高(实验组为 41.2%,对照组为 25.3%)。每次妊娠的配种次数降低,补硒后升高,同样补硒后牛奶中分离出来的白细胞要比缺硒时有更高的杀菌百分比。有研究指出:补硒还可增加小牛出生重、增重、乳产量及乳脂水平。给奶牛补硒后,仅少部分转入牛奶中,Compbell(1990)指出,补硒不会使牛奶硒水平上升到有害于消费者的程度。

饲喂生长于酸性土壤中的植物时,奶牛易发生缺硒症,因为酸性土壤中的硒常与铁等形成一种不易被植物利用的化合物。维生素 E 和硒具有协同作用,奶牛觅食多汁幼嫩含维生素 E 丰富的牧草,可减少硒的需要量。

6.3.5.4 奶牛硒的缺乏与过量

奶牛缺硒主要是因为采食了由缺硒土壤中种植的粮食或饲草。因此,奶牛缺硒症的发生具有明显的地区性。缺硒时犊牛易患白肌病,生长迟缓,成年牛繁殖力低,并有早产、死胎等现象。

硒的毒性很强,奶牛长期摄入 5 mg/kg~10 mg/kg 硒可产生慢性中毒,其表现是消瘦、贫血、关节强直、脱蹄、脱毛和影响繁殖等。摄入 500 mg/kg~1000 mg/kg 硒可出现急性或亚急性中毒,轻者盲目蹒跚,重者死亡。

6.3.6 奶牛对碘的需要

6.3.6.1 碘的研究进展

碘是甲状腺素的组成成分,甲状腺素能促进蛋白质的生物合成,促进胎儿生长发育。妊娠期内,甲状腺功能活跃,故需碘量增高,饲粮中缺碘可使繁殖动物发生甲状腺肿大,并对繁殖力产生不良影响(杨凤,2000)。

奶牛的生产需要足够的碘,在饲料中添加碘能显著提高奶牛产奶量。吴迪等(1991)报道,奶牛饲料中添加 10 毫克/(头/日)和 20 毫克/(头/日)碘化钾(相当于日添加碘 7.6 mg 和 15.2 mg)比不加碘的对照组产奶量分别提高了 7.92% 和 8.48%,乳脂率也有上升的趋势。饲粮中碘含量过高时奶牛生产性能受到抑制,产奶量下降。Hemken 等(1971)证实,青贮玉米-大豆蛋白型饲料导致奶牛产奶量、乳脂率下降,这是由于青贮玉米中碘含量特别低,而大豆蛋白又具有促甲状腺激素活性,增加了奶牛对碘的需要量。高产奶牛从乳中排出较多的碘,因此饲喂青贮玉米-大豆蛋白型饲料的高产奶牛必须补充碘。有研究表明,妊娠母牛饲喂碘化钾,可使受胎率提高 6.9%,并减少胎衣滞留和不规则发情。还有研究发现,用碘酸钾作添加剂,在奶牛日粮中添加 0.41 mg/kg,可使日粮碘浓度达到 0.55 mg/kg,奶牛血清蛋白结合碘(PBI)可达到 5.544 mg/dL,能满足奶牛对碘的需求,提高奶牛妊娠率、平均情期受胎率和一次情期受胎率,同时奶牛流产率和胎衣不下发病率降低,繁殖性能得到恢复(郭爱伟,2008)。

6.3.6.2 碘的生物学功能

碘是合成甲状腺素的关键物质,而甲状腺素是机体内能量代谢的调控物质。碘对家畜机体的细胞氧化、分化和生长,维持神经、肌肉的功能十分重要,特别对生殖和调节相关腺体间的精密平衡有不可替代作用。对于高产奶牛,由于碘是甲状腺素(T_4)和三碘甲状腺原氨酸(T_3)的成分,T_3 或 T_4 的减少对于高产奶牛饲料采食量、产奶量和饲料转化效率有极大的影响。

6.3.6.3 奶牛对碘的需要量

碘是奶牛饲养中非常重要的微量矿物元素之一。饲粮中添加适量碘可显著改善奶牛垂体-甲状腺素的分泌机能,提高奶牛的产奶性能。奶牛对碘的需要量根据所处生理阶段不同而有所不同。泌乳期奶牛对碘的需要量定为 0.60 mg/kg,

对于生长期和干乳期的牛则为 0.25 mg/kg。饲料含碘较少,依靠基础日粮可供奶牛 60%~70% 的碘,有时甚至达不到,因此必须增加奶牛日粮碘含量。产奶量高的奶牛日粮中含碘 0.60 mg/kg 时,缺碘临床症状可能发生,如不排卵、促黄体素分泌量降低等。母体缺碘,新生犊牛于 2~3 周龄时可见腹泻。饲粮中碘含量过高时奶牛生产性能会受到抑制,产奶量下降。犊牛、青年牛对碘耐受性较低,而泌乳牛耐受性较高。Newton 等(1974)用犊牛作的试验表明,犊牛的碘补充量不应超过 25 mg/kg,50 mg/kg 可视为中小中毒剂量。Olsen(1984)报道奶牛摄碘量超过 12 毫克/(头/日)即产生慢性中毒症状,产奶量下降。NRC、ARC 以及俄罗斯所规定的碘添加上限分别为 50 mg/kg、8 mg/kg、11.5 mg/kg(以饲粮干物质计)。但也有报道说过量的碘可以通过尿很快排泄掉。

6.3.6.4 奶牛碘的缺乏与过量

碘参与合成甲状腺激素,在奶牛饲养中非常重要。甲状腺素调节细胞中的能量代谢,缺碘时影响到奶牛生命过程中的许多方面,从繁殖泌乳直至抗应激能力。母牛长期缺碘,卵巢功能受损,脑垂体的促黄体机能受到影响,及时补碘,性功能会恢复正常。妊娠期日粮中碘含量不足,母牛常引起流产、妊娠期延长、出现死胎或弱胎、分娩困难、胎衣不下等症状。日粮碘含量超过奶牛耐受量通常会导致奶牛产奶量显著降低。

6.3.7 奶牛对钴的需要

6.3.7.1 钴的研究进展

钴的主要作用是作为维生素 B_{12} 的成分,是一种抗贫血因子。钴也是保证牛正常生殖机能的元素之一,动物钴缺乏时表现为贫血和生长发育不良,而后者往往导致不育。母畜缺钴时最常见的症状是受胎率低,缺钴性贫血的母畜不能发情、初情期延迟、卵巢机能降低、流产、产弱胎儿。给缺钴牛群补钴,可降低安静发情和不规则发情率,从而提高受胎率(刘宗平,2003)。缺钴的奶牛往往血铜降低,同时补充铜钴制剂,可显著提高受胎率。

王殿生(1990)研究指出,钴的表观消化率为 75.48%,在食入 194.83 mg 时呈正平衡,从粪中排出 24.52%,从尿中排出 1.76%,从乳中排出 3.4%,平衡值为 57.83 mg,占日粮干物质浓度为 2.6 mg/kg。奶牛体内不能贮存钴,每天从饲料中摄取是必需的。传统的饲料中钴的含量不能满足奶牛的需要,禾本科牧草及谷类饲料含钴通常低于 0.1 mg/kg,如玉米仅含 0.7 mg/kg。在奶牛饲养实践中应注意补钴。

6.3.7.2 钴的生物学功能

钴是维生素 B_{12} 的组成成分,并以 Co^{2+} 的形式参与造血,在代谢作用中是某些酶的激活剂。钴是瘤胃微生物繁育和合成维生素 B_{12} 的必需元素,日粮中钴不足会导致瘤胃中的微生物群落合成维生素 B_{12} 受阻,维生素 B_{12} 缺乏将首先减弱瘤胃的功能,继而使生长缓慢,产奶效率降低,

6.3.7.3 奶牛对钴的需要量

钴是瘤胃微生物繁育和合成维生素 B_{12} 的必需元素,奶牛体内不能贮存钴,因此钴的添加是十分必要的。日粮中添加钴能促进发情表现,提高受孕率。

奶牛对钴的需要量,不同国家的研究结果不尽相同。苏联建议年产奶 6000 kg 的奶牛钴的给量应为 1.25 mg/kg,而 NRC 仅为 0.1 mg/kg。我国的相关研究表明,通常日粮中钴的含量达到 0.1 mg/kg 即可合成足够的维生素 B_{12},饲料中含钴低于 0.07 mg/kg 时会出现钴缺乏症;过量钴使动物产生毒性,但奶牛体内不贮存钴且排泄快,奶牛对钴的耐受量达到 1000 mg/kg(陈清华等,2003)。据报道,高锌不利于钴的吸收,同时钴与磷、硫、锰、铜、碘有协同作用。由于钴能代替羧基肽酶中的全部锌和碱性磷酸酶中部分锌,因而在饲料中补充钴能防止锌缺乏所造成的机体损害。

6.3.7.4 奶牛钴的缺乏与过量

奶牛缺钴会表现出牛毛倒立,皮肤脱屑,母牛乏情、流产、食欲不振、消瘦等缺乏症;缺钴还会导致奶牛瘤胃维生素 B_{12} 合成将大大减少,不能满足奶牛需要,体重、乳量随之下降,犊牛死亡率高;此外,缺钴与奶牛贫血和生长发育有关,而后者导致母畜不育,受胎率降低。采食过量的钴会对奶牛产生毒性,主要表现为肝钴含量增高,采食量和体重下降,消瘦和贫血。

6.3.8 奶牛对铬的需要

6.3.8.1 铬的研究进展

铬是葡萄糖耐受因子(GTF)之一,它通过提高胰岛素的活性,对动物的生殖机能产生一定的影响。铬参与调节动物机体中糖、脂肪、蛋白质、核酸等物质代谢,提高动物的繁殖性能和免疫功能。奶牛饲料中添加有机铬,可以改善奶牛的繁殖性能,同时减少酮病的发生,改善牛的健康体况,增加产奶量,增强对

疾病的抵抗力。

有报道指出,初产奶牛日粮中补加 0.5 mg/kg 的螯合铬,可提高产奶量 3%~7%。Besong 等(1996)也报道,对初产牛补铬,可增加采食量和产奶量;同时可分别提高乳脂、乳糖及乳固形物 12.9%、16.5% 和 14.9%。对于经产奶牛,虽然补铬对其产奶性能无明显影响,但对减少亚临床酮症、脂肪肝的发生和胎衣不下有明显作用。李绍钰等(1999)报道:高温季节奶牛日粮中补加有机铬能提高奶牛的采食量和产奶量,改善饲料转化率,有缓解奶牛热应激的作用;补加有机铬不会显著影响牛奶的常规成分,不会降低牛奶品质。还有研究表明,妊娠期间母牛补铬,可使胎衣不下的发生率降低 3/4。Subiyatno(1996)报道,妊娠牛和哺乳牛均容易发生缺铬的情况,因为处于这两种情况下的牛,其机体经历了体况的激烈变化及产犊等代谢应激,也需要更多的葡萄糖用于产奶代谢。人类和实验动物在妊娠时期也会发生相似的情况,这可能是由于妊娠时期有更多的铬被通过尿排泄或通过胎盘转移的缘故。

6.3.8.2 铬的生物学功能

铬主要以 Cr^{2+} 的形式作为葡萄糖耐受因子的构成成分协助胰岛素作用,影响糖类、脂类、蛋白质和核酸的代谢。由于铬参与糖类、脂类、蛋白质和核酸的代谢过程具有抗应激、提高免疫力的作用,因而对促进奶牛生产性能的发挥有明显的作用。李绍钰等(1999)研究发现,高温季节奶牛日粮中补加有机铬能提高奶牛的采食量和产奶量,改善料奶转化率,有缓解奶牛热应激的作用。

6.3.8.3 奶牛对铬的需要量

奶牛对铬的需要量较低,日粮中一般能满足奶牛的需要。铬的需要量受日粮成分、生产水平及不同铬源等许多因素的影响,关于需要量没有准确的依据。一般在 0.50 mg/kg 左右。铬与其他物质的相互作用会影响铬生物可利用率和最终的铬状态。铬和铁在机体各组织中分占蛋白质转移分子的不同位点,铁过量时会与铬竞争这些位点从而使机体潴留的铬减少。有报道说,铬与锌、矾有拮抗作用,在过量锌引起牛、羊贫血的群体中,用添加铬的日粮饲喂,则牛、羊贫血现象消除,有关其作用机理还尚不清楚。

6.3.8.4 奶牛铬的缺乏与过量

奶牛缺铬会表现出对葡萄糖耐受力降低,血中循环胰岛素水平升高,生长受阻,繁殖性能下降,甚至表现出神经症状。采食过量的铬会对奶牛产生毒性,主要表现为接触性皮炎、鼻中隔溃疡或穿孔,甚至可能产生肺癌。急性中毒主要表现为瘤胃或皱胃产生溃疡。

6.3.9 奶牛对钼的需要

6.3.9.1 钼的研究进展

钼是动物生长所必需的微量元素之一。据报道,钼酸盐能抑制孕酮、雌激素和糖皮质激素受体的活化,从而影响孕酮、雌激素和糖皮质激素的生物作用。采食过量的钼会降低奶牛的繁殖机能,使奶牛的初情期推迟,出现异常发情和乏情率增高,也可使公牛的性欲降低、精子活力下降。研究表明,采食高钼低铜饲料的奶牛初情期推迟,异常发情和不发情率增高(刘宗平,2003)。钼与铜是奶牛饲养中两种互相依赖的元素,铜主要是缺乏,钼主要是中毒。铜是构成血红蛋白的成分,同时还是一些酶的成分;钼也是一些酶的成分,它是肠道微生物的生长因子,奶牛瘤胃微生物消化粗纤维也需少量钼。

6.3.9.2 钼的生物学功能

钼作为黄嘌呤氧化酶或脱氢酶、醛氧化酶和亚硫酸盐氧化酶等的组成成分,参与体内氧化还原反应。钼是肠道微生物的生长因子,奶牛瘤胃微生物消化粗纤维也需要少量钼,钼能刺激瘤胃微生物活动,提高粗纤维消化率。研究报道钼可降低肝脏存储铜的能力,同时补钼和铜,受孕率的增加率要比单独补铜高,说明钼和铜对繁殖的影响有协同作用。吴建设等(1999)报道,日粮中钼缺乏加重铜毒性,适当补充含硫氨基酸、锌和铁可缓解铜的中毒。

6.3.9.3 奶牛对钼的需要量

到目前为止,还没有肯定各种动物对钼的需要量,动物在自然条件下,钼缺乏症的现象很少。牛在低钼草地(含钼 0.36 mg/kg)放牧,钼很容易在体内积累,甚至产生中毒。但在低钼地区中的生长及饲料转化率并没有不良影响。奶牛对钼的需要量依照饲料铜、无机硫、锌和铅的含量为 0.5 mg/kg~1.0 mg/kg。应当指出的是,在奶牛饲养实践中较大的危险不是日粮钼不足,而是钼过量。

6.3.9.4 奶牛钼的缺乏与过量

奶牛在一般情况下发生钼缺乏症的现象很少,相反奶牛容易发生钼中毒。奶牛长期采食含钼量过高的饲料可引起拉稀、被毛褪色为特征的疾病,称钼中毒，通过添加铜使铜钼比保持 4~5:1 即可预防钼中毒。钼过量会增加尿铜排出量。牛对过量的钼最敏感，中毒界限为 6 mg/kg。

6.3.10 奶牛氟元素研究进展

6.3.10.1 氟的生物学功能

氟的主要作用是保护牙齿健康，增加牙齿强度，预防成年奶牛产生骨松症和增加骨强度。一般情况下氟不缺，但缺乏时影响泌乳。多氟则影响钙磷代谢，使骨质疏松、牙齿松动，对产犊母牛影响尤为严重，解除氟中毒要多加磷酸钙类添加剂。水中氟含量超过 3 mg/kg~5 mg/kg 会出现肋骨和尾骨软化，肢骨疏松症状。

6.3.10.2 奶牛对氟的需要量

奶牛对氟的需要量为 10~15 mg/kg，由普通饲料即可充分满足。在奶牛饲养实践中较大的危险不是氟不足，而是氟过量，特别在大型工业中心附近，那里空气和水含有较多的微量元素，牛经水进食氟后，氟很快被吸收，并引起中毒。牛是对氟最敏感的动物之一，牛日粮中含 80 mg/kg~100 mg/kg 氟化钠时即可产生氟中毒。因此认为牛饲料中氟含量应限制在 30 mg/kg 以下。

6.3.10.3 奶牛氟的缺乏与过量

奶牛在一般情况下很少出现氟缺乏症，即使在氟摄入量很低时，也可通过增加肾脏的重吸收、提高骨对氟的亲和力和减少排泄来保证体内的需要。奶牛对氟的耐受量为 50 mg/kg，超过此限度可产生中毒。主要的中毒表现是：牙齿变色，齿形态发生变化，永久齿可能脱落；软骨内骨生长减慢，骨膜肥厚，钙化程度降低；血氟含量明显增加。奶牛氟中毒的发生具有明显的地区性。

7　维生素营养代谢

7.1　概　述

　　维生素是奶牛维持正常生理功能必不可少的一大类有机物质。维生素并不能为机体提供能量,也不属于机体的构成物质,但具有多种生物学功能,在代谢中起调节和控制作用。如添加烟酸可缓和奶牛泌乳早期能量负平衡的应激危的调节剂,可促进能量、蛋白质及矿物质等营养的高效利用。维生素营养不能被其他养分所替代,而且每种维生素又有各自特殊的作用,相互间不能替代。奶牛需要足量维生素才能有效利用饲料中养分。任何一种维生素的缺乏均将引起代谢紊乱,并导致某些特定的临床缺乏症状。由于维生素供给不足而发生的亚临床症状,也会影响机体的健康及生产性能。

　　有 16 种维生素在奶牛营养中有重要作用,分脂溶性和水溶性两大类。脂溶性维生素有维生素 A、D、E、K,水溶性维生素有维生素 B_1、维生素 B_2、泛酸(维生素 B_3)、维生素 B_6、维生素 B_{12}、烟酸(PP)、生物素(H)、叶酸(BC)、胆碱、维生素 C。

7.2　水溶性维生素营养代谢

　　水溶性维生素均溶于水,在体内贮存量不大,当肌体饱和时,多余部分可随尿排出体外,一般不会引起中毒。

7.2.1　维生素 B_1(硫胺素)

7.2.1.1　结构及性质

　　维生素 B_1 是有含硫的噻唑环和含氮的嘧啶环组成的。维生素 B_1 在水中溶解度大,在酸性溶液中较稳定,加热不分解,在碱性溶液中加热易分解破坏。因此在饲料贮存以及加工过程中的高温、雨淋以及过度光照等都可使维生素 B_1 大量丢失或分解破坏。

7.2.1.2　来源

饲料中硫胺素含量较丰富的有谷物、谷物副产品、豆粕及啤酒酵母等,多叶青绿饲料中硫胺素含量也较丰富。

7.2.1.3　吸收代谢

硫胺素主要在十二指肠吸收,高浓度时被动扩散为主,低浓度时则以主动转运方式进行吸收。吸收机制尚不清楚。已知 Na^+ 的正常浓度和 ATP 酶的正常活性为吸收过程所必需。反刍动物瘤胃能吸收游离的硫胺素,但不能吸收结合状态的或微生物中的硫胺素。硫胺素进入组织细胞后即被磷酸化而成为磷酸酯,硫胺素的磷酸化主要在肝脏中进行,经硫胺素激酶催化,在 ATP 及 Mg^{2+} 存在的条件下转化成硫胺素焦磷酸(TPP),体内硫胺素总量约 80% 为 TPP。TPP 经TPP–ATP 磷酰转移酶催化,与 ATP 形成硫胺素三磷酸(TTP)。硫胺素焦磷酸酶催化 TTP 的水解而形成硫胺素以磷酸(TMP)。硫胺素在体组织中贮存很少,当大量摄入硫胺素后,吸收减少,排泄量增加。排泄的主要途径为粪和尿,少量亦可通过汗液排出体外。

7.2.1.4　生物功能

维生素 B_1 本身无生物活性,在肝脏与焦磷酸结合形成焦磷酸硫胺素(Thiamine pyrophosphate)TPP 才是有生物活性。

维生素 B_1 主要以辅酶的形式发挥其生理功能。TPP 是维生素 B_1 的主要辅酶形式。它之所以具有辅酶的功能是由于 TPP 结构中噻唑环 C^2 上的氢可以解离成氢离子,因而负碳离子可以和 α-酮酸的羰基碳结合,进一步脱去 CO_2,生成乙醛。TPP 对糖代谢具有重要作用。糖代谢的三个重要环节均依赖于 TPP 的辅酶作用: 丙酮酸氧化脱羧生成乙酰辅酶 A;三羧酸循环中糖和脂肪代谢产物 α-酮戊二酸脱羧为琥珀酰辅酶 A;作为转酮酸激酶的辅酶。丙酮酸的氧化脱羧作用在动物体内是一个非常重要的反应,因为它产生乙酰辅酶 A,这是被活化的二碳化合物,是糖入三羧酸循环的起始物。对于这个反应来说,除了焦磷酸硫胺素以外,还需要硫辛酸和辅酶 I(NAD)。α-酮戊二酸的氧化脱羧反应与丙酮酸相似,只是前者生成琥珀酰辅酶 A。在磷酸戊糖循环中,焦磷酸硫胺素是转酮反应的辅酶。从缺乏维生素 B_1 的动物上取得红细胞,经过研究表明积累戊糖的这一循环受到了损伤。核酸合成中的戊糖以及脂肪酸合成中的 NADPH 都靠这个循环来提供。如果脂肪酸合成受阻,会影响神经细胞膜的完整性。

糖类代谢进而可以影响脂类代谢,而脂质是细胞膜的重要成分。如果维生素 B_1 缺乏,脂质合成减少,就不能很好地维持髓鞘的完整性,从而导致神经系统病变,发生多发性神经炎。维生素 B_1 缺乏还可以导致胆固醇合成障碍,原因是其关键的调节酶 β-羟基-β-甲基戊二酰辅酶 A 还原酶活性降低。胆固醇也是细胞膜的主要成分之一,其合成障碍会影响神经细胞膜的完整性。此外,焦磷酸硫胺素能促进重要的神经介质乙酰胆碱的合成,抑制胆碱酯酶对乙酰胆碱分解。缺乏维生素 B_1 时,乙酰胆碱合成减少,同时由于胆碱酯酶活性的增强,乙酰胆碱的分解加速,神经传导不良,直接影响到消化系统的功能。

7.2.1.5 在奶牛上的应用

一直以来人们都认为反刍动物瘤胃微生物合成的硫胺素足以满足其营养需要。但是在生产中发现,在一些特殊生理状况下,如反刍动物在高精料的饲养条件或泌乳期及妊娠期等也需要在日粮中添加硫胺素等水溶性维生素,当机体缺乏维生素 B_1 时,碳水化合物代谢就会受阻,致使中间代谢产物乳酸积累及挥发性脂肪酸比例的失衡而诱发瘤胃酸中毒。反刍动物的后肠发达动物可合成足量的维生素 B_1。高碳水化合物增加维生素 B_1 需要量,脂肪具有"节约"维生素 B_1 的效应,高剂量维生素 C 也有节约效应。代谢率增强时(泌乳)维生素 B_1 需要量增加。

7.2.2 维生素 B_2(核黄素)

7.2.2.1 结构与性质

是由核酸与 7,8-二甲基异咯嗪结合而成的黄色物质,故称为核黄素。维生素 B_2 为橙黄色晶体,味苦,有水、醇中的溶解性中等,易溶于稀酸、强碱,对热稳定,遇光(特别是紫外光)易分解而形成荧光色素,这是荧光分析的基础。

7.2.2.2 来源

绿色植物、酵母和某些细菌能合成核黄素,快速生长的绿色植物、牧草(特别是苜蓿)中富含维生素 B_2,叶片中最丰富;动物性饲料含量较高,饼粕饲料中等,禾谷籽实及副产物含量低。

7.2.2.3 吸收代谢

饲料中的核黄素在瘤胃中几乎 100% 被破坏掉。反刍动物核黄素的来源主要是瘤胃微生物的合成。瘤胃壁不仅可吸收核黄素,而且瘤胃中核黄素的浓度对瘤胃壁的吸收量影响很大。体内的核黄素主要以游离核黄素、核黄素 5′-磷酸(FMN)以及黄素腺嘌呤二核苷酸(FAD)等三种形式存在。在肠道内,磷酸化的核黄素在肠道的特殊部位被主动吸收,高浓度时也可能被动形式吸收。核黄素在体内与 ATP 相作用转化为 FMN,再经 ATP 的磷酸化成为 FAD,作为多种酶的辅酶。具有生理活性,并在代谢中发挥作用。

核黄素主要以辅酶(特别是 FAD)形式贮存于体内,肝、肾及心脏中核黄素贮存量最多,而肝是主要贮存器官。由雌激素诱导的黄素结合蛋白(RFBP)有利于核黄素贮存,妊娠特异性 RFBP 能使核黄素易于通过胎盘,以保证胎儿获得足够的核黄素。甲状腺皮质激素促进肝脏和肾中 FMN 的合成。此外甲状腺素能提高核黄素激酶的活性,促使 FMN 的合成增加。核黄素主要从尿中排出,少量从粪便及汗液中排出。进入小肠的核黄素越多,其在体内的周转越快。

7.2.2.4 生理功能

维生素 B_2 本身无生物活性。但在生物体内,与 ATP 磷酸化可转化为黄素单核苷酸(*flavine mononucleotide*,*FMN*)和黄素腺嘌呤二核苷酸(*flavine adenine denucleotide*,*FAD*),以 FAD 和 FMN 的形式,与酶蛋白一起形成黄素蛋白,即多种氧化酶和脱氢酶,参与氧化还原反应,已知的黄素酶有 100 多种。参与脂肪代谢,黄素酶为脂肪酸氧化和不饱和脂肪酸代谢所必需。FAD 为 GSH-Px 的活性所必需,因此维生素 B_2 与生物膜的抗氧化作用有关。并可激活维生素 B_6,将色氨酸转换为烟酸,参与 Try、维生素 C、Fe、核酸的代谢。并可能与维持红细胞的完整性有关。维生素 B_2 进入生物体后磷酸化,转变成磷酸核黄素及黄素腺嘌呤二核苷酸,与蛋白质结合成为一种调节氧化-还原过程的脱氢酶。脱氢醇是维持组织细胞呼吸的重要物质。

7.2.2.5 在奶牛上的应用

研究结果表明,瘤胃微生物在生长代谢过程中需要核黄素,它有助于瘤胃微生物数量的增多。日粮中提高核黄素的浓度有提高维生素 B_{12} 合成的趋势。核黄素与色氨酸转化为烟酸有关,烟酸的辅酶形式 NAD 和 NADP 的循环需要依赖核黄素黄素蛋白的参与。

7.2.3 VPP 或维生素 B_3(烟酸)

7.2.3.1 结构与性质

为吡啶衍生物。尼克酸(烟酸),尼克酰胺(烟酰胺),化学性质稳定,不易被

酸、碱、热破坏。

7.2.3.2 来源

广泛分布于谷类籽实及其副产品和蛋白质饲料中,植物中主要以烟酸形式存在,动物中主要以烟酸胺形式存在。谷物饲料中的烟酸大部分以结合型存在,利用率低,如玉米烟酸利用率约 30%~35%。

7.2.3.3 吸收代谢

反刍动物能够合成大量烟酸,但烟酸在瘤胃内的动态降解过程尚不清楚。烟酸或烟酰胺常以原来的结构被小肠吸收,烟酸能否由瘤胃吸收直接进入血液,研究结果尚不一致,但对瘤胃壁的渗透性研究证明烟酸能从瘤胃直接吸收进入血液,一般认为它的吸收量较少,主要是由于大部分烟酸与微生物结合在一起,在瘤胃上清液中仅含 3%~7% 的烟酸。瘤胃对烟酸和烟酰胺的吸收速度不同,烟酰胺的吸收速度要快于烟酸。烟酸的吸收主要通过小肠上段。进入血液后的烟酸可转变为烟酰胺,进而合成烟酰胺腺嘌呤二核苷酸(NAD,辅酶Ⅰ),NAD经 ATP 磷酸化为烟酰胺腺嘌呤二核苷酸磷酸(NADP,辅酶Ⅱ)。

烟酸以辅酶形式存在于所有组织中,以肝脏中的浓度最高。摄入的烟酸以两种辅酶、烟尿酸、N′-甲基烟酰胺及 2-吡咯酮等衍生物排出。过量摄入的烟酸大部分从尿中排出。与其他维生素相似,烟酸也可随乳汁排出。肝脏的烟酰胺对动物血清的烟酰胺起调节作用。当动物饥饿时,可通过肝脏 NAD 糖原水解酶的作用将 NAD 水解成烟酰胺和腺苷二磷酸核苷,以维持血清中烟酰胺水平。

7.2.3.4 生理功能

VPP 本身无活性,在生物体内转化为尼克酰胺腺嘌呤二核苷酸(*Nicotinemide ademine dinucleotide*)简写为 NAD;尼克酰胺腺嘌呤二核苷酸磷酸(*Nicotinemide ademine dinucleotide phosph ate*)简写为 NADP。NAD 和 NADP 可以作为不需氧脱氢酶的辅酶,参与生物氧化过程。VPP 能维持神经系统的健康。烟酸参与机体中的 40 多个反应,其中最重要的是在碳水化合物代谢反应中参与糖原酵解和脂肪酸合成,并通过三羧酸循环参与氧化反应;在脂肪代谢反应中,参与甘油的合成和分解、脂肪酸的氧化和合成以及固醇的合成;在蛋白质代谢中,参与氨基酸的分解和合成,并通过三羧循环反应参与碳链的氧化。

7.2.3.5 在奶牛上的应用

传统上认为反刍动物能在瘤胃内合成足够多的烟酸来满足需要。但随着奶牛产奶量的提高,日粮中精料比例增加及饲料加工过程中烟酸和体内可以合成烟酸的色氨酸的破坏等因素的影响,可导致奶牛烟酸缺乏。因此,有必要在奶牛日粮中添加一定数量的烟酸来满足需要。而且有些瘤胃微生物也需要烟酸。实际上,大量的研究表明,补饲烟酰胺或烟酸后产生了积极的影响,这主要归于最近几年奶牛遗传潜力的改进,烟酰胺或烟酸的需要趋于超过瘤胃微生物合成的能力。烟酸还具有降低血液中酮体水平的作用。高产奶牛在泌乳早期时,经常会因为产奶量高、代谢率强等因素造成机体能量处于负平衡状态。此时奶牛就需要分解自身储存的体脂来为机体提供能量,而大量脂肪的分解使肝脏内的生酮作用大大提高。当生成的酮体水平超过肝脏外组织可氧化利用酮体的最高水平时,就会引起酮体的大量蓄积,从而引发酮血症。

7.2.4 维生素 B$_5$（泛酸）

7.2.4.1 结构与功能

为 β−丙氨酸衍生物,为黄色粘稠的油状物,对氧化剂、还原剂稳定,湿热稳定,但干热及在酸碱介质中加热易破坏。

7.2.4.2 来源

广泛存在于动植物辅料中,绿色植物、酵母、糠麸、苜蓿干草等饲料中含量丰富。但玉米−豆饼日粮容易缺乏,米糠及麦麸是良好来源,泛酸含量比相应谷物高 2~3 倍,普通颗粒饲料在室温下保存 3 个月泛酸活性为 80%~100%。

7.2.4.3 吸收代谢

成年反刍动物瘤胃中可合成大量泛酸,瘤胃微生物合成的泛酸量比动物从饲料中获得的泛酸量高 20~30 倍。肉牛犊牛每采食 1 kg 可消化有机物泛酸的微生物净合成量为 2.2 mg/d,估计饲料中约 78% 的泛酸在瘤胃中被降解。通常游离型的泛酸在肠道中以被动扩散形式吸收,在体组织中泛酸被转化为辅酶 A 及其他化合物,被吸收的泛酸主要从尿中排出。动物摄入过量泛酸后能迅速从尿中排出。存在于红细胞中的泛酸主要以辅酶 A 的形式,而血清中仅有游离泛酸。泛酸在动物体内似乎不能贮存。

7.2.4.4 生理功能

泛酸是辅酶 A 和酰基载体蛋白(ACP)的组成成分,辅酶 A 是羧酸的载体,参与氨基酸、脂肪和碳水化合物的代谢,ACP 在脂类代谢中起重要作用。辅酶 A 是一种含有泛酸的辅酶,在某些酶促反应中作为酰基的载体。由泛酸、腺嘌呤、核糖核酸、磷酸等组成的大分子,与醋酸盐结合为乙酰辅酶 A,从而进入氧化过程。

7.2.4.4.1 提供机体能量

辅酶 A 是体内 70 多种酶反应通路的辅助因子,包括糖类的分解,脂肪酸的氧化,氨基酸的分解,丙酮酸的降解,激发三羧酸循环,提供机体生命所需 90% 的能量。

7.2.4.4.2 提供活性物质

辅酶 A 参与机体大量必需物质的合成。在脑部合成神经肌肉信使和神经递质乙酰胆碱以及促进睡眠的褪黑激素(melatonin)等,神经肌肉信使可在神经和肌肉之间交换资讯,神经递质可在神经和大脑之间传递情感、外界刺激、记忆、学习等方面的资讯。

7.2.4.4.3 传递酰基作用

辅酶 A 是重要的乙酰基和酰基传递体。

7.2.4.4.4 激活免疫作用

辅酶 A 支持机体免疫系统对有害物质的解毒、激活白细胞、促进血红蛋白的合成、参与抗体的合成。

7.2.4.4.5 促进结缔组织形成和修复辅酶 A 能促进结缔组织成分硫酸软骨素和透明质酸的合成,对软骨的形成、保护和修复起重要作用。

7.2.4.4.6 其他作用

辅酶 A 促进辅酶 Q10 和辅酶 I 的利用,减轻抗生素及其他药物引起的毒副作用。

7.2.4.5 在奶牛上的应用

正常情况下,成年反刍动物瘤胃微生物能合成足够的动物所需,Cole 等(1982)在奶牛日粮中添加 5~10 倍理论需要量的泛酸,未发现能改善奶牛生产性能。但瘤胃功能不健全的幼年反刍动物,不能满足其生长需要,需要添加,如冯仰廉等建议犊牛代乳料中泛酸浓度应达到 13.0 mg/kg DM。

7.2.5 维生素 B_6(吡哆素)

7.2.5.1 结构与性质

包括吡哆醇、吡哆醛和吡哆胺 3 种吡哆衍生物。3 种衍生物对动物的生物活性相同。

维生素 B$_6$ 为无色,易溶于水和醇的晶体,对热、酸、碱稳定,对光(特别是在中性或碱性条件下)敏感,容易破坏,商业制剂为吡哆醇盐酸盐。

7.2.5.2 来源

动物饲料、青绿饲料、整粒谷物及其副产物中含量丰富,植物饲料主要是磷酸吡哆醛和磷酸吡哆胺,动物饲料主要是磷酸吡哆醛(PLP)。饲料加工贮藏,精练、蒸煮等均会破坏维生素 B$_6$,利用率降低 10%~50% 不等。

7.2.5.3 生理功能

磷酸吡哆醛(PLP)是维生素 B$_6$ 的活性形式。这种维生素主要包括 3 种天然有机化合物:吡哆醛、吡哆胺与吡哆醇。磷酸吡哆醛参与催化的几种反应有:转氨基作用、α-脱羧作用、β-脱羧作用、β-消除作用、γ-消除作用、消旋作用以及羟醛反应。磷酸吡哆醛在所有转氨基作用反应以及一些氨基酸的脱羧与脱氨反应中充当辅酶的角色。磷酸吡哆醛的醛基与氨基转移酶中特定赖氨酸基团的 ε-氨基之间形成希夫碱键(内部醛亚胺)。氨基酸底物中的 α-氨基置换活性位点赖氨酸残基的 ε-氨基。生成的外部醛亚胺变得去质子化而形成一个醌型中间体,后者转而在不同的位置上接受一个质子以形成一个酮亚胺。酮亚胺水解,使复合酶的氨基得到再生。除此之外,磷酸吡哆醛也是某些以不常见的糖(如过氧糖胺、脱氧糖胺)作为底物的转氨酶所需的辅因子。在这些反应中,磷酸吡哆醛与谷氨酸起反应,谷氨酸的 α-氨基转移到磷酸吡哆醛上,生成磷酸吡哆胺(PMP)。磷酸吡哆胺接着转移它的氮到糖上,形成一个氨基糖。磷酸吡哆醛参与的生化过程还有:血红素合成中的缩合反应;多巴 → 多巴胺;兴奋性递质谷氨酸 → 抑制性递质 γ-氨基丁酸;S-腺苷甲硫氨酸(脱羧)→ 丙胺(多胺的合成前体之一);组氨酸(脱羧)→ 组胺参与碳水化合物代谢,PLP 是转氨酶和糖原磷酸化酶的辅酶,对维持血糖稳定具有重要意义。

7.2.6 维生素 B$_7$(生物素)

7.2.6.1 结构与性质

生物素有 8 种可能的立体异构体,只有 α-生物素一种具有生物学活性。生物素为白色针状晶体,能溶于稀碱和热水中,不溶于有机溶剂,常规下稳定,酸败可使其失活。

7.2.6.2　来源

广泛存在于动植物组织中,饲料中一般不缺乏,但利用率不等,苜蓿、油粕及干酵母中生物素利用率最好,谷物一般都较差,其中小麦、大麦最差,大多数绿叶植物中均含有较多生物素。

7.2.6.3　吸收代谢

正常情况下,瘤胃能够合成生物素,进入肠道的生物素经生物素酶的分解形成游离型生物素,并经肠黏膜上皮细胞主动转运吸收。吸收后的生物素进入门静脉循环。动物的体细胞中均有生物素存在,各种组织中以肝脏和肾脏中的含量较多。哺乳动物通常不能降解生物分子的环,大部分在线粒体中通过侧链的 β–氧化降解为双降生物素和吸收了高于贮存量的生物素一起,从尿中排出。至于未被吸收的生物素以及肠道远端由微生物合成的生物素,因大肠并无吸收机能,则主要从粪中排出。

7.2.6.4　生理功能

碳水化合物、脂肪、蛋白质代谢中的许多反应都需要生物素,生物素是羧化和羧基转移酶系的辅酶,是羧基转运的载体,这些酶系在组织中有转移羧基和固定二氧化碳的作用。具体表现在:①葡萄糖合成。生物素作为丙酮酸羧化酶的辅酶,通过糖异生作用,从丙酮酸到丁酮二酸生成葡萄糖。②脂肪酸合成。当乙酰辅酶 A 羧化酶产生丙二酰辅酶 A 的时候,生物素作为乙酰辅酶 A 羧化酶成分起作用。它消耗三磷酸腺苷而生成羧基生物素中间体,然后将活性二氧化碳提供给乙酰辅酶 A,生成丙二酰辅酶 A,这是脂肪酸合成的首步反应,再与一分子乙酰辅酶 A 结合,经脱羧,还原和去水后,被转化为丁酰辅酶 A。这个衍生物经过反复合成,最终形成长链脂肪酸(硬脂酸、棕榈酸)。在长链不饱和脂肪合成过程中,尤其是必需脂肪酸代谢中,生物素也十分重要。在碳水化合物供给不足时,从脂肪和蛋白质生成葡萄糖的糖原异生作用中,生物素都起着重要的作用,三羧酸循环也离不开它。③氨基酸代谢。直接参与亮氨酸和异亮氨酸等氨基酸的脱氨基及核酸代谢,蛋氨酸、异亮氨酸、苏氨酸、缬氨酸因丙酰辅酶 A 羧化酶(生物素酶)的作用,经琥珀酰辅酶 A 进入柠檬酸循环。④其他作用。氨基甲酰转移、嘌呤合成、糖代谢、色氨酸分解等,生物素还通过其对核糖核酸的性质和合成速度的作用,而影响蛋白质的合成。

反刍动物的生理特性(瘤胃降解葡萄糖)使得其必须通过糖的异生来满足

其对葡萄糖的需要。当采食的碳水化合物不足时,动物通过分解脂肪和蛋白质而合成糖的途径来维持血糖的水平。生物素能通过影响 RNA 的结构来影响蛋白质合成,这对硬蛋白(如角蛋白)的合成和沉积具有重要的作用。研究结果表明,生物素在角质化(细胞产生角蛋白纤维的过程)中扮演重要的角色,当细胞死亡后,角蛋白网络结构即成为动物蹄的蹄壁。对于反刍动物,瘤胃内几乎所有的微生物的繁殖和生殖均需要生物素。通过体外发酵试验发现,添加生物素可以提高纤维的消化率,细菌生成丙酸的过程也需要生物素,在用瘤胃液体外培养纤维时,若培养液中不添加生物素,丙酸的产量会明显降低。

7.2.6.5　在奶牛上的应用

生物素属 B 族维生素,一般认为瘤胃微生物合成的生物素已能满足反刍动物的基本需要,然而这一观点并不完全正确。研究表明,由于瘤胃的酸性环境,可能限制了高产奶牛和肉牛对生物素的吸收,所以这些动物可能处于生理性生物素缺乏状态,不利于充分发挥奶牛的生产力和维持良好的健康水平。高产奶牛为了维持其生产性能,精料与粗料的比例较高,当奶牛大量采食易于发酵的碳水化合物饲料后,会导致瘤胃内异常发酵,生成大量乳酸,造成瘤胃内的 pH 值降低,此时,微生物合成的生物素会被瘤胃中的酸性环境破坏。另外,随着畜牧业的迅猛发展,妨碍瘤胃和肠道合成生物素的因素也逐渐增多。如饲料中使用抗菌性药物,抑制了瘤胃和肠道中细菌的活动,造成生物素合成的障碍。这些均可能造成高产奶牛的生物素缺乏。犊牛因瘤胃发育尚未完全,合成机能不全,也易出现生物素的缺乏现象。研究发现,在日粮中添加生物素能提高奶牛的蹄的健康程度和生产性能,这表明,目前高产奶牛日粮中的生物素可能不足,使得奶牛不能达到其最佳生产性能和健康状况。另外,生物素还能预防奶牛的蹄病,因此研究奶牛对生物素的需要具有重要的意义。

7.2.7　维生素 B₁₁(叶酸)

7.2.7.1　结构与性质

叶酸主要存在于植物叶部,故而得名,是维生素中已知生物学活性形式最多的一种,理论上讲可达 150 种。

叶酸为黄色晶体,微溶于水,其钠盐在水中溶解度大,在中性及碱性溶液中稳定,但在酸性溶液中加热则分解,容易被光破坏,在室温储存时,叶酸也容易损失。

7.2.7.2　来源

广泛分布于自然界,存在于动物、植物和微生物中,绿色植物富含叶酸,豆类和一些动物产品是叶酸的良好来源,谷物中含叶酸较少,常规日粮一般不需要添加叶酸,但大量使用抗生素,饲料霉变,饲料在不良环境贮存过久,以及种畜禽均需提高叶酸添加量。

7.2.7.3　吸收代谢

瘤胃机能完善的反刍动物可以合成动物所需的叶酸。天然存在的叶酸主要以多谷氨酸形式存在。在肠黏膜细胞吸收前,需经叶酸结合酶的水解,长链谷氨酸叶酸经水解为蝶酰单谷氨酸后才被吸收。估计在肠黏膜细胞表面的刷状缘上有一种对叶酸吸收的特异机制。在门静脉循环内,大多数叶酸是以 5-甲基 FH_4 的形式存在。绝大多数动物,叶酸的转运需要有底物特异性的叶酸结合蛋白。哺乳动物的肝脏、肾脏、小肠刷状缘膜、粒性白细胞及血清中均发现叶酸结合蛋白。

叶酸以辅酶和四氢叶酸(FH_4)的多谷氨酸形式广泛存在于动物组织中。肝脏中叶酸的含量较高,与骨髓一起均是叶酸转化为 5-甲基酰 FH_4 的主要场所。叶酸可以通过粪尿和汗液排出,对汗腺不发达的反刍动物,则主要通过粪尿排出。血浆中的 5-甲基 FH_4 被输送到肝脏以外的组织脱去甲基后返回肝脏,部分随胆汁排入肠道而被重吸收,因此,血浆中正常叶酸水平的维持有赖于肝肠循环。

7.2.7.4　吸收代谢生理功能

叶酸是动物机体利用糖分和氨基酸时的必要物质,是机体细胞生长和繁殖所必需的物质。在体内叶酸以四氢叶酸的形式起作用,四氢叶酸在体内参与嘌呤核酸和嘧啶核苷酸的合成和转化。叶酸在制造核酸(核糖核酸、脱氧核糖核酸)上扮演重要的角色。叶酸帮助蛋白质的代谢,并与维生素 B_{12} 共同促进红细胞的生成和成熟,是制造红血球不可缺少的物质。叶酸也作为干酪乳杆菌(*Lactobacillus casei*)及其他微生物的促进增殖因子而起作用。叶酸对细胞的分裂生长及核酸、氨基酸、蛋白质的合成起着重要的作用。叶酸以 FH_4 形式参与体内一碳单位的代谢,叶酸辅酶为红细胞和白细胞合成,中枢神经系统功能的整合,胃肠道功能和胎儿或幼年动物生长发育所必需,叶酸的大多数功能都与其在嘌呤和嘧啶合成中的作用有关。叶酸可能是维持免疫系统正常功能的必需物质,可能原因是嘌呤嘧啶合成少,DNA 合成受阻,影响免疫细胞的分裂或增殖。

7.2.7.5 在奶牛上的应用

在组织代谢过程中叶酸对细胞分裂和蛋白代谢起着十分重要的作用。在新组织生成、胎儿和胎膜生长、乳腺发育和乳蛋白合成时,动物对叶酸需要将大大提高。这也是研究维持高产奶牛最佳生产水平时,把叶酸作为 B 族维生素中首要考虑的原因,叶酸能以 5-甲基-四氢叶酸形式为高半胱氨酸甲基化提供甲基生成蛋氨酸。在这个过程中提高了蛋氨酸利用率,这可能也是叶酸提高产奶量和乳蛋白的原因。

7.2.8 维生素 B_{12}（钴胺素）

维生素 B_{12} 是迄今为止最晚发现的一种维生素(1948)。1956 年才确定其结构,1961 年才报道维生素 B_{12} 辅酶结构。在维生素中,它的需要量最低,作用最强,自然界中只有微生物才能合成,且是唯一的分子中含金属元素的维生素。

7.2.8.1 结构与性质

维生素 B_{12} 结构复杂,是一类含金属的类咕啉,有多种形式,如氰钴胺素、羟钴胺素、硝钴胺素、甲钴胺素,5'-去氧核苷钴胺素等。通常所说的维生素 B_{12} 指氰钴胺素。

维生素 B_{12} 为红色结晶,易溶于水和乙醇,不溶于丙酮、氯仿和乙醚,在弱酸性水溶液中相当稳定,日光、重金属、氧化剂、还原剂、强酸、强碱下易破坏。

7.2.8.2 来源

天然维生素 B_{12} 只有微生物才能合成,这些微生物广泛分布于土壤、淤泥、粪便及动物消化道中, 植物性饲料不含维生素 B_{12},动物饲料中以肝脏含量最高, 集约化饲养动物维生素 B_{12} 需要来源是动物性饲料和人工合成维生素 B_{12}。反刍动物维生素 B_{12} 的主要来源是瘤胃微生物合成。

7.2.8.3 吸收代谢

反刍动物通过摄取钴元素在瘤胃中由微生物合成维生素 B_{12},维生素 B_{12} 与胃壁细胞分泌的糖蛋白(内因子)结合成结合体沿消化道下移至回肠,进一步与钙离子结合,进入回肠黏膜的刷状缘。在肠道黏膜中所含的一种特殊释放酶的作用下,维生素 B_{12} 与钙离子分离,并被肠黏膜吸收。到达血液后,维生素 B_{12} 与运载钴胺素Ⅰ、Ⅱ、Ⅲ(TCⅠ、TCⅡ、TCⅢ)结合。运载钴胺素Ⅰ和Ⅲ为糖蛋白,而运载钴胺素Ⅱ为纯蛋白。在肝脏合成的 TCⅡ主要作用是运载及输送维生素 B_{12},

在活体内仅有很少维生素 B_{12} 与其结合,因其 TCⅡ将维生素 B_{12} 运到组织后,能很快被降解。TCⅢ可能和将维生素 B_{12} 再次运入肝有关。机体摄入的维生素 B_{12} 超过需要量时,剩余部分主要贮存在肝脏、肌肉、皮肤及骨骼中。正常情况下,尿中排出很少。血浆中与维生素 B_{12} 有关的蛋白结合能力下降时,可见游离的维生素 B_{12} 通过尿液和胆汁排出。从胆汁排出的维生素 B_{12} 大部分在回肠可被重吸收。

7.2.8.4 生理功能与缺乏症

已知维生素 B_{12} 是几种变位酶的辅酶,如催化谷氨酸转变为甲基天冬氨酸的甲基天冬氨酸变位酶、催化甲基丙二酰 CoA 转变为琥珀酰 CoA 的甲基丙二酰 CoA 变位酶。维生素 B_{12} 辅酶也参与甲基及其他一碳单位的转移反应。

维生素 B_{12} 辅酶(泛指 3 种钴胺素的辅酶)在体内参与许多代谢过程,其中最重要的是参与核酸和蛋白质的生物合成,促进红细胞的发育与成熟,主要有两个:①作为甲基转移酶的辅因子,参与蛋氨酸、胸腺嘧啶等的合成,如使甲基四氢叶酸转变为四氢叶酸而将甲基转移给甲基受体(如同型半胱氨酸),使甲基受体成为甲基衍生物(如甲硫氨酸即甲基同型半胱氨酸),因此维生素 B_{12} 可促进蛋白质的生物合成。②保护叶酸在细胞内的转移和贮存。维生素 B_{12} 缺乏时,红细胞叶酸含量低,肝脏贮存的叶酸降低,这可能与维生素 B_{12} 缺乏,造成甲基从同型半胱氨酸向甲硫氨酸转移困难有关,甲基在细胞内聚集,损害了四氢叶酸在细胞内的贮存,因为四氢叶酸同甲基结合成甲基四氢叶酸的倾向强,后者合成多聚谷氨酸。此外,维生素 B_{12} 对反刍动物丙酸的利用十分重要,也参与体内 S-腺苷甲硫氨酸传递甲基,对于提高蛋氨酸利用率有关。

7.2.8.5 在奶牛上的应用

钴是形成结构的重要活性组成部分,奶牛瘤胃微生物能利用钴合成维生素 B_{12},研究证实反刍动物的维生素 B_{12} 缺乏经常是由于钴的缺乏间接引起。奶牛饲料中钴的缺乏会造成奶牛全身被毛缺乏光泽,黑色变为棕黄色,产犊后出现厌食,迅速消瘦,产奶量急剧下降,流浆液性眼泪,结膜苍白等。发生蹄冠红肿、蹄底腐烂等多种症状。NRC(1998)显示,成年奶牛每天需要钴约 0.1 mg/kg 日粮干物质,而饲草干物质只能提供可 0.02 mg/kg~0.08 mg/kg,可见奶牛日粮中钴的添加显得尤为重要。在很多有关维生素 B_{12} 对高产奶牛生产性能的研究发现,饲喂高精料日粮出现的低脂综合症是与叶酸相关的。高精料日粮发酵产生丙酸量提高,相应甲基丙二酸的量也得到升高,维生素 B_{12} 的需要量也增加,而产奶初期的维生素 B_{12} 浓度较低,造成甲基丙二酸聚集,低脂综合症出现的原因也许是因为甲基丙二酸抑制脂肪酸的合成,具体机理还不清楚。

7.2.9 胆碱

按维生素的严格意义,将胆碱看作维生素类是不确切的,尽管如此,还是将其收为 B 族维生素,胆碱不同于其他 B 族维生素,它可以在肝中合成,机体对胆碱的需要量也较高,就其机能而言,与其说它是辅酶,不如说它是机体结构组分更确切,它不参与任何酶系统,不具有维生素特有的催化作用。

7.2.9.1 结构与性质

胆碱是 β-羟乙基三甲铵的羟化物,纯品为无色、黏滞、微带鱼腥味的强碱性液体,可与酸反应生成稳定的结晶盐,具极强的吸性湿,易溶于水,对热和贮存相当稳定,但在碱性条件下不稳定,饲料工业中用的氯化胆碱为吸湿性很强的白色结晶,易溶于水和乙醇,水溶液 pH 值近中性(6.5~8)。

7.2.9.2 来源

天然存在脂肪都含有胆碱,含脂肪的饲料都可提供一定数量的胆碱,蛋黄(1.7%),腺体组织粉(0.6%),脑髓和血(0.2%)是最丰富的来源,绿色植物、酵母、谷实幼芽、豆科植物籽实、油料作物籽实、饼粕含量丰富,玉米含胆碱少,麦类含胆碱量比玉米高一倍。反刍动物可在肝脏合成胆碱,丝氨酸在吡啶醛的作用下脱羧成为乙醇胺并逐步甲基化为胆碱,合成胆碱的甲基由 S-腺苷蛋氨酸转移而来。天然胆碱和日粮中补充胆碱在瘤胃中均能被大量水解,瘤胃微生物降解胆碱生成乙醛和三甲胺,并最终生成甲烷,因此在反刍动物肠道中几乎没有可吸收的胆碱。

7.2.9.3 生理功能与缺乏症

7.2.9.3.1 保证信息传递

研究认为膜受体接受刺激可激活相应的磷脂酶而导致分解产物的形成。这些产物本身即是信号分子,或者被特异酶作用而再转变成信号分子。膜中的少量磷脂组成,包括磷脂酰基醇衍生物、胆碱磷脂,特别是磷脂酰胆碱和神经鞘磷脂,均为能够放大外部信号或通过产生抑制性第二信使而中止信号过程的生物活性分子。在这些信号传递过程中,膜受体激活导致受体结构的改变并进而激活三磷酸鸟苷结合蛋白（*GTP-binding protein*，G-蛋白）。G-蛋白的激活进一步使膜内磷脂酶 C 的激活。磷脂酶 C 为系列磷酸二酯酶，该系列酶可水解磷脂的甘油磷酸键，生成二酯酰甘油和一个亲水的可溶性（极性）头（基团）。磷脂酶 C 的作用促发了信息传递过程的下一步活动，使蛋白激活酶（PKC）激活。磷脂水解的产物包括二脂酰甘油，其本身即是一种信使分子，又是脂质代谢的中介物。正常情况下，蛋白激活酶处于折叠状态使得一个内源性的"假性底物"区域被结合在酶的催化部位，从而抑制了其活性。二脂酰甘油使蛋白激活酶构象发生改变，导致其从铰链区发生扭曲，释放"假性底物"，开放催化部位。二脂酰甘油在膜上存在的时间是极为短暂的，因此当受体接受刺激后，蛋白激活酶的激活时间也极短，而在此极短时间内完成了信息传递。

7.2.9.3.2　构成生物膜的重要组成成分

胆碱在细胞膜结构和脂蛋白构成上是重要的。在生物膜中，磷脂排列成双分子层构成膜的基质。双分子层的每一个磷脂分子都可以自由地横向移动，其结果使双分子层具有流动性、柔韧性、高电阴性及对高极性分子的不能透性。而脂蛋白则是包埋于磷脂基质中，可以从两侧表面嵌入或穿透整个双分子层。生物膜的这种液态镶嵌结构并不是固定不变的，而是处于动态的平衡之中。

7.2.9.3.3　促进脂肪代谢

胆碱对脂肪有亲和力，可促进脂肪以磷脂形式由肝脏通过血液输送出去或改善脂肪酸本身在肝中的利用，并防止脂肪在肝脏里的异常积聚。

7.2.9.3.4　促进体内转甲基代谢

在机体内，能从一种化合物转移到另一种化合物上的甲基称为不稳定甲基，该过程称为酯转化过程。体内酯转化过程有重要的作用，诸如参与肌酸的合成对肌肉代谢很重要、肾上腺素之类激素的合成并可甲酯化某些物质使之从尿中排出。胆碱是不稳定甲基的一个主要来源，蛋氨酸、叶酸和维生素 B_{12} 等也能提供不稳定甲基。因此，需在维生素 B_{12} 和叶酸作为辅酶因子帮助下，胆碱在体内才能由丝氨酸和蛋氨酸合成而得。不稳定甲基源之间的某一种可代替或部分补充另一种的不足，蛋氨酸和维生素 B_{12} 在某种情况下能替代机体中部分胆碱。

7.2.9.4　胆碱在奶牛上的应用

胆碱缺乏在泌乳奶牛上的症状主要有脂肪肝和酮病两种。原因是：①由于脂类不溶于水,因此不能以游离的形式被运输,而必须以某种方式与脂蛋白结合起来才能在血浆中转运。胆碱是磷脂的组成成分,在肝脏中,磷脂和蛋白质环绕着胆固醇和甘油三酯可形成脂蛋白,从而参与肝脏中脂类物质的转运。反刍动物处于泌乳初期时,产奶量不断增加,需要动员体内大量的脂肪来满足泌乳的需要,导致大量游离脂肪酸的产生。若此时体内胆碱不足,肝脏中脂蛋白合成量减少,产生的游离脂肪酸不能被及时转运出去,就会在肝脏中蓄积,引起肝脏被脂肪浸渗,形成脂肪肝。②当糖类供能不足时,奶牛就会动员体内的脂肪组织来提供能量。脂肪代谢产生的游离脂肪酸进入血液并转移至肝脏,在肝脏线粒体中被降解为乙酰 CoA,乙酰 CoA 存在 4 种代谢方式:一是进入柠檬酸循环,最终被完全氧化分解生成 CO_2 和 H_2O,为机体提供能量;二是生成胆固醇;三是转化成脂肪酸前体物质逆向生成脂肪酸;四是转化为乙酰乙酸、β-羟丁酸和丙酮,这三种统称为酮体。泌乳高峰期的奶牛其体内的脂肪组织被大量分解,产生大量的乙酰 CoA,同时酮体的生成量也不断增加。由于肝中不存在乙酰乙酸-琥珀酸 CoA 转移酶,所以肝脏不能利用自身产生的酮体,只能供给组织利用。

　　肝外组织则与之相反,在脂肪酸氧化过程中不产生酮体,但能氧化由肝脏生成的酮体。正常情况下,肝脏产生酮体的速度和肝外组织分解利用酮体的速度处于动态平衡状态,血液中酮体含量是很少的。但有些情况下,肝中产生的酮体多于肝外组织的消耗量,超过了肝外组织所能利用的限度,就会造成体内酮体的积存。血液中的乙酰乙酸和 β-羟丁酸等酸性物质大量增加,致使血液 pH 降低,易导致动物体内酸碱平衡失调,发生酸中毒,引发酮病。

7.2.10　维生素 C(抗坏血酸)

7.2.10.1　结构与性质

　　维生素 C 是烯醇式巳糖内酯,有 L,D 两种异构体,只有 L-型具生物活性。在空气中易被氧化,易被热破坏。维生素 C 的水溶液极不稳定,在碱性溶液中有 Fe^{2+},Cu^{2+}易被氧化分解。

7.2.10.2　来源

　　大多数口服维生素 C 均在瘤胃破坏,反刍动物所需的维生素 C 主要来自肝脏中的内源合成。

7.2.10.3　吸收代谢

L–抗坏血酸在代谢中失去 2 个电子后变成 L–脱氢抗坏血酸，后者不可逆的水解成 2,3–二氧–L–葡萄糖，随后进一步降解为 CO_2 和五碳单位，也能降解四碳单位和草酸，代谢终产物从尿中排出。

7.3　脂溶性维生素营养代谢

7.3.1　维生素 A

7.3.1.1　结构与性质

维生素 A(*vitamin A*)又称视黄醇(其醛衍生物视黄醛)是一个具有酯环的不饱和一元醇，维生素 A 包括维生素 A_1、A_2 两种。维生素 A_1 和 A_2 结构相似)。视黄醇可由植物来源的 β – 胡萝卜素合成,在体内 β – 胡萝卜素–15,15′–双氧酶(双加氧酶)催化下,可将 β – 胡萝卜素转变为两分子的视黄醛(*ratinal*),视黄醛在视黄醛还原酶的作用下还原为视黄醇。故 β – 胡萝卜素也称为维生素 A 原。

7.3.1.2　来源

天然存在的维生素 A 有两种:维生素 A_1 即视黄醇(*Retinal*),维生素 A_2 即脱氢视黄醇(*Dehydroretinol*)。

绿色蔬菜如菠菜、卷心菜和豆科植物也含有能促进动物生长的物质,且这种物质具有黄绿色。维生素 A 有两个不同来源,即植物性饲料中的 β–胡萝卜素(β–C)和动植物性饲料中的维生素 A。动物性饲料是维生素 A 的主要来源;而植物性饲料中的 β–C 在机体内被吸收后先裂解为视黄醛，进而还原为视黄醇而发挥生理功能。反刍动物所需的维生素 A 必须由外源供给,但作为主要营养源的植物性饲料中不含有视黄醇,仅存在维生素 A 的前体,某些形式的类胡萝卜素可在体内转化为维生素醇,某些类胡萝卜素,如叶黄素和番茄红素等,由于其结构中缺乏和维生素醇相似的 β 芷香酮环因而不能转变为维生素 A 醇。在维生素 A 前体中,β–胡萝卜素最为重要。青绿饲料中类胡萝卜素为 β–胡萝卜素,谷物及其副产品黄玉米除外均缺乏 β–胡萝卜素。β–胡萝卜素易被氧化破坏,因此青贮、干草晒制及贮存过程中可使得前体大量损失。

7.3.1.3 生理功能与缺乏症

维生素 A 是反刍动物所必需的一种脂溶性维生素，瘤胃微生物不能合成，必须由日粮中添加或提供维生素 A 原。植物饲料中的类胡萝卜素是维生素 A 原，动物可以将其转化为维生素 A，其中以 β-胡萝卜素效价最高，但各种动物对其转化率不同。近些年的研究表明，维生素 A 影响动物繁殖能力、机体免疫机能和动物的生产性能，β-胡萝卜素作为维生素 A 原与维生素 A 既具有相似的生理功能，同时也有自身独特的作用：

（1）促进视紫质形成，使动物对弱光产生视觉，缺乏时产生夜盲症；

（2）维持上皮组织健康，缺乏时上皮细胞发生鳞状角质化，引起腹泻、结石、炎症、干眼病；

（3）参与性激素形成，缺乏时引起繁殖成绩下降、受胎率下降、流产、难产；

（4）促进骨骼和中枢神经系统发育，缺乏时骨畸形、运动失调、蹒跚、痉挛等；

（5）促进动物生长，缺乏时生长受阻，活力下降。

7.3.1.4 反刍动物对维生素 A 的降解及吸收

7.3.1.4.1 维生素 A 和 β-胡萝卜素在反刍动物瘤胃内的降解

反刍动物瘤胃内存在着大量厌氧微生物，主要包括原虫、细菌和真菌。这些维生素对日粮中养分都产生不同程度的降解。饲料中的 β-胡萝卜素在瘤胃中约 35% 被破坏，而瘤胃对维生素 A 的破坏作用高于 β-胡萝卜素。用饲喂干草和玉米籽实的阉公牛所做实验表明，日粮中添加的维生素 A 约 60% 在瘤胃中被破坏。采食高粗料日粮时，维生素 A 在瘤胃中约 20% 被破坏。研究表明瘤胃对维生素 A 的破坏作用很大，日粮精粗比是影响维生素 A 在瘤胃中降解率的重要因素。利用体外瘤胃模拟试验也得到类似的结果，采食高粗料饲粮（精:粗=20:80）的牛瘤胃可以破坏约 20% 的维生素 A，但牛饲粮含 50%~70% 精料时，维生素 A 的瘤胃破坏率可上升到 70%。β-胡萝卜素在动物体内转化为维生素 A，是反刍动物体内维生素 A 的主要来源之一。研究表明，饲粮中 β-胡萝卜素在瘤胃中的破坏率在 0%~35% 之间变化，在该试验中饲喂苜蓿后瘤胃液中胡萝卜素与非皂化物质之间的比例是恒定的。胡萝卜素和维生素 A 注射到幽门结扎的公羊瘤胃内，24 h 瘤胃内胡萝卜素和维生素 A 的消失率分别为 11% 和 30%。因此维生素 A 的形式也是影响其在瘤胃中稳定性的重要因素。

7.3.1.4.2 反刍动物对维生素A的吸收

反刍动物体内的维生素 A 一般有两个来源途径:一个是日粮中添加,另一个是 β-胡萝卜素即维生素 A 前体物转化而来。食入的维生素 A 和 β-胡萝卜素,在动物肠道经胃蛋白酶和肠蛋白酶代谢从与之结合的蛋白质上脱落下来,在十二指肠与其他物质一起经胆汁乳化形成乳糜微粒,饲料中的维生素 A 主要是视黄醇,多以脂肪酸酯的形式存在,少量游离的维生素 A 到达小肠后,在小肠黏膜细胞内也与脂肪酸结合成酯。脂肪酸酯进入小肠后,在小肠黏膜细胞内一部分 β-胡萝卜素被双加氧化酶分解成两分子视黄醛,再还原为视黄醇满足机体需要。在胆汁酸盐作用下,经胰脂酶水解成视黄醇,随酯类一起被肠黏膜细胞吸收,吸收后的视黄醇和长链脂肪酸在小肠黏膜重新合成视黄醇酯掺入乳糜微粒经淋巴循环而进入血液。吸收的维生素 A 以酯的形式与维生素 A 结合蛋白相结合,经肠道淋巴系统转运至肝脏贮存。进入肝脏的视黄醇酯以脂蛋白形式贮存在肝脏的贮脂细胞内,当周围组织需要时,维生素 A 水解成视黄醇并与不同的结合蛋白相结合,再与血浆中其他蛋白结合通过血液运输到达各靶器官。经血液循环到达各组织。血浆中的维生素 A 是非酯化型的,它在血浆中先与特异的转运蛋白——视黄醇结合蛋白(RBP)结合成复合物,后者再与血浆前清蛋白(Per)维生素 A 结合成 VA-RBP-PreA 而被转运。研究报道,有 5 种结合蛋白和乳糜微粒参与了维生素 A 的转运,分别为:细胞视黄醇结合蛋白(CRBP);细胞视黄醇结合蛋白Ⅱ(CRBPⅡ);血清视黄醇结合蛋白(RBP);细胞维生素 A 酸结合蛋白(CRABP);细胞维生素 A 酸结合蛋白Ⅱ(CRABPⅡ)。结合蛋白约含 135 个氨基酸残基,且有自己不同的内源配体,CRBP 和 CRBPⅡ的配体为全反视黄醇,CRABP 为全反视黄醇酸,CRABPⅡ为 11-顺视黄醛和 11-顺视黄醇。目前认为 VA-RBP 复合物不单纯是维生素 A 的转运形式,当它被输送到肝外靶细胞时,RBP 还起到呈递视黄醇的作用。因为维生素 A 靶组织的细胞膜上分布着 RBP 受体,它可介导视黄醇进入细胞,而 BRP 则停留在靶细胞外,可不断地起转运视黄醇的载体作用。视黄醛和视黄醇可以互相转化,视黄醛也可以转化为视黄酸,但此反应不可逆。视黄酸不仅是维生素 A 的一种活性形式,并主要以这种形式在肝脏中与 β-葡萄糖醛酸结合生成 β-葡萄糖醛酸苷,经胆汁排入肠腔。其中一部分又被肠道吸收,再经肾脏由尿排出,这是维生素 A 的主要代谢途径。

奶牛能将未分解的 β-胡萝卜素转运到肝脏贮存,而绵羊、山羊则会在肠道中将大部分的 β-胡萝卜素分解代谢。运载 β-胡萝卜素的脂蛋白不同, 牛主要是高密度脂蛋白,绵羊和山羊血液中 β-胡萝卜素主要与低密度脂蛋白和极低密度脂蛋白结合。

7.3.1.5 在奶牛上的应用

7.3.1.5.1 维生素 A 对奶牛繁殖性能的影响

维生素 A 对反刍动物繁殖性能也具有重要作用已被许多试验所证实,β-胡萝卜素在动物繁殖方面也起着独特的作用。有关研究指出:β-胡萝卜素可减少胎盘滞留的发生,缩短子宫复原时间;同时还发现血浆中 β-胡萝卜素低于 100 μg/dL,会引起奶牛繁殖严重障碍;而血浆中维生素 A 含量在 40 μg/dL 以上时,乳牛繁殖障碍发生率低,受胎率提高。过去人们认为 β-胡萝卜素的繁殖功能是因为它是维生素 A 的前体物,而较新的研究认为 β-胡萝卜素是一种生理抗氧化剂,可以保护卵泡和子宫细胞免受氧化反应的破坏,有助于卵巢内类固醇的合成,改善子宫内环境。

7.3.1.5.2 维生素 A 和 β-胡萝卜素对奶牛免疫机能的影响

维生素 A 和 β-胡萝卜素与动物免疫反应有着密切的关系。适量的维生素 A 具有免疫促进作用,过量和不足都会引起免疫抑制。维生素 A 和 β-胡萝卜素通过细胞免疫、体液免疫和非特异性免疫反应维持机体健康。向妊娠青年母牛分离的血淋巴细胞培养液中添加 β-胡萝卜素或视黄醇或视黄酸,均明显增强由刀豆素 A(Cona)刺激引起的增殖反应,而对于脂多糖(LPS)刺激引起的增殖反应无改善。在体液免疫方面,维生素 A 和 β-胡萝卜素缺乏时会引起抗体应答反应下降。

在奶牛生产中,乳房炎是造成巨大经济损失的一个主要方面,有许多试验证明感染乳房炎的奶牛(乳中体细胞计数大于 500×10^3 个/ml),其血浆 β-胡萝卜素浓度明显低于健康奶牛(乳中体细胞计数小于 100×10^3 个/ml),奶牛患乳房炎的程度与血浆 β-胡萝卜素浓度呈负相关。另有试验表明在围产期维生素 A 和 β-胡萝卜素的添加量分别为 120000 IU/d 和 600 mg/d,产后中性白细胞功能增强,乳房炎和子宫炎发生率下降。

目前对于维生素 A 和 β-胡萝卜素能够促进免疫机能已有共识,但对其作用机理尚不完全清楚。较新的观点认为维生素 A 刺激前列腺素(PGE1)的产生,进而使 3,5 环-磷酸腺苷(cAMP)的活性受到调节,导致免疫效应的提高。研究认为,维生素 A 可以作为一种免疫佐剂,促进体内 T、B 细胞的协同,同时也得出血浆 cAMP 的含量随维生素 A 的添加量而上升。从以上研究中可以看出,维生素 A 在多个方面影响着畜禽的健康和免疫性能,但作用机理还应进一步的研究。

7.3.1.5.3　维生素 A 和 β-胡萝卜素对奶牛生产性能的影响

在干奶期和泌乳早期增加奶牛日粮中的维生素 A 含量可以提高奶牛产奶量,增强乳腺健康。2001 版的 NRC 标准将泌乳期和干奶期的维生素 A 的需要量均定为 110 IU/kgBW。新的 NRC 标准还指出干奶期增加维生素 A 的饲喂量可以改善乳腺健康,并且有关数据表明如果干奶期添加维生素 A 超过 NRC (1989)的推荐量可提高产乳量,因此建议干奶期奶牛对维生素 A 的需要量同泌乳期奶牛一样为 110 IU/kgBW。在泌乳早期的奶牛饲粮中提供大约 280 IU/kgBW 的维生素 A,与饲喂 75 IU/kgBW 的维生素 A 相比,产奶量从大约 35 kg/d 提高到 40 kg/d。

7.3.2　维生素 D

7.3.2.1　结构与性质

维生素 D 为固醇类衍生物,常见维生素 D_2 和维生素 D_3,维生素 D_2 为麦角钙化醇,维生素 D_3 是胆钙化醇,二者侧链不同,分别由麦角固醇及 7-胆氯胆固醇经紫外线照射而得。

7-脱氢胆固醇主要分布于皮下、胆汁、血液及许多组织中,在波长 290~320 nm 下转变为维生素 D_3,达到地面的日光中,紫外线波长为 290~410 nm,麦角固醇存在于植物中,在波长 280~330 nm 时,一部分麦角固醇转变为维生素 D_2。

泌乳动物维生素 D_2 与维生素 D_3 效价相当,但禽的维生素 D_3 的效价比维生素 D_2 高 20~40 倍。

7.3.2.2　来源

维生素 D 是胆固醇的一种衍生物,它可以从饲料中摄取或经皮肤合成。大多数青绿植物中存在着麦角固醇,经紫外线照射后产生由麦角固醇生成的维生素 D_2(麦角钙化醇),通常在波长为 290~315 nm 紫外线照射下进行的活化效率比较高。晒制的干草是反刍动物维生素 D_2 的重要来源。按风干基础、阳光晒制的干草中的维生素 D_2 含量变动于 150~312 IU/kg。哺乳动物皮肤中的维生素 D 前体7-脱氢胆固醇可经光化学转化成维生素 $D_3$90%,皮肤经光照产生的维生素 $D_3$90%以上均在皮肤表层。紫外线对地球表面的辐射量与地球的纬度和大气状况有关。因此,低纬度、高海拔、夏季及天气晴朗时皮肤中生成的维生素 D_3 效率最高。放牧条件下,牛每天可在皮肤中合成 3000~10000IUVD_3。北半球夏季放牧奶牛每日约可合成 4500IU 维生素 D_3。通常认为,维生素 D 与维生素 D_3 对反刍动物具有相同的生物活性。虽然也有报道牛能明显排斥维生素 D_2,主要是减少了代谢物维生素 D_2 与维生素 D 结合蛋白的结合,使血浆中的代谢物维生素 D_2 迅速清除。但 NRC(2001)的专家们并不主张根据维生素 D 的形式调整对的需要量。

7.3.2.3　吸收代谢

动物经日粮摄入的维生素 D_3,当同时存在脂肪及胆汁的条件下,在肠道内通过被动吸收进入肠细胞,在吸收过程中与乳糜微粒结合并通过特异的维生素 D 结合蛋白被迅速转运到肝脏。无论是经饲料摄入的维生素 D_2 或是经紫外线照射在皮肤中形成的维生素 D_3 经血液输送入肝脏后,在肝细胞微粒体和线粒体中维生素 D 经 25-羟化酶的催化下转化成 25-羟基 VD[25-(OH)-D_3]并释放至血液中,成为血浆中的主要代谢产物。因此,奶牛血浆中维生素 D 的浓度能反应机体内维生素 D 的状况。正常血浆中维生素 D 的浓度为 1~2 ng/ml。

维生素 D 在代谢中的决定环节是其转变成为活性形式。血浆中的 25-(OH)-D_3 被专一性的 α-球蛋白运载到肾脏,在肾小管线粒体内经混合功能单氧化酶的羟化而形成。此外,在肾的线粒体中 25-(OH)-D_3 尚可被羟化成 24,25-(OH)-D_3。最后,这种活性维生素 D 输送到小肠和骨骼等靶细胞。维生素 D 可以认为是一种钙调节激素前体物,因此其生物合成及排泄均会受到作用物及反馈作用的影响。影响体内活性维生素 D_3 合成的因素中,主要与机体内钙磷代谢及影响钙磷代谢的两种肽激素甲状旁腺激素和降钙素有关。维生素 D_3 在肾脏中的生成受钙水平的制约。血钙含量增加抑制维生素 D_3 的生成,反之,血钙含量下降,即使轻度的低血钙,也可刺激维生素 D_3 的生成。已知甲状旁腺控制着血钙浓度,低血钙时甲状旁腺激素大量地释放,激发肾脏中维生素 D 羟化酶的活性。维生素 D_3 的合成与分泌,一方面是受低血钙的刺激,另一方面还受低血磷的刺激, 即使血钙浓度正常或高于正常水平以及在没有甲状旁腺分泌的条件下,甲状旁腺激素的存在有可能使骨骼中的钙被维生素 D_3 动员,并在肾脏中增加对钙的重吸收,磷的吸收与动员虽然也经维生素 D_3 的作用而增加,而甲状旁腺激素又能促使大量磷从尿中排出,从而消除了维生素 D_3 对磷的作用,结果是血浆钙增加而血浆无机磷水平并不改变。若无甲状旁腺激素,所动员的磷并不从尿中排出,使血磷上升而血钙基本稳定。因此,在特定的生理条件下,维生素 D_3 可以作为动员钙的激素,也可以作为动员磷的激素。

7.3.2.4 生理功能

(1)提高机体对钙、磷的吸收,使血浆钙和血浆磷的水平达到饱和程度。

(2)促进生长和骨骼钙化,促进牙齿健全。

(3)通过肠壁增加磷的吸收,并通过肾小管增加磷的再吸收。

(4)维持血液中柠檬酸盐的正常水平。

(5)防止氨基酸通过肾脏损失。

7.3.2.5 在奶牛上的应用

研究报道,奶牛产前饲喂适量的过瘤胃维生素 D_1 5 克/(天/头)能明显降低奶牛围产期低血钙发生率和改善钙负平衡,这可能与适量的过瘤胃维生素 D 促进奶牛肠道中钙的吸收有关。日粮中添加维生素 D_3 可以缓解奶牛围产期免疫球蛋白和免疫细胞下降的现象。

7.3.3 维生素 E

7.3.3.1 结构与性质

维生素 E 是一系列叫做生育酚和生育三烯酚的脂溶性化合物的总称。自然界中一共存在 8 种具有维生素 E 活性的生育酚,从化学结构上来看,由于环状结构上的甲基数目与位置和侧链的不同,导致了这 8 种不同的生育酚和生育三烯酚异构体的存在。α-生育酚是这 8 种异构体中生物活性最高的一种,同时也是饲料中维生素 E 最普遍的存在形式。

维生素 E 为黄色油状物,游离态及其酯化物极易溶于脂类,但不溶于水。由于维生素 E 分子中含有生物活性的不饱和键,易受光、热、酸、碱、酶等自然因子影响,无氧条件下耐热,易为紫外光破坏。由于在自然界中的天然维生素 E 很容易被氧化,因此饲料原料中存在的天然生育酚的稳定性很差。在饲料贮存过程中其中所含的生育酚效价也会迅速丧失。天然维生素 E 在能促进氧化反应的条件下更不稳定,比如高温、高湿条件,以及存在氧化脂肪和微量元素的条件。高湿条件下饲料贮存时使用的丙酸等防腐剂同样会大大降低 α-生育酚的效价。

7.3.3.2 来源

在反刍动物体内并不能合成 α-生育酚,因此必须要依赖于饲料对动物补给。饲料的来源可以分为天然植物饲料和动物加工副产品。在各种饲料中均含有维生素 E,但含量会因原料的不同而出现较大差别。在作为奶牛饲料来源的植物性饲料中,以苜蓿草粉、玉米、大豆、大麦、米糠、葵花籽等所含维生素 E 较高。 但是由于维生素 E 的不稳定性,使得饲料中维生素 E 含量变化很大,比如在大多数的新鲜牧草中,维生素 E 含量在 80~200 IU/kg DM 之间,但是当牧草晒干以后维生素 E 将会降低 20%~80% 之间。通常精料中维生素 E 含量普遍较低,而且随着贮存期的延长其含量还将继续下降。

7.3.3.3 消化与吸收代谢

早期的一些研究资料显示,大量添加的维生素 E 会在瘤胃中被破坏,究其原因,则是生育酚很难从消化食糜中分离出来,而且破坏程度会随着奶牛日粮中精料水平的增加而增加。后来许多研究则发现,在体外发酵过程中维生素 E 不会被破坏,这一结果也表明了维生素 E 在瘤胃内代谢很少。维生素 E 从瘤胃到达肠管后,形成可弥散的胶粒微团,胶粒微团经肠黏膜细胞刷状缘再进入到黏膜细胞,整个吸收过程需要胆汁和胰液的作用。维生素 E 被吸收以后则由门静脉直接运送到肝脏,最后通过肝的分泌作用再释放出来。被再次释放的维生素 E 由血液中的脂蛋白进行运输,最后到达机体的各部分组织和器官被利用。如果机体摄入的维生素 E 为乙酸酯,则需要在小肠内先进行水解,水解为维生素 E 和有机酸后再按各自的途径被吸收、利用。当奶牛日粮中维生素 E 供给不足时,机体则会动用体内维生素 E,它的顺序是首先动用血浆及肝脏中的,然后是心肌和肌肉中的,最后则是体脂里的。

维生素 E 与硒的协同作用,硒也是动物所必需的一种微量元素。在动物体内,硒同样发挥着多种生物学效应,其中最重要的是硒的抗氧化性。谷胱甘肽过氧化物酶(GSH-Px)具有极强的抗氧化作用,它广泛存在于哺乳动物的心脏、肝脏、肺脏、肾脏、脑、红细胞及其他组织中,而这种酶是哺乳动物体内的第一个被公认的含硒酶。同样,硒也在哺乳动物体内磷脂过氧化谷胱甘肽过氧化物酶(PHG-Px)的催化作用中起关键性作用。这两种酶均是通过抑制膜磷脂过氧化来发挥其保护生物膜作用,细胞膜免受氧化损伤方面,Se 与维生素 E 之间相互起着补偿和协调的作用。维生素 E 位于细胞膜上并对它进行保护,使其免受自由基进攻和过氧化损伤,是机体抗氧化的第一道防线。Se 则是通过存在于细胞液中的 GSH-Px 使细胞膜免受损伤。GSH-Px 可以破坏过氧化物,能防止有害自由基的形成及其对不饱和脂肪的进攻,是机体内的第二道防线。GSH-Px 可以分解体内已形成的过氧化物,这就阻止了可能引发膜脂质过氧化的羟自由基和超氧离子这两种物质的生成;而维生素 E 则可以阻止膜脂质过氧化链式反应,从而减少氢过氧化物的生成,它们之间表现出了"相互节省"效应。同时,Se 与维生素 E 又都是以对方的存在,来作为其自身发挥生理效用的先决条件的,硒缺乏时维生素 E 不能被吸收和利用;而维生素 E 缺乏则同样难以合成过氧化物酶。因此,当组织中 Se 和维生素 E 缺乏时,抗过氧化物损害的保护作用将会丧失,从而可能导致一系列病理过程的出现,例如心肌、骨骼肌、肝细胞及血管内皮组织等,由于受过氧化物损害而可能变性坏死。

7.3.3.4　功能

7.3.3.4.1　抗氧化作用

保护细胞膜的完整性,免受过氧化物的损害。维生素 E 发挥抗氧化剂作用的机制与酚上的羟基有关,它给自由基提供一个 H⁺与游离中子发生作用,抑制自由基,制止链的反应,在耗用维生素 C 情况下,生育酚又被形成。

7.3.3.4.2　免疫

维生素 E 通过影响网状内皮系统的吞噬细胞的增殖,影响 B-细胞、T-细胞的免疫反应,影响糖皮质素、前列腺素的合成而影响机体的免疫能力和抗应激能力。

7.3.3.4.3　其他功能

维生素 E 与组织呼吸(影响泛醌形成)、激素(垂体前叶激素、肾上腺皮质激素等)合成,羟基化作用、核酸代谢、维生素 C 合成、血红素合成等有关。

7.3.3.5 在奶牛上的应用

7.3.3.5.1 乳腺免疫

嗜中性白细胞是哺乳动物防御乳房感染的第一道免疫防线。母牛乳腺内感染的发病率及严重程度依赖于嗜中性白细胞的反应性。血浆 α-生育酚浓度和中性粒细胞的杀伤能力呈正相关。许多新的乳腺内感染就发生在分娩前后,从而导致奶牛乳房炎的发生和奶质量的下降,维生素 E 具有抗奶牛乳房炎的作用,奶牛乳房炎的发生率和严重程度与维生素 E 的摄入量有关。Hogan 等报道在整个干乳期,奶牛日粮添加维生素 E[740 IU/(天/头)],在下一个泌乳期内,奶牛临床乳房炎与乳腺内感染的发生率分别较未添加组降低 37% 和 42%,发生临床乳房炎的奶牛血浆和奶中 α-生育酚均低于健康牛的血浆和奶,α-生育酚浓度降低导致机体抵抗力减弱,增加奶牛临床乳房炎的发病率。

7.3.3.5.2 繁殖机能

α-生育酚被认为哺乳动物生殖所必需的。α-生育酚对精液品质有直接影响,一旦缺乏则精子活力降低、数量减少、睾丸变形。母畜则表现为卵巢机能下降、胎盘萎缩,常导致死胎、流产、性周期异常等。

7.3.3.5.3 牛奶品质

加拿大的农业专家用几头泌乳中期的荷斯坦奶牛做添加和不加的对比试验,结果显示,添加维生素 E 的奶牛所产的牛奶品质最好,并可增加牛奶风味的稳定性。

8 奶牛乳腺营养物质代谢

8.1 乳的成分

乳是一种由一系列不同种类的化学分子构成的极其复杂的生物液态物，主要由脂肪、蛋白质、乳糖、无机盐类及维生素等各种成分。正常牛奶的成分大致是稳定的，但乳中各种成分的含量在一定范围内有所变动，其中脂肪变动最大，蛋白质次之，乳糖的含量则很少有变化。

8.1.1 脂肪

乳脂肪是乳品质和饲养效率的重要衡量指标，是牛奶中主要营养成分之一，含量一般为 3%~8%，平均为 3.8%。乳脂肪以脂肪球形态存在，其颗粒小，直径范围是 0.1~10 μm，平均直径为 4 μm，极易消化。脂肪球颗粒的大小直接影响乳的稳定性，乳脂含量的增加可导致脂肪球颗粒的直径变大。乳脂肪是甘油三酯、磷脂、胆固醇、1,2-甘油二酯、甘油一酯及游离脂肪酸构成的混合物，其中甘油三酯约占 98%，是含有 4~8 个碳原子的饱和脂肪酸和以油酸为主的不饱和脂肪酸构成的甘油三酯的混合物，其余的 1% 大部分是磷脂（卵磷脂、脑磷脂及神经磷脂）和微量的胆固醇及其他酯类。乳脂中也含有少量不饱和程度更高的亚油酸和亚麻酸。乳脂中的脂肪酸组成随动物种类不同而有差异，反刍动物乳脂中短链脂肪酸所占比例比非反刍动物高。单胃动物的猪和人，乳脂中含有较高的固醇、固醇酯和较低的甘油三酯。反刍动物乳脂含有大量的丁酸及 6-14 碳原子的短链脂肪酸，多不饱和必需脂肪酸含量低；而其他动物乳脂中几乎不含有丁酸和 6-14 碳原子的短链脂肪酸。乳脂的脂肪酸组成与体脂的脂肪酸组成也有很大差异。如，反刍动物沉积的体脂肪中缺乏短链脂肪酸，而乳脂中则含有较多的短链脂肪酸。

8.1.2　蛋白质

乳蛋白是最重要的乳成分,是评价生鲜奶品质的重要指标。乳蛋白含量约占牛奶总固形物的 25%,其中 95% 为真蛋白质,其余 5% 是非蛋白含氮化合物,包括尿素、氨、氨基酸、尿酸、肌酸和肌酐等。乳蛋白主要由酪蛋白和乳清蛋白组成。乳中酪蛋白所占比例因动物种类而异。反刍动物占 82%~86%,单胃动物占 52%~80%,人占 40%。酪蛋白可分为 α-酪蛋白、β-酪蛋白、γ-酪蛋白,分别约占牛乳全乳蛋白的 56%、20% 和 4%。乳清蛋白约占全乳蛋白的 18%~20%,由 β-乳球蛋白、α-乳清蛋白、血清蛋白和免疫球蛋白组成。β-乳球蛋白主要存在于反刍动物乳中,是常乳乳清蛋白中的主要蛋白质。α-乳清蛋白存在于所有动物的乳中,但它在乳中的浓度比较低。乳中血清蛋白质(如血清清蛋白)的浓度很低,只占全乳蛋白的 1%~2%。免疫球蛋白则是初乳中的主要成分,在常乳中含量较低。乳蛋白作为整体虽富含必需氨基酸,但酪蛋白中蛋氨酸含量较少。

8.1.3　乳糖

大多数哺乳动物乳中的主要碳水化合物是乳糖,全部溶解在乳清中。它是乳腺合成的特有的化合物,即在动物的其他器官中没有这种糖。乳糖在所有动物乳中的含量都很高,是维持渗透压的主要成分。乳中还有其他单糖和多糖,其中单糖主要是葡萄糖和半乳糖,它们与乳糖的合成关系密切。乳中多糖是溶解了的低聚糖,具有抗原活性和促进肠道某些细菌生长的作用。

8.1.4　无机盐

乳中矿物质约占 0.75%,除常量元素外,存在于乳中的微量元素有 25 种。乳中的无机盐包括钾、钠、钙、镁的磷酸盐、氯化物和柠檬酸盐,还有微量的碳酸氢盐。乳中矿物质主要来自于血液,但与血液相比,乳中含有较高的钙、磷、钾、镁和碘,较低的钠、氯和碳酸氢盐。钠、钾、氯离子和乳糖是维持乳渗透压的主要成分。

8.1.5　维生素

乳中含有动物体所需要的各种维生素。脂溶性维生素 A、D、E 和 K 都和脂肪球在一起。乳中维生素 A 和 β-胡萝卜素含量丰富,维生素 C、D 含量很少,维生素 E、K 含量甚微。B 族维生素的含量变异很大,主要受饲料含量的影响。

8.2 奶牛乳腺发育

8.2.1 乳房发育

幼畜在 6 月龄前乳腺没有发育,雌、雄两性的乳腺也无明显的差异。犊母牛到 6 月龄后乳腺腺体组织和脂肪组织开始增长。到初情期时乳腺的导管系统开始发育,形成分支复杂的细小导管系统,但此时腺泡尚未形成。随着乳腺腺体组织和脂肪组织增长,乳房的体积开始增大。当母牛妊娠后,乳腺组织发育速度开始加快,乳腺导管数量增加,每个导管末端开始形成没有分泌腔的腺泡,到妊娠中期腺泡形成分泌腔,妊娠后期腺泡的分泌上皮细胞开始具有分泌机能,乳房的功能也达到了活动乳腺的标准状态。

由于乳腺腺体发育受雌激素、孕激素以及催乳素等的调节,所以乳腺腺体的充分发育要等到分娩之后,并且它的发育与卵巢的正常发育和周期性活动密切相关。当母牛分娩时下丘脑垂体分泌大量的催乳素,在催乳素的作用下腺泡开始分泌初乳,5~7 d 之后催乳素逐渐维持一定水平,乳腺也开始正常的分泌活动。乳腺在干乳后的前 15 d 内衰老,腺泡的主要部分遭到破坏并消失,同时细小导管大量减少。干乳一个月后乳腺泡又重新慢慢增生,泌乳上皮细胞大量增长,为下一周期获得较高的泌乳量做好准备。所以,为了使母牛乳腺有一个重新恢复的过程,必须有 45~75 d 的干乳期。

8.2.2 乳区发育

前后乳区的均匀程度不仅影响产奶量的高低,而且影响乳房健康情况。乳区发育的均衡性指前乳区指数。前乳房发育一般小于后乳房。在优良的乳牛品种中,前乳区指数一般在 45% 以上。如果前乳区指数低于 40%,那么挤乳将受到影响,增加乳房炎的发病机会。乳头的分布、形状和大小并不直接决定乳牛的生产水平,但决定是否适合机械挤乳。乳牛的有效乳头是 4 个,对称的分布于每个乳区上,各乳头间的距离为 8~12 cm,乳头间的距离为 8~15 cm。据报道采用机械挤乳,乳头的形状以圆柱状最佳,最适宜的乳头长度为 7~9 cm,直径为 2~3 cm,过短过长过细过粗都不利于机械挤乳。

8.3   乳的合成生化基础

8.3.1   乳的合成

乳是由脂肪、蛋白质、乳糖、矿物质、维生素和水等组成,在乳腺泡的分泌细胞内合成,然后分泌到乳腺泡腔中经过导管系统运送到乳池。乳成分的前体物大部分来源于血液,乳中大部分成分是水,乳中的水分一部分直接来源于血液,一部分来源于乳腺泡内的液体。乳脂肪是由甘油和脂肪酸合成的,长链脂肪酸和甘油直接来源于血液,短链脂肪酸则来源于血液的乙酸盐和 β-羟丁酸盐,在乳腺分泌细胞中合成。乳蛋白是由氨基酸合成,氨基酸直来源于血液。合成乳糖的原料是葡萄糖,葡萄糖由血液进入乳腺分泌细胞后,一部分转化为半乳糖,半乳糖再与葡萄糖结合生成乳糖。乳中的维生素和矿物质是由乳腺分泌细胞直接从血液中摄取的。

8.3.1.1   乳脂的来源与合成

乳脂肪中的脂肪酸种类达 400 多种,这也就使得乳脂肪成为所有天然脂肪中最复杂的一种。几乎所有脂肪酸的存在都是微量的,只有约 15 种脂肪酸含量达到或超过 1%。多种因素影响牛乳脂中脂肪酸的含量及组成。牛乳中脂肪酸有两个重要来源,分别是饲料和奶牛瘤胃发酵。日粮中脂肪经过水解生成的脂肪酸直接吸收进入血液,经血液循环到达乳腺,被乳腺吸收后构成乳汁中 50%的 C16:0 脂肪酸,这一部分的脂肪酸含量及组成受日粮组成的影响。剩余的 50%的 C16:0 脂肪酸及几乎全部的 C4:0–C14:0 由乙酸和 β-羟丁酸在乳腺中从头合成。乙酸和丁酸来自于瘤胃对饲料成分的发酵,丁酸被瘤胃上皮细胞吸收后转化成 β-羟丁酸,乙酸和 β-羟丁酸是奶牛乳腺从头合成脂肪酸最主要的乳脂前体物。

在乳腺上皮细胞中,乙酰辅酶 A 羧化酶及脂肪酸合成酶作用于乙酸和 β-羟丁酸,使其从头合成 C4:0–C16:0 的脂肪酸。脂蛋白酯酶将血液中的极低密度脂蛋白(VLDL)和甘油三酯水解成甘油和小分子量的脂肪酸,脂肪酸转运蛋白分化抗原簇 36 和脂肪酸结合蛋白共同作用将脂肪酸从细胞膜运送到乳腺上皮细胞内甘油三酯以及磷脂结合位点,进一步被延长或去饱和。在乳腺中从头合成的脂肪酸和从血液中吸收的脂肪酸在乳腺上皮细胞的粗面内质网上合成甘油三酯,脂滴以微脂滴(直径小于 0.5 μm)的形式被释放到细胞质中,并再被转运到细胞顶极的过程中可以相互融合形成更大的脂滴。这些脂滴在乳腺上皮细胞的内质网上形成,表面有一层由蛋白和极性脂质组成的物质,被细胞顶膜的质膜包裹后以乳脂前体物的形式分泌至腺泡腔中。在牛乳中,总脂质的 99% 或更多存在于脂滴中,因此被叫做脂肪前体物。

8.3.1.2　乳蛋白的来源与合成

乳腺组织包括分泌细胞和非分泌细胞。对泌乳山羊而言,分娩期或泌乳高峰期则泌乳细胞会大量增殖,但泌乳后期则乳产量下降,可能是分泌组织的萎缩而导致分泌细胞的凋亡的缘故,90%以上的乳蛋白是在乳腺中由氨基酸从头合成。对动物静脉注射 14C-标记的氨基酸以及进行动静脉差的测定都证明,酪蛋白、β-乳球蛋白和 α-乳清蛋白是由乳腺中的游离氨基酸合成的,而这些氨基酸来自血液。用山羊做的试验也显示,由血液中摄取的必需氨基酸和谷氨酸与从乳中分泌出的这些氨基酸几乎相等。乳腺细胞自身还有合成非必需氨基酸的能力,为合成乳蛋白提供原料。

乳腺合成蛋白质的过程与其他组织相同。乳腺细胞合成的大部分蛋白质最终要分泌出去,主要乳蛋白的合成在粗面内质网的核糖体上开始,然后由信号肽引导进入内质网腔,并在内质网和高尔基体内进行磷酸化和糖基化等化学修饰过程,再由分泌泡转送到上皮细胞顶膜,通过胞吐的方式释放到腺泡腔中,这一机制已被广泛接受。

乳腺是一个合成蛋白质十分活跃的场所。为乳蛋白编码的基因的表达具有明显的组织特异性和阶段特异性,即乳蛋白质的合成仅在乳腺上皮细胞中进行,表达量大,并且发生在哺乳母体即将分娩之前和分娩之后的相当长一段时间的泌乳期中,乳腺合成的乳蛋白很少进入动物的循环系统。乳蛋白基因的表达还受神经内分泌的调控。有关乳蛋白质基因结构及其表达调控的研究已取得巨大进展,许多乳蛋白基因,如牛酪蛋白、α-乳清蛋白、β-乳球蛋白基因已被克隆和得到了全部序列。

8.3.2　乳的分泌与排出

母牛在泌乳期间,奶的分泌量是连续不断的,挤奶可排出乳房内积存的乳汁,刚挤完奶时,乳房内压低,奶的分泌最快,随着奶的分泌储存于乳池,导乳管、末梢小管和乳腺泡腔中的奶不断增加,乳房内压不断升高,使奶的分泌逐渐变慢,这时如不挤奶,奶的分泌最后将会停止。

挤奶操作和犊牛吮吸时,使母牛乳房皮肤的神经受到刺激,传至神经中枢导致垂体后叶释放催产素,经血液到达乳腺从而引起乳腺肌上皮细胞收缩,使乳腺泡腔和末梢导管内储存的奶受挤压而排出,此过程称排乳反射。排乳反射时奶牛在两次挤奶之间分泌的乳大量储存于乳腺泡及导管系统内,小部分储存于乳池,只靠挤奶的挤压作用只能挤出池中极小部分导管系统中的奶,而大部分储存于乳腺泡及导管系统中的奶不能挤出,只有靠排乳反射才能挤出乳房内大部分或全部的奶。排乳反射的刺激包括对乳房和乳头的按摩刺激、挤奶的环境条件等。排乳反射只能维持很短的时间,一般不超过 5~7 min。

乳牛的排乳速度与品种有关,不同品种的乳牛,由于乳房形状和功能不一致,排乳强度也各不相同。排乳良好的乳牛在 3~5 min 之内即可完成挤乳,其排乳速度为 2.0 kg/min~2.5 kg/min,理想的在 6~7 min 之内完成,排乳速度为 1.5 kg/min~2.0 kg/min。排乳较差的为 10~12 min,排乳速度为 0.6 kg/min~0.8 kg/min。

8.4 乳品质影响因素及日粮调控

改革开放以来,中国奶业快速发展,牛奶产量和消费量大幅提高,现已进入由数量增长向质量效益转变的关键时期。近几年来,奶业生产保持了良好的发展态势,奶类产量、生产方式、规模结构和存栏数量都发生了新的变化,综合生产能力进一步加强。奶业发达的国家牛奶质量普遍较高,除了与其丰富的土地和饲料资源优势相关外,基础研究积累与成果转化应用起到了关键作用。基于国际奶业发达国家成功的经验和中国奶业发展的实际,发展优质乳产业已经成为奶业发展的必然方向,既是保障消费者安全健康的需要,也是乳品市场全球化的需要。生鲜乳中乳脂率、乳蛋白率、菌落总数和体细胞数是衡量优质乳的核心指标,既涉及质量安全与消费者的健康,又决定着牛奶的经济价值与核心竞争力,其中乳脂肪和乳蛋白的含量与组成是牛奶营养品质的主要物质基础,菌落总数是环境卫生指标,体细胞数是奶牛健康状况指标。近 30 年来,如何通过营养调控与饲养管理技术提高牛奶乳脂肪和乳蛋白的含量,优化其组成,降低体细胞数和菌落总数已成为国际奶业研究的热点内容之一,尤其在影响牛奶乳脂肪和乳蛋白含量的因素,以及围绕奶牛日粮精粗比、日粮蛋白质和脂肪数量和来源方面开展了大量的研究,取得了新的进展。

8.4.1 影响乳脂肪及乳蛋白合成的因素

乳成分受多种因素影响,主要有品种、年龄和胎次,泌乳阶段和季节,环境和营养,饲养管理、产奶水平和挤奶技术,个体特征和健康等等。日粮所含营养物质是影响牛奶品质的重要因素之一。

8.4.1.1 品种

奶牛品种不同,乳蛋白进而乳脂肪含量不同。不同品种的奶牛采食量、乳腺对乳脂前体物的吸收利用率存在差异,进而影响乳腺对乳脂肪及乳蛋白的合成效率。例如荷斯坦奶牛的乳脂率就远远低于娟姗牛和更赛牛。

8.4.1.2 胎次和泌乳阶段

幼龄奶牛,头胎及 2、3 胎奶牛乳中乳脂率较高,随年龄和胎次的增长乳脂率呈下降趋势。母牛分娩后最初几天分泌的乳汁称初乳,初乳乳脂肪及乳蛋白含量均高于常乳,最明显的是免疫球蛋白。同一泌乳期内,乳成分含量的变化规律一般是分娩后的前两周乳脂含量较高,两周后逐渐下降,6~10 周时降到最低,10 周之后又逐渐上升。乳蛋白则是在泌乳初期和后期较高。

8.4.1.3 环境

奶牛生存最适宜温度为 10℃~16℃,冷热应激均对孔脂肪及乳蛋白含量有影响,特别是对乳脂率影响较大,当环境温度超过 30℃时,乳脂率会明显下降。

8.4.1.4 日粮营养对乳品质影响

8.4.1.4.1 日粮营养对乳脂合成的影响

(1)饲料组合。在生产实践中,一种较普遍现象是给泌乳期反刍动物饲喂精料较多、粗料较低的日粮乳脂肪含量出现下降。碳水化合物是奶牛日粮的主要成分,碳水化合物中的粗纤维来自于牧草、稻草等粗饲料,它可在瘤胃内被分解生成乙酸。淀粉是日粮碳水化合物的又一组分,主要来自日粮精料部分,它能增强瘤胃发酵、促进丙酸的生成、降低瘤胃 pH 值,导致奶牛瘤胃酸中毒。乳脂率与奶牛瘤胃内乙丙比(乙酸:丙酸)关系密切,乙丙比增加,乳脂率随之增加。

(2)脂肪等添加剂。一种提高奶牛日粮能量浓度而不影响瘤胃发酵和降低乳脂率的措施是添加过瘤胃保护脂肪。过瘤胃保护油脂使通过化学方式保护起来的脂肪,可以避免日粮添加过量脂肪对瘤胃微生物的有害影响,在瘤胃后的真胃和小肠水解,可以有效补充能量,提高乳脂率。日粮中添加脂肪对乳脂率的影响与脂肪添加剂量和添加脂肪的种类有关。日粮中蛋白质水平对乳脂肪含量也有影响,通过饲喂不同蛋白质水平的日粮发现,日粮粗蛋白质水平增加,乳蛋白含量增加的同时,乳脂率也相应增加。奶牛饲料中添加缓冲剂、酵母、和共扼亚油酸等饲料添加剂,对乳脂率存在一定影响。

8.4.1.4.2 日粮营养对乳蛋白合成的影响

(1)饲料组合。日粮中足够的能量对于乳蛋白合成有积极的促进作用。动物摄入能量受限,机体蛋白质包括乳蛋白的合成减少,碳水化合物作为奶牛瘤胃和组织代谢的主要能量物质,能够为乳蛋白的合成提供所需碳架。然而,不同结构和类型的碳水化合物可影响乳蛋白的产量和含量。与纤维性精料相比,淀粉型精料可更加有效增加乳蛋白含量和产量。

(2)蛋白水平。饲粮中粗蛋白水平和代谢蛋白水平可以影响奶产量和乳蛋白产量。由于奶牛产后代谢蛋白的缺乏,会产生一些负面的影响,通过皱胃灌注酪蛋白,可增加奶产量,乳蛋白和乳糖产量,同时提高代谢蛋白的平衡。通常蛋白质满足机体需要情况下情况下,增加日粮蛋白质水平对乳蛋白合成无明显促进作用,同样,奶牛真胃灌注酪蛋白也得到相同结果,反之,真胃灌注淀粉后,乳蛋白产量显著提高。

(3)氨基酸。氨基酸作为重要乳蛋白前体物,在乳腺中的功能除了参与乳蛋白合成外,还进入柠檬酸循环产生机体所需能量。日粮提供氨基酸的种类和含量对奶牛乳腺合成乳蛋白具有重要的作用。必需氨基酸的供应不足必然导致乳蛋白合成受阻,而某些支链氨基酸可通过转氨作用为生成非必需氨基酸提供氮源;同时抑制乳蛋白降解。目前,对于降低日粮蛋白质的提供,适当对高产奶牛补饲过瘤胃限制性氨基酸的饲喂策略受到广泛关注。

(4)矿物质与维生素。还有研究指出,日粮中添加B族维生素、维生素E和锌等微量元素可明显提高乳产量和乳蛋白产量。

8.4.2 奶牛粗饲料纤维瘤胃降解及对乳品质影响

奶牛养殖业是现代畜牧业和农业的重要组成部分,经过长期的积累与高速发展,已经逐步成为一个支柱产业。粗饲料是奶牛最主要的饲料来源,在奶牛生产中占有重要地位。当前我国粗饲料的利用呈现以下特点:一是是受我国耕地面积限制,优质苜蓿和青贮玉米产能不足。二是秸秆等资源丰富、利用率低。随着奶业的快速增长,奶业发展过程中的矛盾和问题逐渐凸显,精饲料的过量应用会导致奶牛瘤胃液 pH 值降低,瘤胃微生物降解纤维的活力下降、饲料转化效率降低,乳中脂肪酸组成发生改变,乳脂率出现下降(Mullins & Bradford,2010;Ellis et al.,2012),奶牛生产寿命缩短,制约了我国奶牛产业的健康发展。

粗饲料的组成及其在瘤胃中的有效降解与奶牛的产奶量和乳成分合成密切相关,同时对奶牛机体健康有显著影响。当前我国奶业正处在由传统数量增长进入质量效益阶段发展的关键时期(李胜利,2013)。我国奶牛养殖业的迅猛发展与饲料资源的巨大需求之间的矛盾已经成为制约我国奶业发展的突出问题。提高饲料转化率和牛奶质量是衡量奶业质量、效益发展的重要指标(王加启,2011)。

8.4.2.1 粗饲料纤维结构与组成

植物木质纤维素主要由三种聚合物组成:纤维素(40%~50%)、半纤维素(20%~40%)和木质素(20%~30%)。这 3 种聚合物异质性的交联在一起(Chandra et al.,2007)。纤维素分子是由葡萄糖分子通过 β-1,4 葡萄糖苷键连接而成的链状高分子聚合物,每个分子中含的葡萄糖残基数从 100~20000 个不等。当多条葡萄糖链聚集形成基元纤丝时,葡萄糖残基上的几乎所有羟基都同与其相邻的糖链上的羟基之间形成了氢键,从而形成了连水分子也难以插进去的结晶体(Johnson et al.,2006)。纤维素的结晶结构造成了酶蛋白分子与糖苷键接触的困难,是纤维素酶的酶解效率低的重要原因。

在植物细胞壁中的半纤维素存在 3 个主要类型:木聚糖、木葡聚糖、半乳糖基甘露聚糖。木聚糖是最丰富的半纤维素资源。像纤维素一样,木葡聚糖骨架由 β-1,4 连接的 D-葡萄糖单元组成, 但是葡萄糖残基可以被 D-木糖残基修饰(Vincken et al.,1997)。这些木糖残基可以进一步被 L-阿拉伯糖、D-半乳糖、L-

岩藻糖或乙酰残基修饰,产生更多样的木葡聚糖结构(Huisman et al.,2000)。木葡聚糖骨架的降解需要类似于纤维素降解的活性,有些纤维素活性的酶同样作用于木葡聚糖。

8.4.2.2 粗饲料纤维在奶牛瘤胃降解及对乳品质影响

8.4.2.2.1 粗饲料纤维在奶牛瘤胃降解

瘤胃细菌、原虫和真菌通过酶的催化使纤维素和半纤维素分解为瘤胃能够吸收的小分子物质(Aschenbach et al., 2011;Zebeli et al., 2012)。瘤胃微生物能分泌产生多种纤维素和半纤维素降解酶,彼此之间产生协同作用,使得一种微生物的代谢产物成为另一种微生物的代谢底物,使纤维素和半纤维素原料被高效利用(An et al.,2005),最终分别水解成可发酵的葡萄糖和木糖,进而产生挥发性脂肪酸。

8.4.2.2.2 粗饲料纤维瘤胃降解对乳品质影响

纤维物质在瘤胃内被分解后生成乙酸,在瘤胃中产生高乙酸比例的日粮,能提高乳脂肪且效率很高,这已在很多研究和生产实践中得到证实。乙酸转化为乳脂肪的效率为67%~71%。

我国奶牛养殖业的迅猛发展与饲料资源的巨大需求之间的矛盾已经成为制约我国奶业发展的突出问题,目前生产中的关注重点还是通过提高日粮精饲料比例来提高营养物质摄入量和提高产奶量。但是精饲料的过量应用会导致奶牛瘤胃液 pH 值降低,瘤胃纤维降解菌的活力被抑制、饲料转化效率降低,乳中脂肪酸组成发生改变,乳脂率出现下降(Mullins & Bradford,2010;Ellis et al.,2012)。瘤胃 pH 值降低会抑制瘤胃纤维降解菌的活力(王吉峰,2004;王海荣,2006;Mullins & Bradford,2010),影响纤维的消化(Khorasani et al.,2001),进而导致瘤胃发酵产物发生改变,合成乳脂的前体物合成不足造成乳脂降低,(Bauman & Griinari,2003)。

应用同位素研究表明,高纤维饲粮条件下,瘤胃微生物蛋白更有利于形成乳蛋白,并且纤维日粮更易使瘤胃食糜流向后段消化道,从而也使更多的微生物蛋白进入小肠被吸收入血,在乳腺合成乳蛋白(Hristov & Ropp,2003)。目前生产中由于饲养管理不当导致奶牛乳脂乳蛋白偏低已成普遍问题。

8.4.2.2.3 奶牛瘤胃纤维降解酶系统

参与日粮纤维降解的瘤胃微生物主要有产琥珀酸拟杆菌、白色瘤胃球菌、黄色瘤胃球菌、溶纤维丁酸弧菌、梭菌等具有纤维降解活性的细菌等(Stewart, 1997)。真菌也拥有能水解植物细胞壁的多种酶(Williams,1994),瘤胃细菌和瘤胃真菌的有机组合和协同作用能更有效地降解纤维素(Kamra et al.,2005)。

瘤胃微生物能分泌产生多种纤维素降解酶,组成了整套的酶系统,其中主要有纤维素酶、木聚糖酶、果胶酶等。彼此之间产生协同作用,使得一种微生物的代谢产物成为另一种微生物的代谢底物,使木质纤维素原料被高效利用。

这些酶有的是分泌到细胞外的游离酶,有的是锚定在微生物细胞表面的。在这些酶中,研究最多的为纤维素酶和木聚糖(半纤维素)酶(Schwarz et al., 2001)。

纤维素酶目前主要有3类:内切纤维素酶、外切纤维素酶(包括纤维糊精酶和纤维二糖水解酶)、β葡萄糖苷酶。内切纤维素酶在纤维素降解中具有极其重要的地位,是纤维素降解过程的第一步,能在纤维素分子的无定型区随机切断β-1,4糖苷键,产生大量的纤维寡糖,为外切纤维素酶提供开放的游离末端(Krause et al.,2003)。外切纤维素酶以一种持续性的方式作用于纤维素多糖链的还原和非还原末端,主要释放葡萄糖(纤维糊精酶)或纤维二糖(纤维二糖水解酶),外切纤维素酶是唯一一种能够降解纤维素微晶区的酶,对于晶体纤维素降解有着极其重要的作用(Teeri,1997)。纤维素酶系统可以展示出一种协同作用,比各个酶的活性的总和还强(Teeri et al.,1998)

半纤维素的主要成分是木聚糖, 木聚糖酶是其降解过程中的主要关键酶,它以内切方式水解木聚糖分子中β-1,4-糖苷键,生成低聚木糖和少量木糖,低聚木糖由木糖苷酶通过外切方式进一步水解为木糖(Dodd et al.,2009)。瘤胃作为木质纤维素高效降解的天然体系,含有丰富的木聚糖降解微生物和降解酶。

瘤胃细菌和真菌分泌的纤维素酶及半纤维素酶是非常丰富多样的,对瘤胃宏基因组研究发现分别属于35种糖苷水解酶家族的总共3,800多条序列,其中包括 GH1、GH2、GH3、GH5、GH8、GH9、GH10、GH11、GH16、GH26、GH36、GH43、GH48、GH51、GH92、GH97家族的纤维素酶或半纤维素酶序列(Brulc et al.,2009)。目前研究对象主要集中在牦牛、水牛以及羊上面,研究内容主要集中在纤维素酶、木聚糖酶的某些基因的克隆与表达以及多样性分析,而在奶牛上的开展较少。

目前瘤胃纤维降解酶只有很少一部分进行了酶的性质研究,其中大部分研究集中在 GH5 内切纤维素酶和 GH10 及 GH11 木聚糖酶。瘤胃作为有效利用天然粗饲料的转化器有待开发。

提高粗饲料利用效率是实现奶牛产业健康可持续、环境友好型发展的关键环节,而保证健康、高效的瘤胃发酵是提高反刍动物粗饲料利用效率的基础,提高乳品质量是营养调控的首要目标。

8.4.3 奶牛乳脂降低综合症发病机制研究进展

乳脂是牛奶中最易受日粮的影响成分,其含量可直接影响乳制品的等级和加工工艺,也是乳品企业对牛奶定价的标准之一,因而越来越受到人们的重视。乳脂降低综合症(milk fat depression,MFD)是指奶中乳脂产量显著降低,而产奶量和乳蛋白产量未发生改变。我国牛奶中乳脂含量普遍较低,且生鲜乳标准中要求的乳脂率仅为 3.1 %,远低于乳业发达国家(如新西兰、荷兰和日本分别为 4.5%,4.4%和 4.0%)(王加启等,2011)。因此,认识乳脂降低综合症的发病机制至关重要。

8.4.3.1 乳脂脂肪酸的来源

牛奶中乳脂的主要成分是甘油三酯,大约占乳脂的 96%~98%,其余由少量的甘油二酯和甘油一酯(0.02%)、游离脂肪酸(0.22%)和视黄醇酯类组成(Jensen,2002)。甘油三酯由甘油和长链脂肪酸组成,其中长链脂肪酸的来源主要有两个:一是由外周循环血液中吸收的脂肪酸,二是在乳腺分泌细胞中合成的脂肪酸。乳脂中脂肪酸种类很多,可达 400 多种。其中,几乎从 C4:0 到 C14:0 的所有脂肪酸(FA)和约 50% 的 C16:0 FA 是由乳腺上皮细胞以乙酸和 BHBA 为底物以从头合成的;一半左右的 C16:0 和 FA>16 的长链脂肪酸直接来自血脂(NEFA),而血脂来源于饲料脂肪的消化吸收和脂肪组织的动员(冯仰廉,2004)。

8.4.3.2 乳脂降低综合症的发病机制

日粮中含有大量的快速发酵碳水化合物和添加植物油或鱼油均能使牛奶中的乳脂显著降低,即诱导产生 MFD。多年来,学者们提出了造成的乳脂降低综合症的 5 种理论:乙酸或 BHBA 缺乏理论、胰岛素–葡萄糖理论、维生素 B_{12}/甲基丙二酸理论、反式脂肪酸理论和生物氢化理论。

8.4.3.2.1 乙酸和 BHBA 缺乏理论

乙酸缺乏理论的提出是由于 Tyznik 和 Allen(1951)用高精料日粮饲喂的奶牛时乳脂率降低,此理论是基于乙酸是脂肪酸合成的碳源,且饲喂高精料日粮时瘤胃发酵模式和 VFA 组成发生变化, 尤其是瘤胃中乙酸/丙酸比显著降低(Van Soest,1963)。大部分丙酸和丁酸经瘤胃壁吸收入肝进行代谢,只有大量的乙酸进入外周血液循环(Seal et al.,1993)。但 Davis 等(1970)在其综述中指出,给饲喂正常或诱导产生 MFD 日粮的奶牛灌注乙酸时对乳脂率的影响较小,得出结论:乙酸缺乏不能用来充分解释 MFD。此外,研究人员发现高精料日粮对瘤胃中 VFA 含量无影响,乙酸并未缺乏,但乙酸/丙酸比下降(NRC,2001)。对于饲喂高精料日粮的奶牛,乙酸摩尔比例降低主要是由于丙酸浓度增加,而不是乙酸浓度降低(Sutton,1985)。

BHBA 主要来自瘤胃上皮吸收的丁酸转化和肝脏的合成,能提供约一半的脂肪酸从头合成的 4 个碳原子 (Palmquist et al.,1969)。Van Soest 和 Allen(1959)首次提出了 BHBA 缺乏理论,源于其发现丙酸能够抑制酮体的生成,因此得出饲喂高精料日粮时丙酸的显著增加能够抑制肝脏酮体的合成,进一步减少 BHBA 的供给。但是,Palmquist 等(1969)在其研究中指出:高精料日粮降低了乳脂产量,此时尽管增加了瘤胃中丙酸产量,但未影响 BHBA 的周转,进一步得出 BHBA 最多可提供 8%的脂肪酸合成的碳原子,BHBA 缺乏不能很好地支持日粮诱导的 MFD。Shingfield 等(2010)在其研究中也指出持续的灌注乙酸和丁酸增加了乳脂的分泌,而灌注丙酸时乳脂合成则降低。

8.4.3.2.2 胰岛素-葡萄糖理论

胰岛素通过调节葡萄糖和能量的体内平衡来协调营养物质的分配,还可用来维持反刍动物乳腺细胞的正常供能。胰岛素-葡萄糖理论基于乳腺和非乳腺组织对营养物质的竞争作用,而各组织对胰岛素的敏感程度不同。饲喂高精料日粮能够增加瘤胃丙酸产量和肝脏的糖异生速率(Annison et al.,1962),进一步刺激胰腺分泌胰岛素。胰岛素能够增强脂蛋白脂肪酶活性,降低激素敏感脂肪酶活性,从而增加脂肪前体物的吸收,抑制脂肪组织释放脂肪酸,使得脂肪组织对乙酸和 BHBA 的摄入增加(Mcclymon et al.,1962),结果减少了乳腺中用于合成乳脂的脂肪酸合成前体物。

通过外源灌注丙酸和葡萄糖验证了胰岛素–葡萄糖理论,如 Davis 等总结了13 个丙酸灌注试验得出乳脂产量降低的变异幅度很大，从 0 至 14% 不等；Bauman and Griinari(2010)总结了 24 个慢性高胰岛素正葡萄糖钳夹试验得出乳脂产量变异也很大(+14%~-16%),对奶牛持续的外源葡萄糖灌注未产生胰岛素抵抗作用,但降低了循环血液中 NEFA 浓度(抗脂解作用)。此外,灌注葡萄糖、丙酸及胰岛素泵试验减少了长链脂肪酸的合成,增加从头合成的脂肪酸(中短链脂肪酸),而长链脂肪酸部分来源于体脂动员产生的 NEFA。因此,外源葡萄糖或丙酸能够减少脂肪组织的动员作用,从而降低了乳脂产量。但这种作用是有限的,对于能量正平衡的牛只有 4%~8% 的脂肪酸来自脂解作用(Pullen et al.,1989),能量负平衡时脂解作用加强；而以上葡萄糖、胰岛素灌注等试验大多未描述试验动物的能量平衡状态,造成了乳脂的差异较大。外周血中的胰岛素浓度与能量状态密切相关,Bauman & Griinari(2001)在其综述中指出：许多研究结果表明日粮造成了血液胰岛素水平的增加,但未影响乳脂合成。根据以上试验得出：胰岛素对于脂肪水解的调节发挥关键作用,但反刍动物饲喂高精料日粮时增加丙酸和葡萄糖的供给引起的胰岛素增加反应不能完全解释日粮诱导产生的 MFD。

8.4.3.2.3 维生素 B_{12}/甲基丙二酸理论

维生素 B_{12} 参与构成甲基丙二酸单酰辅酶 A 变位酶，该酶参与肝脏的丙酸代谢。维生素 B_{12}/甲基丙二酸理论的提出是由于高谷物日粮饲喂导致瘤胃中维生素 B_{12} 合成减少和丙酸产量增加,甲基丙二酸单酰辅酶 A 变位酶供能受阻,使得肝脏内甲基丙二酸积累而使丙酸代谢发生障碍(Frobish et al.,1977),结果导致三羧酸循环活性降低,从而使糖异生减少。降低的三羧酸循环活性使得脂肪酸 β–氧化产生大量的乙酰辅酶 A，从而被用来合成酮体，能量代谢发生障碍(Kreipe et al.,2011)。反过来,甲基丙二酸能经过循环系统转运至乳腺,抑制脂肪酸的从头合成。然而 Croom et al.(1981)研究发现：尽管高谷物日粮饲喂能够减少瘤胃中维生素 B_{12} 的合成量,但通过各种手段来补充维生素 B_{12},未能改变日粮诱导产生的 MFD,从而否定了该理论。

8.4.3.2.4 反式脂肪酸理论

反式脂肪酸(trans-FA)是瘤胃中不饱和脂肪酸在瘤胃细菌氢化不完全时形

成的中间产物,其中高精料日粮饲喂奶牛时乳脂反式脂肪酸增多;另外一些试验也证实了奶中反式脂肪酸(trans 18:1)增多与日粮诱导产生的 MFD 存在着相关关系(Gaynor et al.,1995;Grummer et al.,1991)。Selner 和 Schultz(1980)给奶牛饲喂部分氢化的植物油(222 g/d)时也发现了乳脂不同程度的降低(分别为20%和14~25%)。随着异构体分析技术的发展,Harvatine 和 Bauma(2006)研究发现乳脂中 trans-10 C18:1FA 含量与乳脂降低程度之间呈现出较强的相关性,不是所有 trans 18:1 异构体。但此现象并不能说明 trans-10 C18:1FA 一定可以直接导致 MFD,只是乳脂合成受到抑制时乳脂组成发生了改变,它表示瘤胃氢化途径发生了变化(梁松等,2007),而 trans-10:1 C18FA 主要来源于 trans-10,cis-12 共轭亚油酸(CLA)的氢化反应(见图 8-1)。奶牛饲喂高精料日粮时,奶中的 trans-10,cis-12 CLA 是 trans-10 18:1 的前体物,且呈线性相关关系(r²=0.70)(Griinari et al.,1999)。日粮诱导产生的 MFD 使瘤胃中产生了大量的 FA 异构体,不仅仅是 trans-10,cis-12 CLA;Baumgard 等(2000)研究发现,trans-10,cis-12 CLA 可显著降低乳脂合成,而 cis-9,trans-11 CLA 则不起作用。

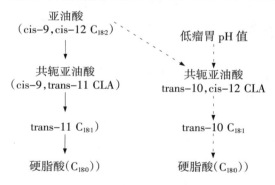

图 8-1　亚油酸的瘤胃中氢化途径

8.4.3.2.5　生物氢化理论

(1)生物氢化理论原理。乳脂降低的生物氢化理论是指瘤胃氢化过程中产生的反式脂肪酸或其他特殊脂肪酸抑制了乳腺脂肪酸合成,从而降低了乳脂产量,该理论修正了反式脂肪酸理论的不足。含有多不饱和脂肪酸和能改变瘤胃微生物区系的日粮均能使奶牛瘤胃中生物氢化过程发生改变,从而影响乳脂合成。给奶牛饲喂高精料日粮时,瘤胃 pH 值下降,VFA 发酵模式发生改变,从而使瘤胃的生物氢化途径发生改变（Alzahal et al.，2009）；含有多不饱和脂肪酸的日粮（如添加鱼油），虽然对瘤胃 pH 值和 VFA 组成影响很小，但该日粮可通过直接影响生物氢化过程中的关键步骤来改变微生物区系，多不饱和脂肪酸还能减少瘤胃中的原虫数和降低纤维的消化率（Beauchemin et al.，2009）。给奶牛真胃内灌注高纯度的 trans-10，cis-12 CLA 时发现 CLA 显著抑制了乳脂合成，3.5 g/d 的食入量便能使乳脂产量降低 25%（Baumgard et al.，2002）。而 Offer 等（2001）研究得出：尽管饲喂鱼油时造成的 MFD 时伴随着乳脂中 trans-10 18:1 的增加，但乳脂中 trans-10，cis-12 CLA 含量很低或不含。因此，对于高精料或多不饱和脂肪酸日粮诱导产生的 MFD 应存在除 trans-10，cis-12 CLA 之外的其他生物氢化中间体抑制乳脂的合成。Sæbø 等（2005）研究发现 trans-9，cis-11 CLA 和 cis-10，trans-12 CLA 也具有降低乳脂的作用，但 cis-9，trans-11CLA 不影响乳脂合成，这说明 CLA 的多不饱和脂肪酸双键位置及方向与其生物学功能密切相关。

（2）瘤胃 pH 值与生物氢化。瘤胃 pH 值主要由日粮的碳水化合物组成及其降解速率（受饲料原料、加工和湿度影响），物理有效中性洗涤纤维（peNDF）含量（受饲料原料和粉碎粒度影响）引起的唾液缓冲能力不同及瘤胃壁的吸收和转运 VFA 的能力等所决定（Allen et al.，1997）。瘤胃 pH 值降低时能引起瘤胃中菌群发生变化，从而改变生物氢化途径来影响乳脂合成（Jenkins et al.，2009）。Martin 和 Jenkins（2002）用体外连续培养系统模拟瘤胃中环境的结果得出：培养系统的环境因素中 pH 值对亚油酸生成 CLA 和 trans-C18:1 的影响最大；当 pH 值为 5.5 时，CLA 和 trans-C18:1 的浓度显著降低。Troegeler-Meynadier et al.（2003）在其试验中得出体外培养系统中 24 h 内生物氢化产物的总量在 pH 值为 6.0 时小于 pH 值为 7.0 时，较低的 CLA 产量归因于 pH 值为 6.0 时的异构酶活性较低，而还原酶活性较高；异构酶较低时能使 trans-11 C18:1 转变为硬脂酸的量减少，造成 trans-11 C18:1 在培养系统中积聚。Fuentes et al.（2009）试验得出：体外培养系统中的 pH 值是影响脂肪酸生物氢化过程主要因素，可引起 trans-10 C18:1 和 trans-10，cis-12 CLA 积聚，从而造成 MFD；高精料日粮也可引起较小程度上的 trans-10，cis-12 CLA 积聚。Qiu et al.（2004）在其研究中指出：降低瘤胃 pH 值可以影响微生物群落，尤其是纤维降解菌；在低 pH 值条件下,纤维降解菌总数减少,同时降低了乙酸/丙酸比,脂肪酸的生物氢化发生改变。pH值还可影响瘤胃中真菌的生长和代谢,Nam和Garnsworthy(2007)在其试验中得出:pH值为6.5时,培养真菌时的生物氢化速度大于pH值6.0和7.0时,pH值为7.0时的CLA产量高于pH值6.0和6.5时;因此,瘤胃真菌最适宜的生物氢化和最高CLA产量的pH值分别为6.5和7.0。

(3)瘤胃脂肪组成与生物氢化。瘤胃中总脂肪酸浓度能改变瘤胃中容物的发酵特性和微生物群落分布,是引起微生物发生改变和trans-10,cis-12 CLA异构体增多的另一重要因素。不饱和脂肪酸可选择性地黏附在特定细菌的细胞膜上,造成细胞膜穿孔,溶解磷脂,最终造成细胞损坏,从而起到抗菌作用(Nam et al.,2007)。由于部分细菌种类对脂肪酸较敏感,导致了瘤胃中菌群发生变化,其变化可直接影响脂肪酸的生物氢化,引起CLA的积聚,造成MFD(Bauman et al.,2006)。脂肪酸的结构和浓度决定着其抗菌活性,其中,游离脂肪酸扰乱瘤胃发酵的能力通常高于甘油三酯,并随着双键数量的增加抗菌活性增强(Chalupa et al.,1984);一些细菌种类在低浓度脂肪酸下可促进生长,高浓度下则抑制生长(Maczulak et al.,1981)。瘤胃中的总脂肪酸和游离脂肪酸主要来自日粮,如奶牛在饲喂湿热条件下贮存的全棉籽或酯类水解的干草时,其游离脂肪酸浓度会增加;另外,瘤胃中的多不饱和脂肪酸总量通常与奶牛的DMI和瘤胃发酵能力呈负相关,在日粮中添加植物油或鱼油均能改变瘤胃中与纤维降解、蛋白分解和生物氢化相关的微生物区系(Yang et al.,2009;Belenguer et al.,2010)。

8.4.3.3 乳脂降低的分子机制

8.4.3.3.1 乳腺脂肪合成关键酶及其调节因子

高精料和含多不饱和脂肪酸日粮能引起乳腺脂肪酸合成关键酶活性发生改变,如Piperova等(2000)在其研究中指出:高精料日粮诱导的MFD主要是由乳腺组织的乙酰辅酶A羧化酶(ACC)和脂肪酸合成酶(FAS)活性及ACC的mRNA丰度决定的;当诱导产生MFD时乳脂产量降低了43%,伴随着这些酶的活性及ACC mRNA的丰度降低了40%~60%。Baumgard等给奶牛饲喂trans-10,cis-12 CLA5天后发现乳脂产量降低了48%,同时发现的乳腺组织中负责编码吸收和转运脂肪酸的酶(脂蛋白脂肪酶和脂肪酸结合蛋白)、脂肪酸从头合成的酶(ACC和FAS)、脂肪酸脱氢酶(Δ9脱氢酶)和甘油三酯合成酶的基因丰度也相应地降低。Peterson等(2003)用高精料日粮诱导MFD时也发现降低了乳腺组织的脂肪酸合成关键酶的mRNA丰度。此外,Clarke(2001)在其研究中指出胆固醇调节元件结合蛋白(SREBPs)和氧化物酶体增殖物激活受体(PPARs)也受多不饱和脂肪酸调控来共同参与脂代谢。Harvatine等(2009)研究得出:用trans-10,cis-12 CLA诱导MFD时,奶牛脂肪组织中脂肪合成酶和脂肪合成的调节因子的表达量增加,从而得出:CLA诱导产生的MFD抑制了乳腺中脂肪的合成,使得脂肪组织中脂肪合成的相关基因表达量增加,能量发生了重新分配。

8.4.3.3.2　肝脏脂肪合成关键酶

　　动物机体脂肪酸的合成与代谢的主要部位为肝脏、脂肪和泌乳阶段的乳腺组织,这些组织都可以从头合成脂肪酸并使其酯化为甘油三酯。肝脏在脂肪代谢的调控中起着关键作用。当日粮中大量的碳水化合物被动物机体吸收后,使得肝脏内源葡萄糖生成(糖原分解和糖异生)减少,吸收入肝的葡萄糖以肝糖原形式贮存在肝脏或肌肉中;当进入门静脉的葡萄糖较多时,多余的糖则在肝脏中合成脂肪,以甘油三酯形式贮存于脂肪组织(Foufelle et al.,2002)。尽管反刍动物肝脏是葡萄糖异生中的重要场所,造成肝脏中脂肪酸从头合成的比率低于单胃动物(Zammit et al.,1990),但肝脏在脂肪酸合成和代谢及其机体能量平衡中也发挥着重要作用,几乎所有丙酸和丁酸都在肝脏中代谢。当机体合成或外源葡萄糖增多时,胰岛素能刺激肝细胞中ACC和FAS基因转录增加(Towle et al.,1997)。Clarke等(1990)研究发现,对大鼠禁食24 h后,喂给高碳水化合物日粮时肝脏中的FAS mRNA表达量接近禁食48 h的100倍。Sul et al.(2000)在其研究中也得出:胰岛素能够调节FAS基因的启动子,即当采食后胰岛素分泌增加时可激活FAS基因的启动子,从而诱导脂肪酸合成增加。胰岛素对肝脏中脂肪合成及糖代谢调节途径见图2,可以看出,在肝脏中高胰岛素水平能刺激葡萄糖利用并合成为脂肪和糖原,而抑制葡萄糖的合成和释放。该过程主要是通过调控一些酶的合成和活性来发挥调节作用。胰岛素刺激编码糖分解和脂肪酸合成(ACC和FAS)相关酶的基因表达,而抑制编码葡萄糖异生作用酶的基因表达;这些作用通过一系列转录因子(包括SREBP-1、HNF-4和PGC1 et al.)来进行调节。

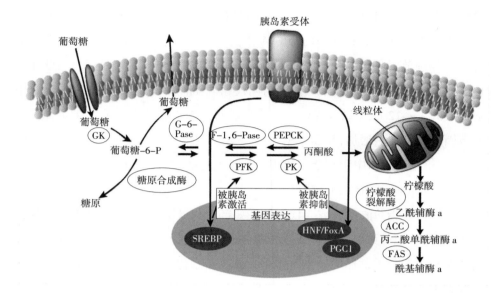

图 8-2　肝脏中脂肪和葡萄糖的代谢调节 1

注:ACC:乙酰辅酶 A 羧化酶,FAS:脂肪酸合酶,GK:葡萄糖激酶,G-6-Pase:葡萄糖-6-磷酸酶,F-1,6-Pase,果糖-1,6-二磷酸酶,PEPCK:磷酸烯醇式丙酮酸羧化酶,PFK:磷酸果糖激酶,PK:丙酮酸激酶,HNF:肝细胞核因子,PGC:过氧化物酶体增殖物激活受体。

综上所述,乳脂含量受奶牛日粮、瘤胃发酵和机体脂肪代谢的综合影响。乳脂降低综合症的发病机制不断得到研究者们的验证和补充,充分认识其发病机制,可以为提高乳脂产量和乳业快速发展提供理论支持。

8.4.4　寡糖对奶牛瘤胃发酵及乳脂的调控作用

产后泌乳对奶牛造成一个重要的代谢挑战,由于饲料提供的营养养分与奶牛维持和泌乳所需的养分有很大的差距, 迫使产犊后的奶牛动用体内储备,导致体重下降。尽管围产前期日粮对奶牛产后生产性能影响的研究已见大量报道,但通过何种营养策略提高泌乳早期奶牛营养物质摄入量与泌乳性能还不明确, 目前生产中的关注重点还是通过提高日粮的能量浓度来提高产奶量,在产奶量得到增加的同时,也导致了日粮纤维消化率降低,乳脂降低综合症多发等。乳脂降低综合症(MFD)是指日粮因素引起的牛奶乳脂率和乳脂含量降低的一种现象,降低幅度可达 50%,是当前奶牛养殖实践中普遍存在的问题,也是当前研究的热点和难点。寡糖也称寡聚糖或低聚糖,国际生物化学联合会定义为含有 2~10 个单糖经脱水缩合由糖苷键连接形成的具有直链或支链的低度聚合糖类的总称。目前研究表明,寡糖添加会改善瘤胃发酵功能,促进纤维瘤胃降解,有助于抑制乳脂下降的作用,寡糖在调控瘤胃发酵和对奶牛乳脂下降综合症的调控方面具有很大的潜力。

8.4.4.1 高精料饲养模式对奶牛瘤胃发酵及乳脂的影响

8.4.4.1.1 高精料饲养模式对奶牛瘤胃 pH 值的影响

日粮中碳水化合物是奶牛最主要的能量来源,在高产奶牛日粮中达到 60%~70%(NRC,2001),该类化合物有的以简单的形式单体(单糖)存在;有的以寡糖形式存在, 而有些则形成复杂结构的分子形式存在(多糖),主要为纤维性碳水化合物和淀粉(Hall et al.,2010)。

碳水化合物类型是影响瘤胃 pH 值的主要因素。日粮中纤维碳水化合物对于反刍动物瘤胃维持正常的功能是非常重要的,纤维碳水化合物能刺激瘤胃蠕动与反刍,加强唾液分泌来调节瘤胃 pH 值,进而优化瘤胃发酵过程(Hall et al.,2010)。奶牛日粮中,精料提供能量用于瘤胃微生物蛋白质合成(Berthiaume et al.,2010)。然而,高精料日粮会使瘤胃 pH 值降低,高精料成分主要为淀粉,淀粉在瘤胃发生快速降解,奶牛咀嚼与反刍次数减少,唾液分泌随之减少,导致瘤胃 pH 值下降(Enemark et al.,2008),当瘤胃 pH 值降低到 5.5 以下,形成亚急性酸中毒(pH 值为 5.0~5.5)(赵勐等,2014),奶牛亚急性酸中毒的主要影响是奶牛产奶量下降、乳脂下降综合症出现(郭勇庆等,2012;Lechartier et al.,2011)。

8.4.4.1.2 高精料饲养模式对日粮纤维瘤胃降解的影响

瘤胃微生物能够降解植物细胞壁的碳水化合物。细菌、原虫和真菌通过酶的催化使纤维素和半纤维素分解为瘤胃能够吸收的小分子物质 (Zebeli et al., 2012;Aschenbach et al.,2011)。瘤胃 pH 值的变化会影响瘤胃蠕动和微生物区系、发酵产物与吸收模式 (Storm et al.,2012)。每个微生物物种只有在一定的 pH 值范围内才能存活,一般情况下,瘤胃微生物适应瘤胃 pH 值变化的范围为 5.5~7.5(Febres et al.,2012)。高精料日粮使瘤胃液 pH 值降低。瘤胃 pH 值降低会抑制瘤胃纤维降解菌的活力 (王吉峰等,2004;王海荣等,2006;Mullins et al.,2010), 如果瘤胃 pH 值降到 6.1 以下时, 将严重地抑制瘤胃纤维分解菌的生长 (Ellis et al.,2012),进而影响纤维的消化(Khorasani et al.,2012)。参与日粮纤维降解的瘤胃微生物主要有产琥珀酸拟杆菌（*Fibrobacter succinogenes*）、白色瘤胃球菌（*Rumincoccus albus*）、黄色瘤胃球菌（*Rumincoccus flavefaciens*）、溶纤维丁酸弧菌（*Butyrivibrio.fibrisolvens*）、梭菌（*Clostridium*），还有一些数量较少的具有纤维降解活性的细菌等（Stewart et al.，1997）。真菌也拥有能水解植物细胞壁的多种酶（Coleman et al.，1983）。原虫也能够分泌分解纤维素、半纤维素和果胶的酶类（Stewart et al.，1997）。当瘤胃 pH 值降至 5.5 或更低时，原虫活力降低，数量减少并影响其分泌的纤维素酶类。可以看出，瘤胃 pH 值与瘤胃纤维消化之间存在一定的关联。

8.4.4.1.3 高精料饲养模式与奶牛乳脂下降综合症

当谷物饲料喂量超过日粮干物质的 60% 时，瘤胃发酵类型会发生改变，乙酸产量降低，乳脂率下降（李胜利等，2007）。高精料日粮或高不饱和脂肪酸引起瘤胃 pH 值降低及发酵产物发生改变是造成乳脂降低综合症的主要日粮因素，合成乳脂的前体物合成不足或产生了抑制乳脂合成的中间产物（Bauman et al.，2003）。

许多理论提出试图去解释乳脂下降综合症。但得到众多学者认可的是低瘤胃 pH 值对瘤胃脂肪酸氢化过程的影响（生物氢化理论）。源于氢化过程的改变，乳腺组织乳脂的合成被发生改变了的瘤胃的脂肪酸的比例上升而被抑制。当瘤胃 pH 值下降，瘤胃脂代谢过程被影响，两个主要参与脂代谢的细菌发生改变，其中一种是纤维分解菌减少，即溶纤维丁酸弧菌，一种是乳酸利用菌埃氏巨球型菌增加，它们都与瘤胃 pH 值降低有关，溶纤维丁酸弧菌产生共轭亚油酸的异构体（cis-9，trans-11 C18:2），改变了异构化途径。 另一方面，一些乳酸利用菌增加，该菌会产生 trans-10，cis-12 C18:2，当此生物活性脂肪酸到达乳腺，短链和中链脂肪酸的合成和分泌会减少（Nagaraja et al.，2007）。因此，认识乳脂与瘤胃发酵的关系，有助于通过日粮调控进行改善提高（Kim et al.，2002）。

8.4.4.2 寡糖对瘤胃发酵及乳脂的调控作用

8.4.4.2.1 寡糖对瘤胃 pH 值的调控作用

研究表明寡糖的添加能够影响瘤胃 pH 值。多数研究结果报道二糖的添加提高了奶牛瘤胃 pH 值，Penner 与 Oba（2009）报道向奶牛日粮中添加蔗糖提高了瘤胃 pH 值，相似的结果在其他研究中报道（Khezri et al.，2009）。对于三糖以上的寡聚糖对瘤胃 pH 值的影响则报道不一，Pen 等（2007）报道绵羊日粮添加低聚半乳糖提高了瘤胃 pH 值,肖宇等(2012)报道甘露寡糖、半乳甘露寡糖、果寡糖、寡木糖和异麦芽糖低聚糖添加均降低了绵羊瘤胃 pH 值。瞿明仁等(2006)对果寡糖的研究也得到类似结果,而黄雅莉等(2012)报道果寡糖添加并未影响水牛瘤胃 pH 值。寡糖是如何调控瘤胃 pH 的?有观点认为寡糖的添加能够刺激乳酸利用菌的生长,乳酸积累会减少(Firkins et al.,2008),瘤胃 pH 值升高,乳酸与挥发性脂肪酸相比较是强酸,如果乳酸在瘤胃发生积累,对瘤胃 pH 值的影响要高于挥发性脂肪酸。当瘤胃 pH 值高于 5.5 时,乳酸利用速度大于产生速度,几乎所有产生的酸都被乳酸利用菌利用,所以瘤胃 pH 值降低很慢。同时也有研究认为寡糖是纤维降解菌的重要能源原料,刺激该菌增长,进而产生大量丁酸和乙酸,丁酸在瘤胃吸收速度快而不发生积累,它也会影响瘤胃上皮细胞的功能,进而提高血液流动,促进其他挥发性脂肪酸的吸收,所以瘤胃 pH 值被抑制。也有观点认为瘤胃细菌直接利用寡糖进行增殖,低聚糖瘤胃发酵未直接产生酸,低聚糖以糖原形式储存起来,瘤胃细菌直接利用它进行增值,当瘤胃细菌直接利用低聚糖时,直接作为碳源利用,不产生挥发性脂肪酸,所以不影响瘤胃 pH 值的变化(Hall et al.,2007)。目前为止,寡糖对瘤胃 pH 值的影响报道结果还不一致,通过何种机制调控瘤胃 pH 值还未阐明,不同分子组成及来源组成的寡糖是哪些细菌优先利用的碳源需要揭示。

8.4.4.2.2 寡糖对反刍动物瘤胃纤维降解的调控作用

研究表明蔗糖添加显著提高了瘤胃纤维的降解率,提高了饲料能量的利用率(Penner et al.,2007;Owens et al.,2008;Rezaii et al.,2010;Xiang-hui ZHAO et al.,2013),多数研究表明果寡糖、甘露寡糖等 3 个单糖以上的低聚糖的添加也会显著提高瘤胃纤维的降解率(肖宇等,2012;钟志勇等,2012;刘立恒等,2012)。Broderick & Radloff(2004)研究报道奶牛日粮添加糖蜜(主要为单糖和二糖)显著提高了日粮纤维消化率。我们在不同处理的玉米秸秆饲料中添加糖蜜的研究中也得到了相似的结果(Xiao Feng Xu et al.2013)。

寡糖如何影响瘤胃纤维降解以及调控乳脂代谢方面的基础理论和作用机制还不是很清楚。目前存在以下两种解释:其一、寡糖能够改变瘤胃微生物区系(瞿明仁等,2005;Penner et al.,2009;张学峰等,2007;闵力等,2012;祁茹等,2012)。认为寡糖是纤维降解菌的重要能源原料,能够刺激该菌增长。另一种解释是寡糖的添加能够抑制瘤胃 pH 值下降,瘤胃纤维菌对瘤胃 pH 值敏感,寡糖添加会促进瘤胃纤维菌群活性,纤维瘤胃消化率随之提高。但有些寡糖的添加使瘤胃 pH 值并未提高,反而下降,但却提高了日粮纤维瘤胃降解率(闵力等,2012;祁茹等,2012)。目前关于此种影响的机理方面的研究还未见报道,因此,寡糖通过何种机制调控瘤胃纤维降解非常有必要进行探讨。

8.4.4.2.3　寡糖对奶牛乳脂下降综合症的调控作用

研究表明寡糖添加有助于抑制乳脂下降的作用, Martel et al.(2009)研究报道糖蜜添加改变了瘤胃脂肪氢化作用,进而起到抑制乳脂下降的作用。目前有几种理论去试图解释乳脂下降综合症,其中生物氢化理论受到广泛关注,是指瘤胃氢化过程中产生的反式脂肪酸或其他特殊脂肪酸抑制了乳腺脂肪酸合成,从而降低了乳脂产量, 该理论修正了反式脂肪酸理论的不足 (Bauman et al., 2006)。给奶牛饲喂高精料日粮时,瘤胃 pH 值下降,VFA 发酵模式发生改变,从而使瘤胃的生物发酵途径发生改变(AlZahal et al.,2009)。截至目前,关于寡糖对奶牛乳脂下降调控方面的研究报道的并不多,但寡糖对奶牛乳脂下降综合症的调控具有很大的潜力 (Firkins et al.2011;Masahito et al.,2011),研究其对奶牛乳脂下降综合症的调控作用,在奶牛生产中具有重要的现实意义。

8.4.5　提高乳蛋白的措施

8.4.5.1　提高乳蛋白率的遗传育种技术

选育优良的品种和个体并不断地进行改良,是奶牛优质高产的有效途径。

8.4.5.2　提高干物质采食量,满足能量需要

增加干物质采食量和优质粗饲料的饲喂量, 注意日粮能量和蛋白质平衡,创造最大量合成瘤胃微生物蛋白质(MCP)的环境,是提高乳蛋白率的关键。瘤胃微生物蛋白质的氨基酸组成和乳蛋白质的氨基酸组成非常相近,奶牛容易利用,是合成乳蛋白的最好原料。

8.4.5.3　改善日粮中的蛋白质水平

牛奶中的蛋白质即乳蛋白是利用饲料所提供的蛋白质来合成的,在瘤胃蛋白和瘤胃降解蛋白比例合适的情况下,在一定的范围内,饲料中蛋白质含量越高,乳蛋白含量也越高。提高日粮蛋白的途径很多,其中蛋白源的选择和不同蛋白源间的比例非常重要,因为不同的蛋白源组合会出现不同的过瘤胃蛋白和瘤胃降解蛋白的比例。

8.4.5.4 氨基酸添加

平衡日粮氨基酸:由于奶牛泌乳初期的干物质进食量不足,瘤胃可利用的能量不能满足瘤胃微生物蛋白质最大合成量的需要,这时须增加非降解蛋白质去降低蛋白质的负平衡。可添加奶牛限制性氨基酸,很多研究证明奶牛的第一和第二限制性氨基酸分别为赖氨酸和蛋氨酸。

8.4.5.5 提高日粮的能量

虽然牛奶中的蛋白质即乳蛋白是日粮所提供的蛋白质合成的,但在日粮能量不足的情况下,日粮中的蛋白质并不能用来合成乳蛋白,而是被分解用以提供能量。因此,只有在能量充足的条件下,日粮中的蛋白质才能被充分地用以合成乳蛋白。日粮中的能量也不能太高了,否则,会因脂肪的过多沉积而影响产奶量,而且还会增加饲养成本。因此能量和蛋白满足一定的比例时更为合适。

8.4.5.6 合适的蛋白质能量比例

要提高乳蛋白,必须要满足奶牛对蛋白质和能量的需求,而且两者要满足一定的比例。鉴于广大养殖户自身条件所限,建议在保证粗料供应的情况下多饲喂优质饲料来满足奶牛对蛋白质和能量的需求,以提高牛奶中乳蛋白的含量。

8.4.5.7 合理添加脂肪

很多试验表明,日粮中添加脂肪不当或添加过高会导致乳蛋白率下降,所以在提高日粮浓度时脂肪添加量不能过高,添加脂肪后的日粮中总脂肪含量以5%为宜,最高不超过7%。

8.4.5.8 合理使用添加剂

8.4.5.8.1 生物素

实验表明,补加生物素可使产奶量增加4.7%,乳脂含量提高3.4%,乳蛋白含量增加4.3%。研究人员还发现,补加生物素可使奶牛的受精率提高,显著降低空怀率,提高繁殖率。

8.4.5.8.2 烟酸

添加烟酸在泌乳早期改善能量平衡,提高干物质进食量,提高瘤胃微生物蛋白质合成,提高乳蛋白产量。烟酸的添加量以每天每头6~8 g为宜。产奶量8000 kg以上的牛群从产犊前1~2周开始添加,并持续到产后10~12周。在泌乳中期奶牛日粮中添加烟酸,微生物蛋白合成量提高,纤维降解率增加,干物质采食量增加,乳蛋白率提高。奶牛日粮中添加烟酸提高了瘤胃中丙酸盐浓度,使乙酸和丁酸浓度降低。

8.4.5.8.3　丙二醇

研究认为丙二醇能降低糖原异化中氨基酸的消耗量,而多出来的氨基酸则增加了乳腺中蛋白质的合成。Sutton还从另一方面论证了这一发现,他认为是由于饲料中能量组成的增加刺激了牛奶中蛋白质含量的增加。

8.4.5.8.4　酵母

一些牧场在奶牛饲料中添加一定量的酵母培养物,取得了很好效果,如改善奶牛消化功能,增加饲料采食量;提高产奶量;提高乳脂和乳蛋白含量,提高牛乳品质。研究表明,在奶牛日粮中添加酵母,产奶量提高7%~10%,乳蛋白率提高0.1%~0.2%,乳脂率提高0.1%~0.3%。

8.4.5.8.5　胆碱

添加胆碱具有节省蛋氨酸的作用,否则饲料中的蛋氨酸将用于胆碱合成。保证胆碱给奶牛的供应量有增加产奶量、提高乳蛋白等乳成分和减少体细胞等效果,其他能改善瘤胃内环境,促进瘤胃微生物蛋白合成的添加剂对提高乳蛋白均有一定效果。

8.4.5.9　饲养管理技术

抓好泌乳高峰期和夏季两个乳蛋白率偏低时期的饲养管理,高度重视围产期的饲养管理,防止奶牛过于肥胖,减少围产期疾病,尽量减轻应激,保证全部营养素的摄取量。采取各项防暑降温措施。克服影响乳蛋白率降低的不良因素,改善牛舍和饲喂、挤奶等饲养环境,加强挤奶和乳质的卫生管理,提高奶牛整体健康水平,保持合理的牛群年龄结构等等。

8.4.6　提高乳脂率的措施

8.4.6.1　合理搭配饲料

要根据奶牛的消化特点和营养需要,合理搭配饲料,特别要保证优质粗饲料的供给要使奶牛发挥其最佳生产水平,同时精饲料和补充饲料的搭配比例也必须合理,建议粗饲料和精料比例控制在60:40左右,ADF和NDF含量分别为19%和25%。如果是把粗饲料切碎后饲喂,粗饲料不应切得过短过细,建议切碎的长度为3 dm左右,任其自由采食。

8.4.6.2　加强饲养管理

增加饲喂次数,每次少喂一些,有利于乳脂率的提高。饲喂次数越多,牛的咀嚼次数越多,饲喂时间越长,分泌乙酸量越大,乳脂率就越高,饲喂干羊草也可提高乳脂率。增加粗纤维的采食量及饲喂方式时,能明显提高乳脂率,从而达到稳产增效的作用。

8.4.6.3　合理利用青贮饲料

青贮饲料的饲喂量不超过总量的20%,尤其是泌乳初期乳脂率比较低的时候,更要控制用量。

8.4.6.4　饲喂充足的精料

要想提高乳脂率即牛奶中的脂肪含量,必须给奶牛提供充足的能量,一方面是由于用能量饲料作为奶牛能量来源的效率要高于蛋白质作为能量来源的效率,另一方面是精料中的部分脂肪可经过简单的消化作用直接沉积在牛奶中。考虑到广大养殖户的实际情况,最方便的做法是给奶牛饲喂充足的饲料厂生产的奶牛精料补充料。

8.4.6.5　使用某些饲料添加剂

如根据需要在精饲料加入一定量的碳酸氢钠、氧化钠、乙酸钠、双乙酸钠、乳倍利、钙皂,以及添加富含脂肪的棉籽、大豆和向日葵籽等可起到很好的效果。

8.4.6.6　对低乳脂率的奶牛,在配种时可选择高乳脂率的公牛

一般产奶量高的品种乳脂率低而低产奶量的品种或乳肉兼用品种乳脂率高,选育好的品种和个体不同品种牛的产乳量和乳脂率有很大差异,经过精心选育的品种,如荷斯坦牛其产乳量显著高于地方品种,产乳量和乳脂率之间存在负相关。

8.4.6.7　重视矿物质、微量元素及维生素的供给

个体养牛户要选用正规饲料厂家出售的奶牛精饲料和补充饲料,也可选用奶牛专用预混饲料或浓缩饲料 按其推荐的配方自行配制烟酸能增加乳脂率或产奶量,对高产奶牛来讲,为了保证奶牛摄入足够的能量,粗饲料的摄入应受到限制。另外,当精料比例增多使奶牛乳脂率降低时,可每天补饲乙酸钠盐或丁酸盐以提高乳脂率。

9 研究方法

9.1 短期人工瘤胃技术

所谓短期人工瘤胃模拟技术，就是将发酵管置于严格控温的水浴摇床内，由此提供(模拟)瘤胃的温度和蠕动；将底物(被测样品)置于发酵管中，并向其中加入瘤胃液(接种瘤胃微生物)和缓冲液(在一定时间内保持 pH 值的稳定)；用二氧化碳饱和以形成(模拟)瘤胃的厌氧环境；对底物进行体外发酵培养。瘤胃发酵的体外模拟不但基本上可以完成体内发酵的大部分工作，还能完成利用体内发酵无法完成的工作。

9.1.1 短期人工瘤胃发酵技术——培养管消化法

9.1.1.1 发酵容器的准备

根据试验具体情况确定发酵容器的类型与体积。发酵容器可使用三角瓶、厚壁粗试管、专用发酵管以及玻璃注射器等。发酵容器的体积可为数十毫升至数百毫升。发酵容器的体积越大，所用瘤胃液和缓冲液越多，在摇床中所占的空间越大，每批次所测定的样本数越少，但发酵底物用量和残余量均较大，发酵液较多，可测定多项指标，结果也比较稳定。而发酵容器的体积越小，发酵底物用量和残余量也越少，发酵液较少，可测定指标的数量就会受到限制，结果的稳定性也较差，但每批次所能测定的样本数较多。效率较高。如果使用三角瓶或发酵管，选择与三角瓶或发酵管相适应的优质橡皮塞。在橡皮塞的中间打孔，注意孔的直径不要过大。在橡皮塞的孔内插入一根适当粗细的玻璃管。玻璃管在三角瓶或发酵管内的部分不要太长，以保证培养过程中该玻璃管下端不要浸入发酵液内。在玻璃管的另一端带上一个橡胶帽(滴管的橡胶头即可),在橡胶帽上用剪刀剪一个小口。玻璃管的作用一是向培养容器内充 CO_2,二是排出发酵容器内在发酵过程中产生的气体(CO_2 和 CH_4)。如果使用玻璃注射器要注意排放气体,以免活塞脱落。

9.1.1.2 缓冲液的准备

9.1.1.2.1 微量元素溶液(A 液)

$CaCl_2 \cdot 2H_2O$,13.2 g;$MnCl_2 \cdot 4H_2O$,10.0 g;$CoCl_2 \cdot 6H_2O$,1.0 g;$FeCl_3 \cdot 6H_2O$,8.0 g;加蒸馏水至 100 ml。

9.1.1.2.2 缓冲溶液(B 液)

NH_4HCO_3,4.0 g;$NaHCO_3$,35 g;加蒸馏水至 1000 ml。

9.1.1.2.3 常量元素溶液(C 液)

Na_2HPO_4,5.7 g;KH_2PO_4,6.2 g;$MgSO_4 \cdot 7H_2O$,0.6 g;加蒸馏水至 1000 ml。

9.1.1.2.4 还原剂溶液

1N—NaOH,4.0 ml;$Na_2S \cdot 9H_2O$,625.0 mg;加蒸馏水 95 ml。

9.1.1.2.5 混合缓冲液

将以上溶液按照下列顺序配制混合缓冲液:

400 ml 蒸馏水 + 0.1 ml A 液 + 200 ml B 液 + 200 ml C 液 + 40 ml 还原剂溶液。用前新鲜配制,再用 CO_2 饱和,并升温至 39℃。

9.1.1.3 样本的准备

将样本根据试验要求粉碎(40 目筛)、烘干。根据试验要求和发酵容器的容积确定添加的样本量,称取样本,置于洗净烘干的发酵容器底部。空白发酵容器以淀粉为微生物发酵的能源,其用量视被测样品量而定。空白用于校正瘤胃液中的发酵底物和产物。在恒温水浴摇床内加入适量自来水,加水量视发酵容器的高度和其中的培养液的量而定,一般以摇床的水位稍高于发酵容器中发酵液的水位为好。试验开始前将水浴的温度调整到发酵所要求的温度(39.5±0.5℃),将发酵容器放入水浴中预热。

9.1.1.4 瘤胃液准备

瘤胃液取自于带有瘤胃瘘管的奶牛。要求 4 头(只),品种、年龄相近,健康,特别是消化活动正常。取瘤胃液前,试验动物应最少预饲 15 天,在预饲期与试验期间日粮、采食量、饲养管理日程均一致。晨饲前抽取瘤胃液,每头牛抽取的瘤胃液体积相等,抽取量视用量而定。用 4 层纱布过滤,混匀。在(39.5±0.5℃)的水浴中保温。

9.1.1.5　发酵液准备

将准备好的、经过预热的瘤胃液与缓冲液(CO_2)持续通入根据需要量按 1:2 混匀。向发酵液中持续通入 CO_2,以排除发酵液中的氧气。通气速度以发酵液中连续产生气泡为准。将准备好的发酵液按试验要求的量用注射器(不带针头)分别加入各发酵管中。向发酵管内充 CO_2(约 3 min),以排除管内的空气(氧),塞紧发酵管橡皮塞(橡皮塞留有小孔)。启动摇床,调节好摇床的摇动频率(80~90/min)。记录时间,开始培养发酵。若是注射器直接培养,利用加样器每个注射器加入要求体积的发酵液,倒置培养。

9.1.1.6　取样

培养时间根据试验目的确定,一般设 0、3、6、9、12、24、36、48、72 小时等数个培养时间点。根据试验设计的采样时间点数量设置培养容器,每一样品每一培养时间点设置数个(最少 3 个,作为重复)培养容器,在培养时间达到某个培养时间点时终止该时间点平行样品的发酵。移出发酵容器内的全部培养物。此法测定项目较多,结果也比较准确,但试验效率较低,每批次所能培养的样本数量较少。

9.1.1.7　发酵参数测定

pH 值:培养结束后立即测定培养液 pH 值。氨态氮:将培养液 1500 g 离心 20 min,取上清液测定氨态氮与 VFA 含量。不同培养时间点的干物质和其他营养成分消失率:将第一次离心残渣加入适量蒸馏水冲洗、搅拌,100 g 离心 10 min,反复两次,残渣用于测定干物质及其他营养物质含量。

9.1.1.7.1　营养成分降解量的计算

采用下式计算样品各营养成分各培养时间点的降解量:

某营养成分某培养时间点的降解量(g)=[样品量(g)× 样本某营养成分的含量(%)]−[某培养时间点残余物的重量(g)× 某培养时间点残余物中某营养成分的含量(%)]− 该时间点空白管某营养成分的含量(g)

9.1.1.7.2　营养成分实时降解率的计算

采用如下公式计算样品各营养成分某培养时间点的实时降解率:

$$某营养成分某时间点的实时降解率(\%)=\frac{某营养成分某时间点的实时降解量(g)}{样品量(g)×样品中某营养成分的含量(\%)}×100\%$$

9.1.1.7.3　动态曲线

以培养时间为横坐标,以降解率为纵坐标,作图,描绘出降解率随培养时间变化的动态曲线。

9.1.1.7.4　降解参数的计算

饲料中某成分在瘤胃中的实时降解率符合指数曲线:$P = a + b(1-e^{-ct})$

式中:P 为 t 时刻被测样品某营养成分的实时瘤胃降解率,%;

　　　a 为被测样品某营养成分的快速降解部分,%;

　　　b 为被测样品某营养成分的慢速降解部分,%;

　　　c 为 b 部分的降解速率,%/h;

　　　t 为培养时间,h。

利用各培养时间点实时降解率的数据(P 和 t),采用最小二乘法,或统计软件中的非线性回归程序,或饲料瘤胃降解参数计算软件,计算式中 a、b 和 c 值。

9.1.1.7.5　有效降解率的计算

利用前面的计算结果(a、b、c 值)采用下式计算待测饲料某营养成分的有效降解率:

$$P = a + bc /(c+k)$$

式中:P 为待测样品某营养成分的有效降解率,%;

　　　a 为待测样品某营养成分的快速降解部分,%;

　　　b 为待测样品某营养成分的慢速降解部分,%;

　　　c 为 b 部分的降解速率,%/h;

　　　k 为待测样品某营养成分的瘤胃外流速率,%/h。

式中的 k 值可按规范的反刍动物饲料瘤胃外流速率的测定方法测定得到。

由于 k 值的测定比较复杂,因此在无测定条件时可根据被测饲料的性质和相关文献资料设定 k 值。但设定的 k 值必须符合实际情况,有理有据。

9.1.2　短期人工瘤胃模拟技术——体外产气法

当体外利用缓冲瘤胃液消化饲料时,碳水化合物会降解成短链的脂肪酸(SCFA)、气体和微生物的细胞成分。气体主要是碳水化合物在降解为乙酸、丙酸、丁酸的过程中产生的,与碳水化合物相比,蛋白质降解时的产气量要低(Wolin,1960),脂肪的产气量可以忽略不计。

体外产气技术中的气体成分主要是发酵产生的 CO_2、CH_4 以及缓冲液缓冲短链脂肪所释放的 CO_2。当利用碳酸盐缓冲液培养粗饲料时,约 50%气体为缓冲液缓冲短链脂肪酸时所产生,其余则为发酵产生(Blummel & Ørskov,1993)。当所产生的丙酸比例较高时(精料),缓冲液释放的 CO_2 可达总产量的 60%。利用磷酸盐缓冲液时,每 1 mmol 的短链脂肪酸能使缓冲液释放 0.8~1 mmol 的 CO_2(Beuvik & Spoelstra,1992;Blummel & Ørskov,1993)。

9.1.2.1 培养管的准备

培养管为 100 ml 玻璃注射器,最小刻度为 1 ml,注射器前端安装乳胶管,用乳胶管夹子进行封闭。

9.1.2.2 底物的添加

分别准确称取约 200 mg 底物(以 DM 计算),用长柄勺或折叠纸将样品送到培养管前端,应尽可能地减少样品在 50~100 ml 之间管壁上的散落,以避免造成注射器芯不能随培养液产生的气压而自由移动。不加底物样品的培养管作为空白管。注射器芯壁后部均匀涂上一薄层凡士林,以防气体泄漏。将培养管和空白管放置在恒温箱中(39℃)充分预热。

9.1.2.3 缓冲液的配制

9.1.2.3.1 微量元素溶液(A 液)

$CaCl_2 \cdot 2H_2O$,13.2 g;$MnCl_2 \cdot 4H_2O$,10.0 g;$CoCl_2 \cdot 6H_2O$,1.0 g;$FeCl_3 \cdot 6H_2O$,8.0 g;加蒸馏水至 100 ml。

9.1.2.3.2 缓冲溶液(B 液)

NH_4HCO_3,4.0 g;$NaHCO_3$,35 g;加蒸馏水至 1000 ml。

9.1.2.3.3 常量元素溶液(C 液)

Na_2HPO_4,5.7 g;KH_2PO_4,6.2 g;$MgSO_4 \cdot 7H_2O$,0.6 g;加蒸馏水至 1000 ml。

9.1.2.3.4 刃天青溶液

0.1%(w/v)。

9.1.2.3.5 还原剂溶液

1N—NaOH,4.0 ml;$Na_2S \cdot 9H_2O$,625.0 mg;加蒸馏水 95 ml。

9.1.2.3.6 混合缓冲液

将以上溶液按照下列顺序配制混合缓冲液:

400 ml 蒸馏水 + 0.1 ml A 液 + 200 ml B 液 + 200 ml C 液 + 1 ml 刃天青溶

液 + 40 ml 还原剂溶液。用前新鲜配制,再用 CO_2 饱和,并升温至 39 ℃。

9.1.2.4 瘤胃液的采集

于晨饲前通过瘤胃瘘管分别采集 4 头牛的瘤胃内容物,等体积混合,在厌氧和保温(39℃)条件下使用搅拌器剧烈间歇震荡 3 次以上,每次 30 s,以保证附着于饲料颗粒上的微生物脱落,4 层纱布过滤。

9.1.2.5 混合培养液的制备

迅速将制备好的瘤胃液按比例(瘤胃液与缓冲液配比为 1:2)加入装有经 CO_2 饱和并预热(39℃)的缓冲液的玻璃瓶中,配制成混合培养液,加入数滴 0.1% 的刃天青溶液(厌氧指示剂,有游离氧存在时呈红色,无氧时无色)。混合培养液边加热边用磁力搅拌器进行搅拌,同时通入 CO_2 直至溶液褪为无色。

9.1.2.6 培养

分别向各培养管(注射器)内加入约 30 ml 混合培养液。将培养管(注射器)头端竖直向上,排尽管内气体,然后用乳胶管夹封闭将培养管(注射器)前端。倒置于已充分预热(39℃)的水浴摇床内(或人工瘤胃培养箱中)。记录培养管(注射器)活塞的初始刻度值(ml)。启动水浴摇床(或人工瘤胃培养箱),开始培养。摇床转速每分钟 80~90 转。

9.1.2.7 产气量读数与记录

分别记录培养 3 h、6 h、9 h、12 h、18 h、24 h、36 h、36 h、48 h、72 h 各培养管的刻度值(ml)。若某一时间点读数超过 80 ml 时,则应注意在读数后及时排气,以防止气体超过刻度而无法读数。某时间点实际产气量等于该时间点活塞位置读数减去该培养管(注射器)初始读数。某一时间段净产气量等于该时间段实际产气量减去该时间段三支空白管平均产气量。

9.1.2.8 发酵参数与干物质消化率测定

在培养终点(72 h)或其他某时间点(如 48 h,此情况须单独设置培养管)终止发酵,取出培养管,分离发酵液,测定 pH 值、氨态氮与挥发性脂肪酸,其残渣用于测定干物质及其他营养物质消化率。

9.1.2.9 曲线拟合与产气参数计算

以培养时间为横坐标,以产气量为纵坐标,作图,描绘出产气量随培养时间变化的动态曲线。

应用产气量随培养时间的动态变化数据,按 Schofield(2000)提出的简单指数模型进行数学曲线拟合,计算产气参数。

GP=B×(1−e^(−c(t−lag)))

GP−t 时间点的产气量(ml)

B−样本的理论最大产气量(ml)

c−样本的产气速度常数(h⁻¹)

t−培养时间(h)

lag−产气延滞期(h)

9.1.3　体外产气技术的发展及应用

Menke 等(1979)通过体外产气的测定,发现体外产气量与体内的消化参数具有很高的相关性。在此之后,产气技术才被确定为评价饲料营养价值的有效方法之一。

9.1.3.1　消化参数的预测

Menke 等(1979)对体外产气量和各种化学成分进行多元回归,建立了饲料体内有机物消化率与这些因素的回归方程（R=0.98;S.D.=0.25）。Chenost 等(1997)也报道了体外产气量与体内消化率具有显著的相关性,若考虑饲料中蛋白质对产气量的影响则能进一步提高对体内消化率的预测。Raab 等（1983）在Menke 等(1979)的注射器式产气技术和氨测定技术基础上,提出了测定瘤胃蛋白降解率的方法。饲料在缺乏或存在碳水化合物的体外体系中培养,由于产气量与培养液中氨的浓度是呈负相关的,这样就能够计算出在没有可发酵碳水化合物时氨氮的释放量,饲料所释放的净氨氮量就可以用总氨氮量减去通过计算得到的空白氨氮量(不含底物培养时的氨氮)而得到,这样就可以计算出饲料蛋白质的体外降解率。

9.1.3.2　发酵的动力学研究及产气的数学模型

饲料发酵的动力学参数可以通过发酵产气量和缓冲液缓冲短链脂肪酸所释放的气体计算得到,这些参数主要与饲料中可溶、不可溶但能降解和不能降解的部分所占的比例有关,通过对产气特性的数学描述可以分析数据、评价底物和培养液造成的差异和饲料溶解成分及慢速发酵成分的降解率。研究者们已经建立了很多模型来描述体外产气,Ørskov & McDonald(1979)基于尼龙袋法所建立的指数模型已被广泛用来评价饲料的降解动力学参数,该方法也可用做体外产气法时的动力学描述,但由于有一些饲料颗粒的发酵速度并不一致,所以该模型不能适用于所有饲料。

9.1.3.3 随意采食量的预测

随意采食量是限制反刍动物利用粗饲料的一个重要因素,所以预测采食量特别是纤维类物质的采食量,是反刍动物营养学的一个重要研究领域。利用体外产气量可以预测动物的采食量。与全饲料的产气量相比,从饲料中提取的中性洗涤纤维的产气量与随意采食量的相关性更高,中性洗涤纤维的产气量较全饲料的产气量更能准确地预测采食量。

9.1.3.4 饲料抗营养因子的研究

产气技术可能比化学分析法更能准确地定量饲料中的抗营养因子。化学方法只是根据某一个抗营养因子的理化特性来测定其含量,但抗营养因子在动物体内表现的是其生物学上的特性,而且同一个抗营养因子在不同的饲料中可能会表现出不同的特性,而体外产气技术则综合地体现出营养因子在生物层面上对发酵的影响。

9.1.3.5 饲料间组合效应评价

在配制反刍动物日粮时,我们假设配合日粮中总的营养物质等于单个饲料组分的加权值,然而有时配合日粮的表观消化率并不等于日粮中各单个饲料组分表观消化率的加权值。

9.1.3.6 甲烷的测定

甲烷是导致温室效应的主要因素之一。反刍动物是主要的甲烷排放源,同时甲烷是瘤胃发酵能量损失的主要原因,约有 6%~15% 的饲料能量以甲烷的形式被损耗,因此对瘤胃甲烷产量调控、测定甲烷含量是必要的。使用体外技术被认为是比较可行的测定甲烷含量的有效方法(Soliva et al.,2003;Mohammed et al.,2004)。许多应用产气法测定甲烷产量与体内法测定的结果是相似的(Moss et al.,2002),表明这种方法在测定甲烷产量变化上是可行的。

9.2 试验样品采集方法

9.2.1 瘤胃瘘管安装手术

消化道瘘管是用于研究家畜消化代谢情况的工具之一。其中包括瘤胃瘘、十二指肠瘘、回肠瘘等。瘘管的安装与动物的正常功能有着直接关系,如果不能找到合适的位置,并且很好地固定,那么瘘管就是引起家畜应激的一个主要来源。

9.2.1.1 器械与材料

9.2.1.1.1 手术器械

手术刀,包括 4 号、6 号或 8 号刀柄,圆刃与尖圆刃刀片,手术剪(锐头、平头)、剪毛剪,手术镊(无齿、鼠齿),止血钳(直钳、弯钳),持针钳,巾钳,肠钳,组织钳,缝合线(4 号、7 号和 10 号不可吸收线)和缝合针(圆刃针和三棱针,直针和弯针均可),止血纱布和创布、棉球、注射器、瘘管、塞子、垫片。

9.2.1.1.2 药品

硫酸阿托品、肾上腺素、3%普鲁卡因、利多卡因、氯丙秦、苯甲酸钠咖啡因、止血敏、灭菌生理盐水、10%葡萄糖、青霉素生理盐水、地塞米松、青霉素、消炎粉、消炎膏、碘酊、75%酒精、鱼石脂等。为了减少麻醉药的毒副作用和增强麻醉药的效果,在注射麻醉药 30 min 后注射硫酸阿托品(0.02 mg/kg 体重,共肌肉注射 5 mg)。

9.2.1.1.3 术牛准备

选择消化功能正常、中等以上膘情、对青霉素无过敏史的牛作为术牛。将术牛拉到保定架内禁食 24 h,饮水不限。禁食当天在左侧肷部手术区常规剃毛,面积约为 30 cm×40 cm。术前,将术部及周围皮肤用 0.1%新洁尔灭溶液冲洗,然后用 5%的碘酊消毒,再用 75%的酒精脱碘。

9.2.1.2 瘤胃瘘管手术

9.2.1.2.1 手术人员的准备和消毒

将灭菌好的器械和缝线浸泡到配好的新洁尔灭溶液中。将瘘管、塞子和垫片都浸泡在另一个装有新洁尔灭的溶液的容器中。

9.2.1.2.2 术牛保定与麻醉

(1)保定与消毒。术牛在四柱栏内行站立保定,手术部位皮肤刮完毛后,涂擦 3%~5%的碘酊,待干后用 70%的酒精脱碘(消毒的范围要包括手术切口的较广的范围)。

(2)麻醉。做腰旁神经传导麻醉结合术部浸润麻醉。刺入点分别为第一腰椎横突游离端前角、第二腰椎横突游离端后角和第四腰椎横突游离端后角,垂直皮肤进针,每点深达骨面后沿骨缘下行 1.0 cm 注入 3%普鲁卡因溶液 20 ml,提针至皮下,再注入药液 20 ml。第一、第二尾椎间用利多卡因 10 ml 麻醉。切口部位四周采用1.5%普鲁卡因溶液分点浸润麻醉,每点注射 10 ml。由于该手术时间比较长,所以在手术的过程中在创口部注射麻醉药,可以保持麻醉效力。

9.2.1.2.3　手术步骤

(1)手术部位。在左肷中部做垂直切口。切口位于左侧髂结节与最后肋骨连线中点稍下,左侧距腰椎横突下方约 10 cm,垂直向下做长 15 cm 左右的腹壁切口。

(2)打开腹腔。切开皮肤,分离皮下组织可以看见由前上方向后下方走向的腹外斜肌。用刀柄顺着肌肉纹的方向分离一个小口,然后用左右手的食、中指将肌肉做全层一次性钝性分离,并向两侧扩开。扩开后可以见到腹内斜肌。以同样的方法钝性分离腹内斜肌,可以看到由上向下行走的腹横肌,在腹横肌表面可以看到较大的最后胸神经和第 1、第 2 腰神经的腹侧支。避开神经干,钝性分离腹横肌,显露腹膜。用镊子或止血钳将腹膜夹起,用刀或剪子先做一个小切口,然后将左手食指、中指伸入腹腔保护内脏,右手剪开腹膜(腹膜要用止血钳夹住,以防缝合时找不见)。

(3)固定瘤胃。首先将切口下角做一针结节缝合将瘤胃壁浆膜、肌层、皮肤缝合在一起,把瘤胃壁固定在皮肤上,然后在下端和左右端用同样缝合方法将瘤胃壁固定在腹内、外斜肌和皮肤上。为使瘤胃壁充分暴露,缝合右侧时,应将瘤胃后壁前拉;缝合左侧时,应将瘤胃前壁向后拉,缝合上部时,应将上部瘤胃向下拉。固定后,再分别在每针间隔处缝合几针,一般是将瘤胃壁、肌肉、皮肤进行 16 针缝合固定,使最后形成一个与瘘管中间颈部粗细大小相同的圆环。

(4)安装瘘管。将瘘管放入开水中使其变软,然后用镊子提起瘤胃壁,剪开口,将瘘管的大头弹性挤压变形后,将其塞到瘤胃壁切口内,然后塞上塞子。

(5)术后护理。术后 6~8 h 内禁饮禁食,术后用 10%葡萄糖注射液 500 ml×2、生理盐水注射液 500 ml、青霉素 160 万×3,地塞米松 5 ml、苯甲酸钠咖啡因 10 ml 静脉注射。开始采食后继续注射抗菌素以防术后感染,连续 3~5 d。每日用酒精,碘酊消毒,涂上消炎膏;隔日用鱼石脂涂抹瘘管周围创口 1 次。定期检查,保持术部清洁。术后 10 d 拆线。术牛的体质相对较弱,故将牛安置在保暖、干燥、通风的条件下单独饲养。在牛床上铺垫干燥柔软洁净的垫草,既可保暖又可吸附尿液,每天上下午都要对牛床进行清扫,将牛粪尿清理,减少粪尿对牛体瘘管创

口的污染,使瘘管牛有一个相对清洁的饲养环境。食量的控制及补饲在术后的
2~3 d。瘘管牛消化机能比较差,精料要具有较高的能量,富含蛋白质和维生素。
要少喂勤添,饲给易消化且富含蛋白质和维生素的料,避免给予粗糙饲料,饲喂
量要逐渐增加,逐渐恢复正常饲养,一般经过 7 d 恢复至术前的正常食量。

9.2.2　瘤胃液与瘤胃食糜的采集与处理

瘤胃液与瘤胃食糜一些指标的测定是了解瘤胃内环境和瘤胃消化情况的
必要手段,根据研究的目的不同,可单独采集瘤胃液或瘤胃食糜。测定瘤胃 pH
值、VFA、氨态氮等指标,进行体外人工瘤胃培养时需要以瘤胃液为接种剂,进
行瘤胃微生物的培养、分离与相关测定时需要采集瘤胃液。在测定瘤胃食糜的
组成、成分、物理与化学特性、微生物的分布等情况时需要采集瘤胃食糜,在进
行人工瘤胃体外培养时,需要以瘤胃液进行微生物接种。理想的接种应该是能
够将瘤胃内所有的微生物种类按实际比例接种于体外培养液中。这时也需要采
集瘤胃食糜。

瘤胃液的采集有两种方法:其一是通过瘤胃瘘管进行采集;其二是采用某
种特制的工具通过食道进行采集。前一种方法操作简单,采集的样品均匀,代表
性好,牛羊均可以采集,但需要瘤胃瘘管动物。后一种方法需要特制的采集工
具,操作比较复杂,存在一定的危险性,采集的样品不均匀,代表性差,只能采集
牛的瘤胃液,但不需瘤胃瘘管。

9.2.2.1　瘤胃液采集

9.2.2.1.1　采集时间确定

瘤胃液的采集时间根据具体研究内容而定。如果要研究采食后不同时间相
应指标的变化规律,应在采食后不同时间设定一系列的采样点,如采食结束时,
采食结束后 1 h、2 h、4 h、6 h 等,直至下一次采食前。如果采集的瘤胃液用于接
种,一般在每天早晨饲喂前进行。

9.2.2.1.2　瘘管牛瘤胃液采集

装有瘤胃瘘管的牛至少 4 头,以便样本有代表性。在采集瘤胃液前,试验动
物必须进行 15 d 以上的预饲,预饲期日粮与饲养管理应根据试验目的严格控
制,以便瘤胃内环境、代谢产物、瘤胃微生物区系与所要研究的条件完全相同,
以保证样品的代表性。应避免动物刚刚饮水后采集瘤胃液;如无特殊要求,也应
避免在刚刚采食后采集瘤胃液。

将真空泵作为负压源,通过塑料管道与稳压瓶(厚壁大三角瓶)与前端的采样头相连。将瘘管动物瘘管盖打开,将采样头通过瘘管插入瘤胃食糜中,并使采样头浸入液相部分,使瘤胃液沿导管流入集样瓶。在此过程中拔出采样头并在不同的部位重新插入,反复数次,采集瘤胃内不同部位的瘤胃液,以使采集的瘤胃液有代表性。最后将采样头拔出,关闭真空泵。

9.2.2.1.3 无瘘管牛瘤胃液采集

没有安装瘘管牛需要采集瘤胃液一般通过口腔导管采取,准备牛鼻夹把牛头固定,在口腔一般放入硬管(木头、硬塑胶均可,内径要超过取样软管),插入深度不要超过咽部,外面露出 20 cm 左右,工作人员能够用手把其固定,然后把软管(2.5 m 左右)通过口腔硬管内径逐步送入瘤胃,将牛头压低,通过牛的咀嚼过程瘤胃液自然流出。

9.2.2.1.4 瘤胃液的处理

(1)将采集的瘤胃液转移至实验室内,用 4 层纱布过滤。

(2)如果采集的瘤胃液用于体外消化接种,将过滤后的不同动物的瘤胃液按相同的量混合,然后与缓冲液按一定比例(一般为 50:50)混合后分装于培养管(瓶、罐)内,按程序进行培养。

(3)对用于测定瘤胃发酵指标的瘤胃液进行如下处理。

①测定 pH 值的瘤胃液:过滤后直接用 pH 计测定。

②测定挥发性脂肪酸的瘤胃液:用量筒量取约 15 ml 过滤后的瘤胃液,转移至含有 3 ml 25%的偏磷酸和 0.6%的 2-乙基丁酸的塑料采样瓶内,于-20°C 的冰箱内保存备测。(气相色谱法测定)

②测定氨态氮的瘤胃液:取约 10 ml 过滤后的瘤胃液于离心管中,4000 g 离心 30 min,取上清液分析氨态氮。氨态氮最好当天进行测定。(苯酚-次氯酸钠比色法,Broderick & Kang,1980)。

9.2.2.1.5 注意事项

(1)采样和处理过程的操作必须迅速。瘤胃液采出后必须在尽可能短的时间内完成处理,以避免微生物死亡或活性受到影响(用于体外培养接种时),氨态氮和 VFA 的挥发和 pH 值的改变(测定瘤胃发酵参数时)。一般情况下应在 30 分钟内完成。

(2)通过口腔采集牛瘤胃液,软管通过咽部进入食管过程要准确以免插伤气管导致死亡,同时整个过程软管进入与抽出都要匀速缓慢。

9.2.2.2　瘤胃食糜的采集

带上长臂乳胶或一次性塑料手套,冲洗干净,将手臂通过大瘘管深入瘤胃中,根据试验要求在不同部位取食糜样品数次,以使样本有代表性。如果是用于瘤胃液的提取,食糜样本应在腹囊的液相中采集。用于提取体外消化接种的瘤胃液,采样量根据实际需要量确定。用于其他测定,根据样本分析项目和分析方法确定。由于牛的瘤胃体积较大,食糜较多,可多取一些,在体外混匀后再按四分法采样,这样可使所采样本均匀,更有代表性。

9.2.2.2.1　食糜处理方法

(1)瘤胃液的提取。将采取的所有食糜(包括液体)用 4 层纱布包裹后挤压,将挤压出的瘤胃液收集起来使用。

(2)瘤胃固相食糜附着微生物的提取。将挤压后剩余的固态食糜转移至大烧杯中,加入 39℃~40℃的 NaCl(0.85%, 4 ml/g),进行冲洗、搅拌或震荡,将附着于固态食糜上的微生物冲洗至生理盐水中,并反复数次,以保证冲洗干净。挤出的瘤胃液和冲洗用的生理盐水按微生物提取程序进行下一步操作。

(3)其他处理。如果瘤胃食糜样本用于其他目的,根据具体测定项目要求进行处理。

9.2.3　牛奶样本的采集与保存

采集牛乳样本的最基本要求是所采样本要有代表性,即所采牛乳样本的组成成分含量与实际的牛乳完全相同。影响牛乳组成成分的因素主要有几点。(1)在一天中不同挤奶时段所挤出的奶其组成成分的含量不同。以每天挤奶 3 次为例,早晨挤出的奶乳脂含量低,而晚上挤出的奶乳脂含量高。(2)在同一挤奶时段,先挤出的奶与后挤出的奶组成成分的含量不同。在同一次挤奶中,先挤出的奶乳脂含量低,而后挤出的奶乳脂含量高。(3)在静置状态下,牛奶会发生分层现象,所含组成成分的分布并不均匀一致,其中表现最为突出的是乳中的脂肪容易上浮,造成上层的奶乳脂含量高而下层的奶乳脂含量低。为了避免上述因素对所采牛乳样本代表性的影响,要求在采集牛乳样本时必须按比例采集全天所有挤奶时段所挤出的牛乳样本,并在采集之前将牛乳充分混匀。刚挤出的牛乳温度高(与奶牛的体温相近),其中所含的营养物质适合微生物的生长繁殖。在挤奶过程中,不可避免地会受到环境中微生物的污染,如果在保存过程中不加以控制,鲜奶的理化性质很快会发生重大改变,严重影响以后的分析与测定。因而,对所采集的牛乳样本必须采取适当的保存措施,最大限度地控制微生物的生长繁殖。

9.2.3.1 牛乳样本的采集方法

9.2.3.1.1 个体牛乳样本的采集方法

个体牛乳样本的采集指为了测定单个奶牛个体所产牛乳的组成成分及其变化为目的所采集的乳样,多用于育种工作中个体奶牛生产力的测定,饲养管理因素对乳成分影响的研究,代谢试验和平衡试验等。个体牛乳样本的采集应采用如下方法:

(1)采样量。采样量随测定项目的多少和所采用的测定方法而定,如果采用传统的测定方法,只测定酸度和乳脂率,取 50 ml 即可;如果除测定酸度和乳脂率外还要测定其他项目,如密度、干物质、乳蛋白、乳糖等,则需采样 250 ml 以上,为保险起见,可多采一些。

(2)采样比例。根据采样奶牛近期的产奶量和拟定的采样量,计算出采样比例,例如,采样奶牛的日产奶量为 20 kg,拟定的采样量为 500 ml,则采样比例为 500/20=25 ml/ kg。每次挤奶均按此比例采样。

(3)采样方法。

①全天每次挤奶均进行采样。

②在每次挤奶后,立即收集此次挤奶挤出的全部牛奶,称重,混匀,然后按上述算好的比例进行取样。

③待全天各次挤奶全部采样后,将每次挤奶所采集的样本混合在一起。

④为了测定的准确无误,最好连续两天采样,作为平行样本与对照。

注意在采样前应对采样牛的情况进行了解,要求采样牛必须处于健康和正常状态,否则会影响测定结果的代表性。

9.2.3.1.2 群体或一批牛乳平均样本的采集方法

所谓的群体或一批牛乳的平均样本主要指的是奶牛场所运出的一车鲜奶、乳品加工厂接收的基层收奶站送来的鲜奶和乳品加工厂出厂的液态乳制品等。这种样品主要用于鲜奶及液态乳制品质量的检测。群体或一批牛乳平均样本的采集采用如下方法。

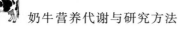

（1）采样量。与个体牛乳样本的采集相同。

（2）奶桶的采样。如果盛放群体或一批牛乳的容器为数量不等的奶桶,则每个奶桶都必须取样。取样方法为从每个奶桶内按比例平均取样,然后混合成1个混合样。注意采样前奶桶内的奶样必须混匀。最好能同时采集两个样本。

（3）奶罐(车)的采样。如果盛放群体或一批牛乳的容器为大的奶罐(车),则在混匀后直接按拟定的采样量进行采样即可。最好能同时采集两个样本。

（4）小包装液态乳制品的采样。对于小包装的液态奶制品,应根据产品数量的大小,按不同的比例随机采集样本。

9.2.3.1.3　采样工具

采样工具包括两类,其一为存放奶样的容器,其二为将奶样从整体中取出的工具。

存放奶样的容器没有什么特殊的规定,以在存放过程中不引起奶样理化性质的改变为基本要求,其次为使用方便、价格便宜。广口带旋盖的塑料瓶为首选。

将奶样从整体中取出的工具也有多种选择,如玻璃量桶和带刻度的烧杯。但最好的工具是专用的牛奶采样管。

牛奶采样管是内径 10 mm 或小于 10 mm、长度适当的金属或塑料管,要求两端开口平滑齐整,管径均匀。采样时将牛奶采样管垂直缓慢插入经混匀的盛奶容器中,直达底部,然后用拇指将采样管上口密封,慢慢提出采样管,由于大气压和牛奶表面张力的作用,采样管内的奶就会随采样管一起被提出,然后将采样管小心插入奶样瓶中,放开拇指,采样管内的奶就流入采样瓶中。

使用牛奶采样管至少有两点好处,其一是更容易将奶样采匀,因为使用采样管每管采出的奶样均为从上到下的一个等直径的柱形,在盛奶容器的每一个层面采出的奶样相等,这样,即使盛奶容器中的奶具有分层现象出现,也能保证取出的奶样是均匀的。使用采样管的另一个好处是容易控制采样的比例,如采样时每次挤奶所用的盛奶容器均相同的话,只要从每次挤奶时的总量中取出相同的管数,所取出的样本就是按比例的平均样本,因为每次挤奶量的不同可通过盛奶容器内奶的高度自动调节。

9.2.3.2　牛乳样本的保存

乳样采集后如当时进行测定,则没有必要采取任何保存措施。但在很多情况下,奶样采集后不能马上进行测定,这就需要采取适当的保存方法,以保证其测定结果不会由于保存而产生偏差。保存乳样的方法很多,可根据需要保存时间的长短和其他因素进行选择。

9.2.3.2.1　冷藏保存

如果需要保存的时间不超过 48 h,则可采用冷藏的方法保存,将采集的奶样放在普通冰箱的冷藏室内即可。如果在运输途中没有冷藏设备,可将乳样在运输前进行降温,然后用保温容器存放采样瓶,并在保温容器内放入一些冰块等降温的物品或材料,以此来保证奶样温度不会在运输途中升高。

9.2.3.2.2　添加化学试剂保存

奶样需要保存时间较长时可采用向奶样中添加某些化学试剂的方法进行保存。可用的化学试剂很多,一般常用的有过氧化氢、福尔马林和重铬酸钾。但加入化学试剂进行保存时有可能会改变奶样的某些性质,因而影响某些指标的测定,这一点必须注意,如加试剂前要先测定奶样的酸度,已加入化学试剂的奶样一般不再作感观鉴定。注意应使化学试剂与奶样充分混合。加入化学试剂的奶仍须尽可能地保存在低温下,一般最好不要超过 15℃。

(1)过氧化氢(H_2O_2)。过氧化氢能放出初生态的氧,初生态的氧能使微生物停止生命活动。一般 100 ml 奶样加入 30%~37%的 H_2O_2 溶液 2~3 滴,可以保存乳样 8~10 d。注意,在加入 H_2O_2 前须先测定奶样的密度,因加入 H_2O_2 后会干扰奶样密度的测定。

(2)福尔马林。福尔马林能与细菌的细胞蛋白起作用,使微生物停止生命活动,但也可与乳蛋白发生同样的作用(用量过多时),所以加福尔马林的奶样不适于用来测定乳脂(酸法)。一般每 100 毫升奶样中加入 37%~40%的福尔马林 l~2 滴,可保存乳样 10~15 d。注意,在加入福尔马林前须先测定奶样的密度,因加入福尔马林后会干扰奶样密度的测定。

(3)重铬酸钾。重铬酸钾是很强的氧化剂,可渗透到细胞的原生质内并与其作用而将微生物杀死。一般在 100 ml 奶样中加入 10%的重铬酸钾溶液 1 ml,奶样可保存 10~20 d。

9.2.3.2.3　冷冻保存

对于用于测定某些成分(如总氮、尿素氮、氨基酸、钙、磷等)含量的奶样可置于冰柜中-20℃条件下保存较长的时间。

9.2.4 粪便、尿液的收集、采样、处理与保存

消化与代谢试验是动物营养研究的最常用、最基本的方法。消化试验需要收粪,代谢试验需要收粪和收尿。因此,收集粪尿和采集粪尿样本是动物营养研究人员必备的常规操作技术。

收粪的目的是测定排粪量并进行取样。测定排粪量和采集粪便样品有全收粪和点收粪(内、外源指示剂法)两种方法。全收粪法准确,操作比较简单,但需要将动物的位置或活动范围相对固定;指示剂法操作复杂,结果准确性差,但不需限制动物的活动。应根据试验目的和要求选择适当的收粪方法。在可能的情况下应尽量采用全收粪法。

收尿的目的是测定排尿量并进行取样。测定排尿量和采集尿液样品有全收尿法和点收尿法。全收尿法准确,但需要将动物的位置或活动范围相对固定;点收尿不需限制动物的活动,但由于准确性等方面的原因,应用范围十分有限,只是在特殊情况下才使用(全收尿有困难或测定项目不需要全收尿)。

由于牛的个体较大,粪便形态变化很大,不能像其他动物(如猪、羊)那样采用代谢笼的方式进行收粪和收尿。因此,必须采用特殊的方法,将粪便和尿液分开收集,收粪的方法和收尿的方法是相互独立的。

全收粪和全收尿方法的最基本要求是:(1)收集要全,即要将动物的全部排粪和排尿完全收集,不能有任何遗漏。(2)粪和尿的收集要严格分开,不能使尿液混入粪便,也不能使粪便混入尿液。(3)避免在收集过程中(采样前)使粪便和尿液发生任何变化,其中最重要的是避免其中挥发性物质的逃逸。

9.2.4.1 牛粪的收集、采样、处理与保存

9.2.4.1.1 牛粪的收集

牛粪的收集有如下几种方法。

(1)漏缝地板。试验牛被限制在具有漏缝地板的空间内,所排粪便由地板缝隙落入地板下的集粪板上,每天 1~2 次收集集粪板上的粪便。采用此类收粪装置收集粪便时须将尿液分开收集,避免粪便与尿液相互污染。漏缝地板可以设置于牛所处空间的全部地面,也可设置于牛所处空间的后部。采用此种收集方法的最大优点是操作方便,且能避免牛对所排粪便的踩踏,造成粪便损失。只有在专门的牛用代谢室内才安装有此类收粪装置。

（2）集粪槽。试验牛被限制在具有集粪槽的空间内,集粪槽实际上是地板平面以下的一个槽沟,位于牛所处空间的后面,牛所排粪便一部分可直接落入集粪槽中,没有直接排入集粪槽的粪便可由人工铲进集粪槽。每天1~2次收集集粪槽内的粪便。采用此类收粪装置收集粪便时须将尿液分开收集,避免粪便与尿液相互污染。采用此种收粪方式的优点是操作比较简单,并能在某种程度上避免牛对所排粪便的踩踏,造成粪便损失。但此种方式没有漏缝地板效果好。只有在专门的牛用代谢室内才安装有此类收粪装置。

（3）普通牛舍。试验牛被限制在牛舍的一定有限空间内,所排粪便直接落在牛舍地面上,由人工将粪便铲进集粪桶中(集粪桶应带盖)。每天1~2次收集集粪桶中的粪便。采用此类收粪装置收集粪便时须将尿液分开收集,避免粪便与尿液相互污染。牛舍地面必须为水泥地面,在试验前应清洗干净。在试验过程中应24小时有人值班,保证及时将试验牛所排粪便铲入集粪桶中,以避免牛对所排粪便的踩踏,造成粪便损失。如果操作得当,此法也可获得比较满意的结果。此种收集方法的最大问题是工作量较大,需要的人员较多。

（4）点收粪及样品分析。拉丁方每期的第18~20天,采用直肠取粪法连续采集粪样(300~500 g)12次(分别为第18天的4:00、09:00、14:00和19:00,第19天的5:00、10:00、15:00和20:00,第20天的6:00、11:00、17:00和22:00),将每头牛的粪样均匀混合后取样400 g左右,按照1/4粪重加入10%的酒石酸,混匀并于65℃烘干回潮,粉碎后保存待测,营养成分的分析与计算方法同饲料样品。用粪和饲料中的酸不溶灰分(AIA),参照Zhong等(2008)描述的方法来计算营养物质的表观消化率,公式如下:表观消化率=（1–(Ad × Nf)/(Af × Nd)) × 100,其中Ad(g/kg)和Af(g/kg)分别指日粮和粪中的AIA含量,Nd(g/kg)和Nf(g/kg)分别指日粮和粪中对应的某营养成分。

9.2.4.1.2　牛粪的处理与保存

（1）由于牛的排粪量较大,因此所收集的粪便应每天处理2次。

（2）将所收集的粪便准确计量,充分混匀,然后按比例取样。取样量应根据测定项目的要求确定,一般为每天每头牛3~5 kg。

（3）向样品中加入10%的酒石酸固氮（加酸量为250 g/kg粪样）,混匀后65℃烘干,制成风干样本,40目筛粉碎,样本瓶或封口袋密封,通风干燥凉爽处保存。

（4）在采样的同时取样测定粪便水分。测定粪便水分最好采用大样本，因为牛采食大量粗饲料，粪便一般不很均匀，样本过小代表性降低，变异较大，平行不好。所谓大样本是指数百克以上的样本，具体数量可根据测定所用容器的大小确定。

9.2.4.2　牛尿液的收集、采样、处理与保存

尿液的收集是牛代谢试验的难点。在收尿过程中最常发生的问题是收集不全，导致所测定的尿氮和尿能的排出量偏低，最终使沉积率结果偏高，这是牛代谢和平衡试验经常出现的问题。牛尿液收集不全一方面可能是所采用的收尿方法和收尿装置不合适所致，也可能是操作不认真所致。

9.2.4.2.1　牛尿的收集

由于公牛和母牛排尿器官的位置和形态不同，收尿装置和收尿方法也不同。

（1）公牛尿液的收集。采用公牛专用的集尿装置进行收集。该装置由公牛专用尿袋、导尿管和集尿桶组成。集尿袋是用橡胶布经胶水黏结而成的漏斗状物；集尿桶是用于收集、储存尿液的塑料桶，容积视牛的大小（12 h排尿量）而定；导尿管是连接尿袋和集尿桶的管道，一般由具一定弹性、柔韧性和强度的橡胶管或塑料管制作，其一端用胶水黏结于集尿袋的漏斗部，另一端游离，用于插入集尿桶内。

公牛尿液收集的步骤如下。

①用橡胶带将尿袋固定于公牛腹下，使漏斗中心部位正对公牛的外生殖器。注意固定一定要牢固，千万不能使其在试验过程中脱落或位置有较大的改变。

②将集尿桶置于试验牛附近侧方（左右均可）的地下凹槽中，使桶的最高点低于地平面，以便试验牛无论在什么姿势下，都能使尿液顺利、完全流入桶内。

③将导管插入集尿桶内，并采用适当方法对导尿管进行适当固定，以免使导尿管被牛踩踏或躺卧时压住，或由集尿桶中抽出。

（2）母牛尿液的收集。与公牛相比，母牛尿液的收集比较复杂与困难。

采用膀胱内留置导尿管的方法，虽收尿完全，但若插入导尿管时操作不当易对牛的尿道和膀胱造成损伤，况且营养代谢试验时间一般较长，而长时间留置导尿管易引发母牛泌尿系统感染和张力性尿潴留等问题。若做永久性母牛尿道出口易位手术，则操作更复杂，损伤更大。

①人工延伸尿道收尿法。利用胶粘剂和橡胶手套等材料，人工造出延伸于

母牛体外的一段临时性的"尿道",结合应用挽套于母牛后躯的集尿袋,可使尿液接取完全,且对试验母牛安全,无明显不良刺激,不干扰母畜正常的排粪和排尿行为,操作方便快捷,取材容易、价廉,可较好地解决母牛的集尿问题。具体操作步骤如下:

a. 按母牛尿生殖道外口皱襞外缘周长大小,选取合适号码的医用乳胶手套,将指端剪去,将手臂端剪成 40°~50° 斜角,长度以能引入集尿袋且不易脱出为度,不够长的可接驳,清洗干燥备用。

b. 清洗母牛尿生殖道外口周围,用酒精擦去皮脂,并使之干燥。

c. 将 502 瞬干胶薄薄涂于母牛尿生殖道外口皱襞外缘,边涂边将准备好的乳胶手套的手臂一端粘上,并使其呈自然下垂状态,稍加压片刻,即可粘牢,形成一段延伸出体外的"尿道"。

d. 将集尿袋用挽具固定于母牛后躯,将人工"尿道"引入集尿袋,将尿袋的导管插入集尿桶,即可开始收尿。

e. 粘得好的人工"尿道"可维持 5~7 d 不脱落。试验结束时,解除挽套于母牛后躯的集尿袋,而粘在母牛体表的人工"尿道"切不可强行扯下,以免造成皮肤损伤。随着局部表皮的更新,不久即会自行脱落,不必特意进行处理。

②点收尿及样品分析。拉丁方设计,尿液采用 Krause 和 Combs(2003)描述的方法集,每期的第 18 天(05:00、13:00 和 21:00 h)和 19 天(01:00、09:00 和 17:00)共 6 次采集(100 ml/次),并用 1 mol/L 的盐酸进行酸化,使尿液 pH 值低于 3(以减少氨损失),待每期尿液采样完毕后将 6 次采集的尿液混匀,置于 −20℃ 冷冻保存待测。尿中的总氮用凯氏定氮法测定(AOAC,1990)。排尿总量根据尿中的肌酐浓度来进行估测,估测公式为:排尿量(L/d)=(体重(kg)×肌酐排出速率(mg/kg))/尿中肌酐浓度(mg/L),其中肌酐排出速率是指奶牛每 kg 体重每天所排出的肌酐量,其值为 25.6 mg/kg(Valadares et al.,1997)。肌酐含量采用苦味酸法测定,尿酸含量采用尿酶法(Praetorius & Poulsen,1953)测定,尿素氮含量采用二乙酰异肟法测定,试剂盒均购自南京建成生物工程研究所,按照说明书进行操作,使用紫外可见分光光度计(UV3600,Daojin Corp.,Japan)测定。尿囊素浓度根据 Chen & Gomes(1992)描述的方法,采用比色法测定。测定肌酐、尿酸、尿囊素和尿素氮所需的尿液最终稀释倍数分别为 200 倍、10 倍、50 倍和 50 倍。

③牛尿的处理与保存。

a. 由于牛的排尿量较大,因此所收集的尿液应每天处理 2 次。这样也可避免尿液中氨的大量挥发。

b. 将所收集的尿液准确计量,充分混匀,然后按比例取样。取样量应根据测定项目的要求确定,一般为每天每头牛 1000~2000 ml。

c.将采集的尿样分装于 2 个样品瓶内,其中 1 瓶加 10%硫酸使 pH 值降至 3 以下(固氮和防腐),-20℃冰柜冷冻保存,用于测定尿氮;另一瓶不加酸,-20℃冰柜冷冻保存,用于测定尿能和其他成分。

d. 如果不须测定尿能,可在收集尿液前事先在集尿桶中加入适量 10%的硫酸,用于固氮和防腐。

9.2.5　血样的采集与分析

9.2.5.1　牛尾静脉与牛尾中动脉的解剖部位

牛尾静脉与牛尾中动脉的解剖部位在牛尾腹侧中线处并行,浅部位的为尾静脉,深部的为尾中动脉。进行牛尾采血的具体部位为离尾根 10 cm 左右,第 4、5 尾椎骨交界中点凹陷处,静脉血颜色暗、量少,动脉血颜色鲜红、量多。

9.2.5.2　牛尾部采血所用器械

牛尾部采血所用器械为浙江温岭市求精塑料医械厂生产的动物用一次性连试管采血器。一次性连试管采血器是专用于牛进行采血的一次性使用器械,它集采血、试管、保存管三位一体,一器三用。使用动物用一次性连试管采血器可避免交叉感染,减少了将血液注入试管这道程序,采血后直接放入试管架即可,携带方便,避免了操作人员受到感染。

9.2.5.3　牛尾部采血的操作步骤

(1)一人用手抓住牛尾巴往上翘,手离尾根部约 30 cm。

(2)在离尾根 10 cm 左右中点凹陷处,先用酒精棉球消毒,然后用动物用一次性连试管采血器针头垂直刺入(约 1 cm 深。)

(3)针头触及尾骨后再退出 1 mm 进行抽血。

(4)抽血完成后,旋出拉杆,装回针头保护套,放到试管架上适宜的温度即可析出血清。

采用动物用一次性连试管采血器对牛进行尾部采血与传统的颈静脉采血

方法相比较具有以下优点：对牛只应激反应微小，牛只不需要保定，减少了牛只的应激反应，不影响奶牛的产奶量；操作简便，采血人员容易掌握；避开了颈静脉采血法必须先用针头刺破牛皮这道初学者较难掌握的一道程序；使用一次性连试管采血器，避免了操作人员直接接触血液受到病原菌感染，具有安全、卫生、规范的优点，保障了血清的质量；降低了颈静脉采血法对牛只保定要求，操作简便易学，减少了将血液注入试管等程序，提高了工作效率。

每个采样期的最后一天，分别于晨饲后的 0 h 和 6 h 时用装有肝素钠的抗凝一次性真空采血管对 8 头牛分别进行尾根静脉采血，于 3500 r/min 离心 15 min 分离血浆，分装后保存至-20℃冰箱内待测。

9.2.6　肝脏样品的采集与分析

每期试验采样期于晨饲后 3~6 h 进行肝脏活体取样 0.5~1 g，根据 Oxender 等（1971）的方法并做适当调整。肝穿刺取样后装入样品管，立即投入液氮，待试验结束后放入-70℃冰箱保存以进行相关指标分析。具体试验仪器和采样方法如下：

9.2.6.1　肝脏采样所用仪器

9.2.6.1.1　肝脏活体采样器

肝脏活体采样器包括外层套管、穿刺针、密封塞、套在穿刺针上的螺母等几部分。

9.2.6.1.2　手术及样品保存用品

手动剃须刀及吉列刀片，70%酒精和酒精棉球，复方碘液，20 ml、50 ml 的注射器和注射针头，0.25%~1.0%的盐酸普鲁卡因溶液，0.1%新洁尔灭溶液，灭菌纱布 10 cm×10 cm，手术刀片（22 号）及手术刀柄（4 号），三棱缝合针和缝合线（3 号），持针钳及止血钳，高压蒸汽锅，0.9%生理盐水，收集肝脏样品的小烧杯，容纳活体肝脏取样器及手术器械的大托盘（托盘内装消毒液，用以浸泡采样器和手术器械），保存肝脏样品用的液氮罐

9.2.6.2　肝脏采样过程和样品保存

9.2.6.2.1　手术前准备

采样前一天准备好手术器械、纱布、缝合线等，并做好消毒灭菌。采样前 15 min 将手术刀片、三棱缝合针、肝脏采样器、止血钳等放入盛有 0.1%新洁尔

灭溶液的托盘中浸泡消毒。

9.2.6.2.2　奶牛保定

整个采样过程要求奶牛（保定架上）站立保定，尽量限制奶牛的活动空间。如果奶牛活动剧烈，可根据体重肌注少量速眠新注射液。

9.2.6.2.3　确定采样部位

成年荷斯坦奶牛的采样部位为右侧肋骨间隙，一般从髋结节到右前肢肘关节的连线与第 10 根和第 11 根肋骨间隙交叉处上移 2.5~3.5 cm；对于身躯较短的奶牛，采样部位应该在第 11 根肋骨和第 12 根肋骨之间。确定采样部位后用永久性记号笔做好标记。

9.2.6.2.4　取样部位除毛和消毒

以采样部位为中心，用手动剃须刀刮去 15 cm² 左右的被毛（刮毛前应先用温水和肥皂反复揉搓，待被毛湿透和泡沫丰富时再进行刮除）。刮除被毛并用温水冲洗后，再用复方碘液消毒去毛部位，待碘液干燥后用 70%酒精棉球脱碘。

9.2.6.2.5　采样部位局部麻醉

给采样部位注射 0.25%~1.0%的盐酸普鲁卡因注射液 15 ml（其中约 10 ml 皮下注射，5 ml 深入肌肉层注射），等待约 15 min 以保证麻醉药起作用。再次用碘液和酒精对采样部位消毒。

9.2.6.2.6　穿刺过程

采样器应经消毒液消毒后，在使用前应先用灭菌生理盐水冲洗，以减少对伤口的刺激。采样人员需做好消毒和防护，并有助手辅助。确定采样部位麻醉完全后（可用触压或针刺法），先用手术刀在采样手术部位垂直切开长度为 1.5~2.0 cm 的切口，应切透皮肤；采样人员左手持采样器下端，右手持上端，并保证采样器内层穿刺针和外层套管形成锋利的穿刺端；在与奶牛体表采样部位皮肤垂直的角度，缓缓将采样器穿透腹壁，插入腹腔（在穿透腹壁腹膜后阻力立即大幅度减小，手能感到有落空的感觉）；在采样器进入腹腔后，将采样器尖端朝向牛左前肢肘部方向，向胸腹部下方逐渐刺入肝脏，采样器与皮肤的夹角大约呈 45°；从腹腔将采样器刺入肝脏时，能感到阻力突然增加，此时将采样器内层穿刺针拉出约 10 cm，继续推进采样器，此时，采样人员可通过手感来掌握采样器是否刺入肝脏和刺入深度。

9.2.6.2.7　样品采集和保存

待确认采样期已经刺入肝脏约 5 cm 左右时，左手大拇指堵住采样器出气端，右手反向外抽穿刺针芯约 10 cm，使采样器管内产生一定负压，以保证样品保留在外层管内；缓慢将采样器从牛体中拔出（保证采样器水平或前端稍微朝上），将肝组织通过套管推入盛有生理盐水的小杯中，适当搅动以冲去血液。一般能采集肝脏样品 0.5~1.0 g。根据试验需要分装至冻存管，标号后用布袋放至液氮罐中待测。

9.2.6.2.8　术部护理及注意事项

样品采集完毕后，在皮肤切口处做一个结节缝合，做好消毒，必要时肌注抗生素，两周后拆线。注意事项：①为减少肝脏活体取样对奶牛造成的损伤，每头牛最多反复取 5 次样品；②采样器刺入肝脏的深度不能太深（约为 5 cm），采样器从皮肤到肝脏的深度总共约 14 cm 左右，太深时易穿透肝脏。③采样后 3 天内，注意观察牛的采食量和产奶量，并测量牛的体温，观察采样牛有无异常，如出现异常及时治疗。

9.2.7　尾根皮下脂肪活检

将奶牛保定，将尾根区域清洗，用碘配消毒，再用 70% 的酒精脱碘，活检区在尾根皮下脂肪相对较多的部位，选取无临床症状，经血液生化指标检测的健康牛，采用细针吸引技术采取尾部皮下脂肪组织 500~1000 mg。用生理盐水漂洗后装入塑料瓶存于液氮中，回实验室可放入 -80℃ 冰箱保存待测。

9.2.8　乳腺组织活检取材

9.2.8.1　乳腺组织活检

将奶牛保定，肌肉注射 846（每千克体重 0.5~1 mg，视有效含量进行调整），使其轻度麻醉能依靠保定栏保持站立。将右后方乳腺周围 10 cm² 区域剪毛、清洗，用碘配消毒，再用 70% 的酒精脱碘，活检区在后部乳区的正中央，用 2 ml 的盐酸利多卡因皮下注射麻醉，避开皮下大血管，用手术刀尖切透皮肤作一小切口，切口长度保证在 1 cm 以内。将活组织穿刺针沿皮肤切口插入，将穿刺针外鞘弹回，切断组织的内部末端，切下长为 20 mm，直径为 2~3 mm 的乳腺组织的轴状样品，切下的组织样品随着活组织穿刺针取出。为了控制流血，将止血药和抗生素注入伤口,皮肤切口视情况进行简单缝合,涂上抗生素粉末制剂,用药物"伤口—抹得"涂在皮肤切口表面,避免切口与外界接触。活检后的两个小时内,按摩乳房去除凝血块,在以后的一每天需要按摩乳房直到去除所有凝血块,活检后 7~10 d 拆线。

9.2.8.2　样品处理

9.2.8.1.1　乳腺细胞检测(流式细胞仪)样品处理方法

所取乳腺组织,用冰冷生理盐水含双抗冲洗干净后,放入含有冰冷生理盐水(含双抗)的青霉素小瓶中,做好标记取样时间、日期,于 4℃冰盒中带回实验室作进一步处理尽快分离组织,最好,1 h 之内,若不能及时带回实验室,要加培养液(DEME 基础培养液),防止组织自溶或酶解。将样品带回实验室,先剔除脂肪、结缔组织和坏死区域,再进行二次取样,获得活检样品核心区组织,用 PBS 液漂洗干净,另取一只小烧杯,杯口用 300 目不锈钢细胞筛网盖住,并用 PBS 液湿润取新鲜组织标本置细胞筛网上,在操作前,先将剪刀用 PBS 液浸润一下,然后开始剪碎组织,先剪几下,再用玻璃注射器的内芯轻轻研磨剪碎的组织,用 PBS 冲洗细胞匀浆并过滤于小烧杯中,如果这时仍有可见组织块,再用剪刀剪碎和研磨,再加适量 PBS 液冲洗,直至网上无组织块为止,收集细胞悬液,再用目细胞筛网过滤一次,以减少成团细胞。

9.2.8.1.2　组织相关基因表达等处理方法

所取乳腺组织,用冰冷生理盐水含双抗冲洗干净后,放入冻存管,随后放入液氮,到实验室后放入–80℃冰箱保存待测。

9.3　样品指标测定方法

9.3.1　饲料瘤胃降解率测定——瘤胃尼龙袋法

9.3.1.1　试验动物及饲养管理

9.3.1.1.1　试验动物

试验动物为成年奶牛数量至少 4 头以上。要求年龄、生理状态、生产性能相近,发育正常,健康状况良好。试验动物应安装有永久性瘤胃瘘管,安装瘤胃瘘管手术后 20 天以上,已恢复正常生理状态。

9.3.1.1.2　饲养管理

试验动物采用常规饲料原料,根据相应饲养标准配比日粮,按 1.3 倍维持水平饲养,日粮精粗比为 4:6。试验动物按该品种动物常规程序饲养管理,每天饲喂 2~3 次,自由饮水。测定前预饲至少 15 d。预饲期和测定过程中不能更换日粮,不能对试验动物进行免疫、治疗及实施其他可能干扰瘤胃消化机能的任何措施。

9.3.1.2　试验材料

9.3.1.2.1　尼龙袋

选用孔径为 40~60 μm 的尼龙布,制成长×宽为 8 cm×12 cm 的尼龙袋,袋底部两角呈钝圆形,以免样本残留。尼龙袋用细涤纶线双线缝合。针孔用在瘤胃内不易溶解或脱落的胶粘剂弥合。散边用电烙铁烫平或用酒精灯烤焦,以防止尼龙布脱丝,尼龙线脱落。新制作的尼龙袋用不易在瘤胃中褪色的墨水编号。用前放入瘤胃内 72 h,取出、洗净、65℃烘干后方可使用。

9.3.1.2.2　半软塑料管

半软塑料管的作用是固定尼龙袋,并保证装有待测样品的尼龙袋始终沉浸于瘤胃食糜中。半软塑料管的直径为 0.8 cm 左右,长度为 50 cm。在塑料管的一端距顶端 1~2 cm 处向内划透一长 3 cm 的夹缝,用于固定尼龙袋。在塑料管的另一端距顶端 1~2 cm 处打一直径约 0.5 cm 的孔,系一条结实的尼龙线,用于将半软塑料管固定于瘤胃瘘管盖上。

9.3.1.3　试验方法

9.3.1.3.1　待测样品的准备

将待测样品 3 mm 筛孔粉碎,置于样品瓶内,清洁干燥处保存备测。将尼龙袋、饲料样品置于真空干燥箱或鼓风干燥箱内 65℃下恒重。用分析天平称取尼龙袋重量,然后采用适当工具将经称重的待测样品小心放入尼龙袋底部,注意袋口处切勿沾染样品。精饲料样品每个袋 4 g 左右,粗饲料样品每个袋 2 g 左右。

9.3.1.3.2　将尼龙袋固定于半软塑料管上

分别将每两个装有待测样品的尼龙袋口交叉夹于一根半软塑料管的夹缝中,用橡皮筋缠绕固定,确保其不渗漏、不脱落。

9.3.1.3.3　尼龙袋的放置

在早晨饲喂前 1 h,打开试验动物的瘤胃瘘管盖,将固定尼龙袋的半软塑料管连同尼龙袋一起送入瘤胃腹囊食糜中。用塑料管上端的尼龙线将半软塑料管固定于瘘管盖上。

9.3.1.3.4　尼龙袋的取出

将装有待测样品的尼龙袋放入试验动物的瘤胃后开始记录培养时间,每个培养时间点从每头(只)试验动物瘤胃中各取出一根管(连同上面所系的2个尼龙袋),直至所有塑料管(尼龙袋)全部取出为止。

9.3.1.3.5　尼龙袋的冲洗

将取出的尼龙袋浸泡在冰水中,并立即用自来水冲洗,在冲洗过程中可用手轻轻挤压,直至水清为止。在冲洗过程中严格防止尼龙袋中的残余物随水逃逸。

9.3.1.3.6　尼龙袋的烘干

将冲洗过的尼龙袋(连同之中的残余物)置于真空干燥箱或鼓风干燥箱内65℃下恒重。

9.3.1.3.7　样品与培养残余物目标成分含量的分析

分别将各培养时间点尼龙袋中的残余物完全转移出来。采用相应的国家标准或行业标准所规定的方法分别测定装袋样品中和培养后残余物中各目标成分(如干物质、蛋白质、中性洗涤纤维等)的含量,并统一折算为65℃下的含量。

9.3.1.3.8　样品空白试验

某些细小的样本颗粒可能不经瘤胃降解就迅速通过尼龙袋孔逃逸,此部分实际上并未真正参加瘤胃的降解过程,因而应从装袋样品中扣除。这部分未经瘤胃降解就直接从尼龙袋中逃逸的样品可通过空白试验进行校正,即在进行上述操作的同时,按步骤另装2个尼龙袋,但不将其放入瘤胃内,直接对其按步骤进行处理。

9.3.1.4　结果计算

9.3.1.4.1　装袋样品量的校正

(1)装袋样品逃逸率的计算

采用下式计算装袋样品干物质逃逸率:

$$装袋样品逃逸率(\%)=\frac{空白试验装袋样品干物质重(g)-空白试验袋中残余物重(g)}{空白试验装袋样品干物质重(g)}\times100\%$$

(2)校正装袋样品量的计算

采用下式计算校正装袋样品量:

校正装袋样品量(g)= 实际装袋样品量(g)×(1-样品逃逸率(%))

9.3.1.4.2　目标成分降解量的计算

采用下式计算样品各目标成分各培养时间点的降解量:

某目标成分某培养时间点的降解量(g)=[校正装袋样品量(g)×空白试验残余物中某目标成分的含量(%)]-[某培养时间点残余物的重量(g)×某培养时间点残余物中某目标成分的含量(%)]

9.3.1.4.3　目标成分实时降解率的计算

采用如下公式计算样品各目标成分某培养时间点的实时降解率:

$$某目标成分某时间点的实时降解率(\%)=\frac{某目标成分某时间点的实时降解量(g)}{校正装袋样品量(g)×空白试验残余物中某目标成分的含量(\%)}×100\%$$

9.3.1.4.4　降解参数的计算

饲料中某成分在瘤胃中的实时降解率符合指数曲线:$P = a+b(1-e^{-ct})$

式中:P 为 t 时刻被测样品某目标成分的实时瘤胃降解率,%;

　　　a 为被测样品某目标成分的快速降解部分,%;

　　　b 为被测样品某目标成分的慢速降解部分,%;

　　　c 为 b 部分的降解速率,%/h;

　　　t 为饲料在瘤胃内停留的时间,h。

利用各培养时间点实时降解率的数据(P 和 t),采用最小二乘法,或统计软件中的非线性回归程序,或饲料瘤胃降解参数计算软件,计算式中 a、b 和 c 值。

9.3.1.4.5　有效降解率的计算

利用 9.3.1.4.4 的计算结果(a、b、c 值)采用下式计算待测饲料目标成分的有效降解率:

P = a + bc /(c+k)

式中:P 为待测样品某目标成分的有效降解率,%;

　　　a 为待测样品某目标成分的快速降解部分,%;

　　　b 为待测样品某目标成分的慢速降解部分,%;

　　　c 为 b 部分的降解速率,%/h;

　　　k 为待测样品某目标成分的瘤胃外流速率,%/h。

由于 k 值的测定比较复杂,因此在无测定条件时可根据被测饲料的性质和相关文献资料设定 k 值。但设定的 k 值必须符合实际情况,有理有据。

9.3.1.5 结果表示

试验结果应包括各目标成分在各培养时间点的实时降解率、降解常数 a、b、c 值、食糜外流速度 k 值和有效降解率。

试验结果的表示应精确到小数点后两位有效数字。

在试验报告中应对试验动物的种类、品种、数量等情况加以说明。对 k 值的获取方法加以说明。

9.3.2 活体外两阶段法测定奶牛饲料消化率

9.3.2.1 测定原理

将饲料样品经过两个阶段消化，其中第一阶段与瘤胃液一起发酵 48 h，用以模拟瘤胃消化过程；第二阶段在第一阶段的基础上再用盐酸胃蛋白酶水解 48 h，以模拟真胃和小肠的消化过程。然后，样品经过过滤、干燥、称重，从而计算饲料干物质消化率。根据试验需要，如果对残渣进行蛋白质、脂肪、纤维组分或其他营养成分含量的测定，还可以用来计算这些营养物质的活体外消化率。

9.3.2.2 仪器设备与试剂

100 ml 玻璃注射器，电热恒温水浴箱，内装自制 100 ml 玻璃注射器支架，瘤胃液采集装置，自动加液器，磁力搅拌器，恒温搅拌器，二氧化碳罐，分析天平等。

试剂与溶液：

缓冲液：每升缓冲液中含 Na_2HPO_4 1.43 g、KH_2PO_4 1.55 g、$NaHCO_3$ 8.75 g、NH_4HCO_3 1.00 g、$MgSO_4 \cdot 7H_2O$ 0.15 g、$CaCl_2 \cdot 2H_2O$ 3.3 g、$MnCl_2 \cdot 4H_2O$ 2.5 g、$FeCl_2 \cdot 6H_2O$ 0.2 g、$CoCl_2 \cdot 6H_2O$ 0.25 g、$Na_2S_9 \cdot H_2O$ 0.37 g。

缓冲液 pH 值的调整：在瘤胃液与缓冲液混合前，向缓冲液中连续冲入 CO_2，将缓冲液 pH 值调整至 6.9~7.0 之间，在 39℃水浴下大约 30 min。

9.3.2.3 操作步骤：

9.3.2.3.1 样本称量

准确称取 0.5 g 的样品装在自制的无纺布滤袋中，放入 100 ml 的玻璃注射器中，每个玻璃注射器放放 3 个滤袋，不加样品的过滤袋作为空白，用封口机封口。

9.3.2.3.2 瘤胃液采集与处理

通过瘤胃瘘管分别采集 4 头牛的瘤胃内容物，等体积混合后，四层纱布过滤,并迅速加入装有经 CO_2 饱和并预热(39℃)的缓冲液的保温桶中,配制成混合培养液(瘤胃液与缓冲液配比为 1:2)。

9.3.2.3.3 混合培养液制备

混合培养液边加热边用磁力搅拌器进行搅拌,同时通入 CO_2。玻璃注射器加入 70 ml 混合培养液,放入 39℃恒温水浴箱中培养 48 h,监控产气量,及时放气。并调节振荡频率。

9.3.2.3.4 模拟瘤胃发酵

发酵 48 h 后倒去全部培养液,取出过滤袋,迅速用冷水冲洗,以终止微生物发酵反应。

9.3.2.3.5 模拟真胃消化

在每个含有滤袋的玻璃注射器中中加入 35 ml 的新鲜的胃蛋白酶溶液,然后在 39℃水浴锅厌氧培养 48 h,并调节振荡频率。

9.3.2.3.6 残渣烘干

培养完取出后用水洗净,105℃烘干 12~24 h,称量和计算样品干物质消化率。

9.3.2.4 结果计算

DM 消失率%=[样品 DM−(未消化的 DM−空白 DM)]/样品 DM×100

9.3.2.5 注意事项

(1)采集瘤胃液的时间最好在晨饲前,因为这时瘤胃液的活性和组成是最稳定的。

(2)瘤胃液至少是 4 头及以上奶牛的瘤胃液的混合物,这样才能更好地保持瘤胃液的活性

9.3.3 瘤胃微生物测定——滚管法

滚管法是一种培养厌氧微生物的方法。琼脂培养基里的一层薄雾是检测试管内表面充满的无氧气体。无氧气体是通过使用不能透过氧气的丁基橡胶瓶塞封闭试管来保持。这种方法是 1947 年 Hungate 发明的,后来又对此方法进行了无数的改进。

9.3.3.1 瘤胃厌氧培养的方法

(1)准备无氧缓冲液和还原剂的溶液。

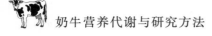

（2）混合除缓冲液和还原剂溶液外的所有稳定热培养基的各个组分。

（3）在没有氧气的情况下煮沸，如果碳酸氢钠作为缓冲液加到培养基则产生 CO_2 气体。煮沸的目标是减少液体中的可溶性气体，用不含氧气的气体冲洗主要是防止氧气再次重新溶到水层。

（4）厌氧的情况下加入缓冲液和还原剂。

（5）高压灭菌锅以杀死孢子。

（6）由于这些组分不能持续高温，用无氧气体和喷雾前要先过滤除菌，再加到培养基。

（7）如果选用的气体是 CO_2 立即用这种气体或其混合气体进行冲洗。

9.3.3.2 仪器设备

带丁基橡胶瓶塞的 hungate 滚动试管。灭菌的注射器解剖显微镜，CO_2，一级气体，接种环或灭菌的可处理的环化学试剂，玻璃器皿，高压灭菌锅。

9.3.3.3 厌氧琼脂培养基的准备工作

准备培养基所需的各组分。如果培养基各组分受热稳定，煮沸是从溶液中除去氧气的最简单途径，无氧气体可以替代容器中的蒸汽。在试管的顶端转移无氧气体时，培养基的上部如果已经是无氧状况，则没有必要使气泡通过培养基了，在煮沸前加琼脂。溶液也可以不通煮沸的方式除去氧气，而用较多的无氧氮气通过溶液达到去氧的目的，但是这种取代率相当低，氧气通过扩散出气体流进表层而逃出。因此，最大量的从溶液中除去氧气经常需要 30 min 到 1 h，甚至需要较多的无氧气体（氮气）。

9.3.3.3.1 分装培养基

将培养基分装到试管或器皿时，必须连续地通入无氧气体到装有培养基的容器。并且气体要充满整个容器。气体流动速率不必太高，因为较高的流动速率经常是气体的来源而且也不经济，气体流动速率最好用装着水的烧杯来校对。一个培养管（16 mm×150 mm）装 5~10 ml，培养基墓气体流动速度为 5 ml/s，持续通 5 min 就足够取代氧气了。

用 10 ml 的注射器分装培养基时，首先用注射器反复吹吸无氧气体以去除空气。分装培养基后，仍需继续通一会儿气体，接着盖上丁基橡胶瓶塞。取出通气管尖时立即将瓶塞盖紧瓶口。理论上讲取出气管尖和盖紧瓶塞应该是同时的。还必须注意气体转移管尖必须迅速从培养基中取出。使用丁基橡胶瓶塞来盖厌氧管或空气是因为它对氧气是不可透,而对其他气体是可透过的,这是其他橡胶瓶塞没有的性能。

9.3.3.3.2　灭菌

灭菌大量厌氧培养基在任意容器里都可以,只要它能承受高压灭菌器产生的压力。瓶塞必须用金属丝紧紧缠起来或用带丁基橡胶皮膜的螺丝帽拧紧。在大体积容器比在小体积容器更易维持厌氧条件。只要瓶塞盖好,灭菌的灭氧管可以长时间保存而不被氧化。但即使封口只有一小点漏气,培养基也会逐渐被氧化。培养组分不是稳定热时必须通过过滤除菌,接着长时间通入不含氧气气体的气泡,经过灭菌后加到培养基里。

9.3.3.3.3　接种

不可以在滚动管培养基表面接种,熔化琼脂培养基在45℃左右倒入培养基,注入所需的所有培养物,前后反复倾斜试管以混合培养物和培养基。为了防止产生气泡不要快速倾斜,气泡可能在琼脂凝固时仍然存在以至于混淆了菌落的认识。滚动试管可以在机械的滚器或用手均匀地将琼脂培养基铺在试管表面形成一层薄膜。手动滚管必须在冰水中进行。不管怎样,多余的培养基会仍在试管底部,这些多余的液体并不会影响表面菌落的生长。培养期间,由于收缩仍然有水从试管的薄膜层流出,但这些水也不会干扰底部的菌落。根据菌落的位置,在解剖显微镜下可以看到菌落。多数菌落长在表面而有一些菌落长到试管壁,在琼脂和玻璃之间形成一层膜。因此,即使纯培养也可能被污染,必须经过仔细的检查才能表示出菌落的特征。

用于接种的培养物需经过适当稀释才能用,这样分离的菌落才能在表面看到,才能用于微生物的计数,计算分离的菌落才能正确地进行。因此才能挑取单个菌落而不与其他菌落污染。越高倍数的稀释接种培养物,越多几率得到单菌落。

9.3.3.3.4　挑取菌落

从滚管里的培养基表面挑取分离菌落必须练习,首先打开试管,并从中挑菌落然后转移并注入试管的顶端,立即通入无氧气体。使用接种环比较容易挑起菌落。当用接种环挑取菌落时,它们可以在环上形成一层薄膜,彻底地暴露在空气中,因此微生物很容易死掉。通过挑取带有一些琼脂的菌落可以增加细胞的变异力。因此,挑取琼脂培养基,使菌落包裹在里面。利用接种环,包有菌落的琼脂团迅速地转移到另一管固体琼脂表面或含有肉汤的培养基。

9.3.4 嘌呤法测定瘤胃微生物量测定

9.3.4.1 试剂

0.2 M $NH_4H_2PO_4$ 溶液、28.5 mM $NH_4H_2PO_4$ 缓冲液、pH=2 的双蒸水、0.4 M $AgNO_3$

0.5 N HCl 溶液

9.3.4.2 操作方法

(1)称样品 0.2 g 于 50 ml 带塞试管中。

(2)加入高氯酸 2.5 ml（70%）,旋紧瓶口。

(3)旋涡振荡,使样品全部湿润。

(4)在 90℃~95℃水浴 15 min,水浴温度不得超过 100℃。

(5)旋涡振荡后,打碎炭化物,再置入水浴锅中 45 min。

(6)加入 0.0285M $NH_4H_2PO_4$ 缓冲液 17.5 ml。先加一半摇匀,再加另外一半,确保无炭化渣吸附在管壁上。

(7)振荡后,再水浴(90℃~95℃)10~15 min。

(8)用定量滤纸过滤至带盖试管中,封口,可在冰箱中保存 4 d。

(9) 移取 0.25 ml 滤液至 16×125 mm 试管中, 加入 0.25 ml 0.4 M $AgNO_3$ 及 4.5 ml 0.2 M $NH_4H_2PO_4$,置入冰箱中过夜。

(10)在 3000~28000 g 下离心 10 min ,弃去上清液,勿搅动沉淀。

(11)沉淀中加入 4.5 ml pH 值为 2 的双蒸水和 150 μl $AgNO_3$,旋涡振荡,重复第 10 步。

(12)准确加入 5 ml 0.5 N HCl,旋涡振荡,充分混匀。

(13)用胶塞将盖封严,在 90℃~95℃ 水浴 30 min。

(14)再在 3,000~28000 g 下离心。

(15)切勿搅动沉淀。样品冷却 10 min, 吸取 200 μl 标准液、样品及 0.5 N HCL（空白）在 260 nm 处比色。

9.3.4.3 标准液

将 0.151 g 鸟嘌呤($C_5H_5N_5O$) 和 0.135 g 腺嘌呤($C_5H_5N_5$) 加入至 250 ml 0.5 N

HCl 中(1.144 mg/ml)。

9.3.4.4 贮备液

吸取以上溶液 10 ml 加入 100 ml 容量瓶中,用 0.5 N HCl 定容。

9.3.4.5 工作液

工作液见表 9-1

表 9-1 工作液配制

mL 储备液/100 mL	嘌呤浓度（μg/mL）
0.1	0.114
0.3	0.342
0.5	0.570
1.0	1.144
2.0	2.288
3.0	3.432
4.0	4.576
5.0	5.720
10.0	11.440
15.0	17.460

9.3.5 尿酶法测定尿酸

9.3.5.1 试剂

KH_2PO_4 缓冲液,0.67M,pH 值 9.4。用 KOH 调整 pH 值;尿酸酶(南京建成试剂公司),制备酶溶液,每 ml 缓冲液为 0.12 单位;尿酸。

9.3.5.2 仪器

(1)752 C 型紫外分光光度计。

(2)恒温水浴锅。

9.3.5.3 标样制备

制备液浓度为 5、10、20、30、40 mg/L 的尿酸标样。

9.3.5.4 测定步骤

(1)吸取 1 ml 尿样或标样或空白(蒸馏水),注入 10 ml 试管中,与 2.5 ml 磷酸盐缓冲液充分混合。

(2)准备两组试管,向其中一组加入 150 μl 缓冲液,向另一组加入 150 μl 的尿酸酶溶液,混合均匀。

(3)置于 37℃ 的水浴锅中 90 min。

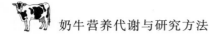

（4）取出冷却,在 293 nm 下测定光吸收度。

9.3.5.5 标准曲线

（1）标准曲线是曲线形的,当 X 和 Y 都转化为 ln 的函数时,ln(Y)和 ln(X)线性相关,用没有添加尿酸酶的一组读取的吸光度建立标准曲线。

（2）计算尿酸酶处理过的吸光度的净减少,△OD=OD(不加酶)−OD(加酶)。

（3）根据所建立的等式求出尿酸浓度。

9.3.6　比色法测定尿囊素

9.3.6.1　仪器

721 型分光光度计,恒温水浴锅,振荡器。

9.3.6.2　试剂

0.5 mol/LNaOH 溶液,0.5 mol/L HCL,0.023 M 的盐酸苯肼,0.05 mol/L HCL 铁氰化钾溶液,浓盐酸,使用前在−20℃下保存 20 min,40%的 NaCL 溶液−20℃下保存,尿囊素。

9.3.6.3　样准的制备

制备 100 mg/L 的尿囊素溶液,将其稀释到以下浓度:10、20、30、40、50 和 60 mg/L。

9.3.6.4　测定步骤

准确控制该过程的反应时间,在最短的时间内读出标样和样本的吸光度,这是由于吸光度随反应时间的延长而下降。同时处理一组标样和一个空白样（蒸馏水）。

（1）吸取 1ml 标样或空白页注入 15 ml 的试管中。

（2）加 5 ml 蒸馏水和 1 ml 0.5 mol/L NaOH 溶液,混合均匀。

（3）把试管置于 100℃水浴锅中,水浴 7 min,拿出冷却。

（4）向每个试管中加入 1 ml 0.5 mol/L HCL。

（5）加 1 ml 苯肼溶液,置于 100℃水浴锅中,水浴 7min。

（6）拿出试管,迅速置于−20℃ 0.5 mol/L NaOH 溶液,放置 5min。

（7）吸取 3 ml 纯 HCL 和 1 ml 铁氰化钾溶液,对所有样本进行同样处理。

（8）20 min 后 522 nm 下测定吸光度。

9.3.6.5　标准曲线和计算

标准曲线是线性的,所以在已知尿囊素的浓度(标样)(X)和吸光度(Y)之间建立回归关系,从而求出未知样的浓度。

9.3.7　苯酚—次氯酸钠比色法测定氨态氮(NH_3-N)含量

9.3.7.1　方法依据

本测定方案以 Broderick & Kang(1980)描述的方法用分光光度计比色法为依据。

9.3.7.2　仪器与试剂

(1)仪器

紫外可见分光光度计(UV-2600型,尤尼柯(上海)仪器有限公司);恒温水浴锅。

(2)试剂

①苯酚试剂:将 0.15 g 亚硝基铁氰化钠溶解在 1.5 L 蒸馏水中,再加入 33 ml (90%W/V)苯酚溶液或 29.7 g 结晶苯酚,定容到 3 L 后贮存在棕色的玻璃试剂瓶中。

②次氯酸钠试剂：将 15 g NaOH 溶解在 2 L 蒸馏水中，再加入 113.6 g $Na_2HPO_4 \cdot 7H_2O$,中火加热并不断搅拌至完全溶解。冷却后加入 150 ml 5.25%的次氯酸钠(或 44.1 ml 含 7%~10%活性氯的次氯酸钠溶液)并混匀,定容到 3 L,最后将经滤纸过滤的滤液贮存于棕色试剂瓶中待用。

③标准铵溶液:称取 0.6607 g$(NH_4)_2SO_4$(经 100 ℃ 24 h 烘干)溶于 0.1 mol/L 盐酸并定容至 100 ml,得到 100 mmol/L 的标准铵贮备液。将上述贮备液稀释配制成 0.5、1.0、1.5、2.0、2.5 mmol/L 五种不同浓度梯度的标准液。

9.3.7.3　操作步骤

(1)每支试管中加入 50 μl 经适当倍数稀释的样本液或标准液，空白为加 50μl 蒸馏水。

(2)向每支试管中加入 2.5 ml 的苯酚试剂,摇匀。

(3)再向每支试管中加入 2.0 ml 次氯酸钠试剂,并混匀。

(4)将混合液在 95℃水浴中加热显色反应 5 min。

(5)待溶液冷却,在 630 nm 波长下用紫外可见分光光度计比色。

9.3.8 瘤胃液中挥发性脂肪酸测定——气相色谱法

9.3.8.1 方案基础

本测定方案以 Erwin 等（1961）建立的挥发性脂肪酸直接进行气相色谱分析的方法为依据，并且对色谱柱的选择和色谱操作条件进行了优化。

9.3.8.2 试验原理

气相色谱分析方法是利用气体作为流动相（载气），携带由进样口进入的样品进入分离柱（填充柱或毛细管柱）。由于样品中各组分在色谱柱固定相（液相或固相）和流动相（气相）间分配或吸附系数间存在差异，不同组分样品在两相间经过反复多次分配，组分迁移速度出现差异，即按特定顺序到达检测器。

9.3.8.3 仪器与材料

（1）仪器：Agilent 6890N 气相色谱仪，配置 HP-INNOwax（30.0 m × 320 μm × 0.5 μm，Catalog No:19091N-213）毛细管色谱柱；Finnpipette® 单道移液器：200~1000、40~200 和 5~40 μl 各一支。

（2）色谱标准品：乙酸（Sigma A6283）、丙酸（Sigma P1386）、丁酸（Adlrich B103500）、异丁酸（Adlrich129542）、异戊酸（Sigma I1754）、戊酸（Sigma V9769）和 2-乙基丁酸（Aldrich 10995-9）、偏磷酸为市售分析纯产品。

9.3.8.4 标准液的制备

（1）配制含有内标物 2-乙基丁酸（2EB）的去蛋白溶液。准确称量 25 g 偏磷酸和 0.217 ml 2-乙基丁酸，定容到 100 ml 容量瓶中，即配制成含有 2 g/L 内标物 2EB 的 25%（w/v）偏磷酸去蛋白溶液。

（2）制备 100 ml 混合标准贮备液（标准贮备液见表 9-2）。

表 9-2 标准贮备液配制

	乙酸	丙酸	异丁酸	丁酸	异戊酸	戊酸
添加用量，μl	330	400	30	160	40	50
最终浓度，g/L	3.46	3.97	0.29	1.53	0.38	0.47
摩尔浓度，mmol/L	57.65	53.63	3.29	17.45	3.67	4.61

（3）制备 VFA 的 5 级梯度稀释标准液。在 5 个 1.5 ml 离心管中添加 0.2 ml 含有 2EB 的偏磷酸去蛋白溶液，在其中分别添加 1、0.8、0.6、0.4 和 0.2 ml 的混合标准贮备液，以及 0、0.2、0.4、0.6 和 0.8 ml 的蒸馏水。梯度标准液中各组分浓度如表 9-3：

表 9-3 梯度标准液配制

标准贮备液添加量(ml)	VFA 梯度标准液浓度(mmol/L)						
	乙酸	丙酸	异丁酸	丁酸	异戊酸	戊酸	2EB
1.0	48.04	44.69	2.69	14.51	3.06	3.79	2.88
0.8	38.43	35.76	2.15	11.61	2.45	3.04	2.88
0.6	28.82	26.82	1.62	8.71	1.84	2.28	2.88
0.4	19.22	17.88	1.08	5.80	1.23	1.52	2.88
0.2	9.61	8.94	0.54	2.90	0.61	0.76	2.88

9.3.8.5 样品前处理

(1)澄清发酵液样品离心去除饲料颗粒和杂质(5400 rpm×10 min);

(2)在 1.5 ml 离心管内准确加入 1 ml 离心上清液和 0.2 ml 含有内标物2EB 的 25%偏磷酸溶液,混匀,冰水浴中放置 30 min 以上;

(3)再次离心(10000 rpm×10 min),去除样品中蛋白质沉淀物,取上清液待用。

9.3.8.6 气相色谱仪操作步骤

(1)汽化室参数:载气 N_2,分流比 40:1,进样量 0.4 μl,温度 220 ℃。

(2)色谱柱参数:HP-INNOWax 毛细管色谱柱恒流模式,流量 2.0 ml/min,平均线速度 38 cm/sec。

(3)柱温箱参数:程序升温 120 ℃(3 min)—10 ℃(1 min)—180 ℃(1 min)。

(4)检测器参数:H_2 流量 40 ml/min,空气流量 450 ml/min,柱流量 ± 尾吹气流量 45 ml/min,FID 温度 250 ℃。

9.3.8.7 数据分析方法

采集 VFA 标准溶液后进入 HP-CHEM 色谱工作站"Data analysis"工作界面。建立多级校正表,并且校正(Calibration)菜单中选择校正设置(Calibration setting),确定曲线类型(Type)为 Linear。在 Report 菜单中选择 Specify Report,在 Quantitative Result 中的计算方法选择为 ISTD 内标法。采集未知样品谱图,根据已经建立的积分参数和校正曲线,用内标计算方法得到未知样品各组分的含量。各 VFA 含量之和为样品 TVFA 含量,每种 VFA 的含量与 TVFA 的百分比即为该组分在样品中的摩尔比例。

9.3.9 乳中脂肪酸的测定——气相色谱法

9.3.9.1 方案基础

本测定方案以 Kramer 等(1997)的甲酯化方法和 Bu 等(2007)建立的奶中脂肪酸测定方法为依据,并且对色谱柱的选择和色谱操作条件进行了优化。

9.3.9.2 试验原理

样品经有机溶剂提取粗脂肪后,先后经碱皂化和酸酯化处理生成脂肪酸甲酯,用正己烷萃取,气相色谱柱分离,氢火焰离子化检测器检测,外标法定量。

9.3.9.3 试剂

(1) NaOCH₃/Methanol(氢氧化钠甲醇溶液):将 2 g 氢氧化钠溶于 100 ml 含水不超过 0.5%的甲醇中,溶液放置一段时间后,可能产生碳酸钠白色沉淀而失效,此时重新配制。溶液冷藏保存。

(2)盐酸/甲醇溶液:10 ml 乙酰氯慢慢加入到 100 ml 无水甲醇中,冷藏保存。

(3)Na_2SO_4 溶液:6.67 g Na_2SO_4 溶于 100 ml 纯水中。

(4)正己烷/异丙醇混合溶液:正己烷/异丙醇以 3:2 比例混合,冷藏保存。

(5)脂肪酸混合标准液(外标):将 37 种脂肪酸甲酯混合标准液 25 mg 溶解在 10 ml 正己烷中,冷藏保存。

(6)正己烷:色谱纯正己烷。

9.3.9.4 操作过程

(1)取 2 ml 乳样于 10 ml 带盖离心管中,加 4 ml 正己烷/异丙醇溶液,再加 Na_2SO_4 溶液 2 ml,室温离心 5300 rpm,20 min。

(2)提取上清液在 20 ml 水解管中,混合后氮气吹干。

(3)加入 2 ml NaoCH₃ /Methanol 在 50℃水浴 15 min, 冷却后加入 2 ml 盐酸/甲醇溶液在 80℃水浴 1.5 h。

(4)冷却到室温,加入 3 ml 水和 6 ml 正己烷,震荡,静置或离心分层。

(5)吸取上层液体(尽量吸净),定容 10 ml,加无水 Na_2SO_4 干燥后,可上机测定。

9.3.9.5 气相色谱分析条件

色谱柱:HP-88(100.0 m×0.25 mm×0.25 um);柱温:120℃维持 10 min,然后

以3.2℃/min升温至230℃,维持25 min;进样口温度:250℃;检测器温度300℃;载气:氮气;恒压:190 Kpa;分流比:1:20;进样量:1 ul。

9.3.9.6　结果分析

牛奶中脂肪酸含量可按公式:$Xi=(Ai×Ci×V)/(As×m)$ 计算。

Xi:第 i 种脂肪酸的含量(mg/kg)

Ai:第 i 种脂肪酸甲酯峰面积

As:混标中第 i 种脂肪酸甲酯峰面积

Ci:混标中第 i 种脂肪酸甲酯浓度

V:试液体积(ml);m:待测样品质量(g)

9.3.10　瘤胃发酵液中的乳酸测定——对羟基联苯法

9.3.10.1　材料、试剂与仪器

无水乳酸锂、对羟基联苯、钨酸钠、硫酸铜、氢氧化钙、浓硫酸均为分析纯试剂。

(1)钨酸溶液:0.667 mol/L 硫酸及 10%(W/V)钨酸钠溶液等体积混合,使用前配制。

(2)20%(W/V)硫酸铜溶液:称取硫酸铜 20 g,加蒸馏水定容至 100 ml。

(3)对羟基联苯溶液:称取对羟基联苯 1.5 g 溶于 100 ml 的 0.125 mol/L 氢氧化钠溶液中(配制时加热助溶,溶解后为澄清液体),贮存于棕色瓶中,保存于4℃冰箱。

(4)乳酸标准储存液(0.5 mg/ml):精确称取无水乳酸锂 53.25 mg,溶于 50 ml 蒸馏水中,加 0.5 mol/L 硫酸 10 ml,后加蒸馏水定容至 100 ml,混匀后保存于4℃冰箱。

(5)UNIC UV-2100 紫外可见分光光度计、TGL-16B 离心机、恒温水浴锅、具塞试管及具塞比色管。

9.3.10.2　发酵液样品预处理

取适量发酵液样品 5000 r/min 离心 10 min,以除去菌体和碳酸钙沉淀,吸取上清液 0.5 ml 置于洁净离心管中,加入等体积 1 mol/l 硫酸,静置,10000 r/min 离心 10 min,以除去硫酸钙(若发酵时没加入碳酸钙,将发酵液离心取上清液即可),取上清液适当稀释,吸取稀释液 2.00 ml 于洁净离心管中,加入 2.00 ml 钨

酸溶液,混匀,室温静置,直至溶液中出现明显絮状物,10000 r/min 离心 10 min,取上清液置于 10 ml 洁净离心管中,60℃水浴保温 30 min 左右,冷却待用。

9.3.10.3　标准曲线的制作

0.5 mg/ml 乳酸标准液与发酵液同样预处理后, 取 0、0.10、0.15、0.20、0.25、0.30、0.35、0.40、0.45、0.50、0.55、0.60、0.70、0.80、1.00 ml 处理液,分别加进 15 支预先编号的试管,再用蒸馏水补足体积至 5 ml,565 nm 测定吸光度。以乳酸含量为横坐标,吸光度为纵坐标作图。

9.3.10.4　样品测定

(1)精确吸取 5 ml 待测液于具塞试管中,加入 0.1 g 氢氧化钙,混匀,然后加入 0.2 ml 20% 硫酸铜,迅速混匀,沸水浴 3 min,水浴冷却,3000 r/m 离心 5 min,取上清液 0.5 ml 加入比色管中。

(2)在上述比色管中加入 6 ml 浓硫酸,混匀,沸水浴加热 5 min,取出后冰水浴冷却;加入 1.5% 对羟基联苯溶液 0.1 ml,充分混匀,静置 30 min;置于沸水浴中加热 90 s,冰水浴冷却,以蒸馏水为参比液。在 565 nm 下侧吸光度。

胰腺和小肠食糜淀粉酶活性:按样品和匀浆介质比例为 1:9 将待测样品匀浆,匀浆后 3000 r/min 离心 10 min,−80℃存。采用试剂盒测定淀粉酶活性。

9.3.11　瘤胃微生物 DNA 的提取

取 0.2 g 样品,加入 0.2 g 玻璃珠和 500 μl TE(pH8.0),12000 r/min 离心 10 min,弃上清。向沉淀中加入 400 μl DNA 提取缓冲液(100 mmol/LTris−HCl,pH9.0,40 mmol/L EDTA, pH8.0)混匀,加入 50 μl 10% SDS,10 μl 10 mg/μl 蛋白酶 K,玻璃珠振荡 2 次,每次 2 min,中间冰浴 2 min,60℃保温 2 h,加入 150 μl 氯化苄,55℃保温 1 h,每隔 10 min 轻轻混匀一次。取出冷却至室温,加入 50 μl 3 mol/L NaAc(pH 5.0),混匀,冰浴 15 min,等体积酚:氯仿:异戊醇(PCI=25:24:1)抽提 1 次,转移上清液再用氯仿异戊醇(CI=24:1)抽提 1 次,吸取 450 μl 上清至另一离心管,加入等体积异丙醇,−20℃放置 30 min,12000 r/min 离心 5 min,弃上清,沉淀用 70%乙醇清洗 2 次,室温干燥,溶解于 90 μl TE 缓冲液。

9.3.12　瘤胃细菌 RNA 提取

瘤胃细菌种类较多,裂解方法不一,一般采用微珠振荡法裂解细菌细胞。取 250 ul 细胞悬液样品放入 1.5 ml 无酶离心管中, 加入 1 ml Trizol 试剂、0.3 g 玻璃微珠(200~400 um),悬液放在振荡器上振荡 3 min,取出后冰浴静置 7~10 min,然后 4℃下 10000 g 离心 10 min,取上清液加入 200 ul 氯仿,剧烈振荡 30 s,冰浴静置 5 min,然后 4℃下 12500 rpm 离心 5 min,抽提后将上清液相转移到另一个无酶离心管中,重复一次上述氯仿抽提过程。得到上清液相加入 500 ul 异丙醇,上下颠倒混合摇匀后,在冰浴中静置 5 min,4℃下 12500 rpm 离心 10 min,管底出现少量沉淀,小心弃去上清液,加入 75%预冷乙醇离心洗涤。 弃去乙醇得 RNA 沉淀,沉淀自然晾干后加入适量经 DEPC 处理过的水溶液,取出 2 ul RNA 溶液用无酶水稀释溶解，测定稀释液的吸光度 A260 nm 和 A280 nm，如果 A260 nm /A280 nm>1.7,表明 RNA 溶液可以用于杂交分析,RNA 溶液置于-80℃保存。

9.3.13　组织样 RNA 提取

（1）取 100 mg 左右冷冻的组织样在液氮中研磨成极细粉末,置于装有 1mlTrizol 试剂的 1.5 ml 离心管中。室温放置 5~10 min,使其充分裂解。

（2）12000 rpm 离心 10 min,弃沉淀。

（3）加 200 微升氯仿,快速颠倒 EP 管数次（30 秒）,使其呈淡粉红色,室温放置 15 min;12000 rpm,4℃离心 15 min。

（4）4℃使样品分三层，将 500 微升最上层无色水相层移至新的离心管中,再加入 500 微升异丙醇,轻柔混匀,室温放置 15 min。

（5）1200 rpm,4℃离心 15 min。缓缓倒掉上清,用枪头轻轻吸去残存液体,可见少量沉淀。

加 1 ml75%乙醇（DEPC H$_2$O 新鲜配制）洗涤沉淀。

（6）4℃ 7500 rpm 离心 6 min,弃上清,之后重复上述过程再次洗涤除去杂质;室温晾干（置于通风橱内）至 RNA 沉淀呈透明状且 EP 管壁无水滴,最后用适量的 DEPC 处理的双蒸水溶解 RNA 样品。

9.3.14　血浆代谢组学研究

9.3.14.1　材料与方法
9.3.14.1.1　仪器和试剂

美国安捷伦 6890N/5973N 型 GC-MS 气质联用仪,梅特勒 AL104 电子分析天平,美国 BECK-MAN 公司 OPTIMEL-80 低温高速离心机 。吡啶、乙腈、二十二烷、正庚烷等均为分析纯(北京北化康泰临床试剂有限公司);甲氧胺盐酸盐、N-甲基-三甲基硅烷-三氟乙酰胺(MSTFA):三甲基-氯硅烷(TMCS)=100:1(瑞士 Fluca 公司)。

9.3.14.1.2　样品采集

用含肝素的采血管于尾静脉采血,3000 r/min,4℃离心分离 10 min 制备血浆。-80℃保存。

9.3.14.1.3　血浆样品的衍生化

将血浆样品从-80℃冰箱取出,在室温条件下解冻,取其解冻后的样品 100 μl 放入离心管中,加入乙腈 250 μl 以除去蛋白;在冰浴冷却的条件下超声 10 min,4℃离心机中以 10000 r/min 离心分离 10 min,离心后的样品取其上清液于 1.5 ml 离心管中;将上清液放入 40℃条件下的真空干燥箱中使其挥发至干;取出干燥的离心管,加入 15 mg/ml 甲氧胺吡啶溶液 50 μl 使其充分混匀,再在 70℃条件下肟化 1 h,加入 MSTFA:TMCS=100:1 硅烷化试剂 50 μl,进行衍生化处理,充分混匀后静置 1 h,而后加入含有二十二烷的正庚烷(内标,0.1 mg·ml^{-1})150 μl,使其充分混匀,于 4℃ 10000 r/min 离心 10 min,然后移取全部上清液于微量进样管中,以备 GC-MS 分析。

9.3.14.1.4　4GC-MS 分析

GC-MS 分析条件。

进样量 1 μl,初始温度为 85℃,保持 5 min,程序升温以 10℃/min 的速度上升至 280℃,保持 10 min;进样口温度:270℃;接口温度:270 ℃;离子源(EI)温度:230℃;电离电压:70eV;四极杆温度:150℃;载气(高纯氦气):流速 1.0 ml/min;扫描方式:全扫描 60~600 m/z。色谱柱:OV-1701。

9.3.14.1.5　代谢组学数据分析

从 Aglient6890N/5973N 型 GC-MS 气质联用仪 Chemstation 采集的信号和质谱数据以 ASCII 的文件的格式(＊.csv)输出,导出的原始数据采用 Matlab7.0 软件对每一个峰进行校准并积分,积分后峰匹配后得到峰表,峰表由化学成分的保留时间和相应的峰面积组成。用内标法计算不同组样品的峰组成的相对含量。得到变量的峰表。此峰表包括了一些缺失值,根据 S.Bijlsma 等报道的缺失值处理方法,采用修正 80% 的原则来去除缺失值,即去除某一组中出现频率低于 80% 的代谢物,得到一个由代谢物的相对峰面积和保留时间组成的二维数据矩阵。此矩阵被导入 SIMCA P12.0 软件(瑞典 Umetrics AB 公司)中的主成分分析法(PCA)和偏最小二乘法判别分析法(PLS-DA)进行模式识别分析,筛选差异代谢物,作为奶牛热应激的潜在生物标志物。

9.3.14.1.6　生物标志物的鉴定及代谢通路分析

根据生物标志物的质谱碎片(RI),主要通过比较仪器自带的美国国家标准与技术局化学数据库(National Institute of Standards and Technology, NIST)图书馆物中的质谱信息,进行生物标志物的鉴定和推测。如果质谱碎片在 NIST 图书馆中不匹配,再将 RI 与 Metabolome Database(http://csbdb.mpimp-golm.mpg.de/gmd.html)和 Metabolom 数据库(http://www.hmdb.ca)进行比较,最终确定其结构。为进一步识别和可视化热应激对奶牛血液代谢途径的影响,将鉴定后的生物标志物输入 KEGG 数据库 (http://www.kegg.com),选择 Bos taurus(cow 通路)为通路路径库,进行代谢通路的构建与分析。

9.3.15　犊牛肠道组织 HE 染色石蜡切片制作

9.3.15.1　取材与固定

从犊牛肠道上取下组织块(一般厚度不超过 0.5 cm)投入预先配好的固定液中(10%福尔马林,Bouin 氏固定液等)使组织、细胞的蛋白质变性凝固,以防止细胞死后的自溶或细菌的分解,从而保持细胞本来的形态结构。

9.3.15.2　脱水透明

一般由低浓度到高浓度酒精作脱水剂,逐渐脱去组织块中的水分。再将组织块置于既溶于酒精,又溶于石蜡的透明剂二甲苯中透明,以二甲苯替换出组织块中的酒精,才能浸蜡包埋。

9.3.15.3　浸蜡包埋

将已透明的组织块置于已溶化的石蜡中,放入溶蜡箱保温。待石蜡完全浸入组织块后进行包埋:先制备好容器(如折叠一小纸盒),倒入已溶化的石蜡,迅速夹取已浸透石蜡的组织块放入其中。冷却凝固成块即成。包埋好的组织块变硬,才能在切片机上切成很薄的切片。

9.3.15.4　切片与贴片

将包埋好的蜡块固定于切片机上,切成薄片,一般为 5~8 μm 厚。切下的薄片往往皱折,要放到加热的水中烫平,再贴到载玻片上,放 45℃恒温箱中烘干。

9.3.15.5 脱蜡染色

常用 HE 染色,以增加组织细胞结构各部分的色彩差异,利于观察。苏木精(Hematoxylin,H)是一种碱性染料,可将细胞核和细胞内核糖体染成蓝紫色,被碱性染料染色的结构具有嗜碱性。伊红(Eosin,E)是一种酸性染料,能将细胞质染成红色或淡红色,被酸性染料染色的结构具有嗜酸性。染色前,须用二甲苯脱去切片中的石蜡,再经由高浓度到低浓度酒精,最后入蒸馏水,就可染色。

HE 染色过程是:

(1)将已入蒸馏水后的切片放入苏木精水溶液中染色数分钟。

(2)酸水及氨水中分色,各数秒钟。

(3)流水冲洗 1 h 后入蒸馏水片刻。

(4)入 70% 和 90% 酒精中脱水各 10 min。

(5)入酒精伊红染色液染色 2~3 min。

9.3.15.6 脱水透明

染色后的切片经纯酒精脱水,再经二甲苯使切片透明。

9.3.15.7 封固

将已透明的切片滴上加拿大树胶,盖上盖玻片封固。待树胶略干后,贴上标签,切片标本就可使用。

9.3.16 免疫组化技术

免疫组织化学又称免疫细胞化学,是指带显色剂标记的特异性抗体在组织细胞原位通过抗原抗体反应和组织化学的呈色反应,对相应抗原进行定性、定位、定量测定的一项新技术。它把免疫反应的特异性、组织化学的可见性巧妙地结合起来,借助显微镜(包括荧光显微镜、电子显微镜)的显像和放大作用,在细胞、亚细胞水平检测各种抗原物质(如蛋白质、多肽、酶、激素、病原体以及受体等)。

9.3.16.1 免疫组化技术的基本原理

免疫组化技术是一种综合定性、定位和定量;形态、机能和代谢密切结合为一体的研究和检测技术。在原位检测出病原的同时,还能观察到组织病变与该病原的关系,确认受染细胞类型,从而有助于了解疾病的发病机理和病理过程。

免疫酶组化技术是通过共价键将酶连接在抗体上,制成酶标抗体,再借酶对底物的特异催化作用,生成有色的不溶性产物或具有一定电子密度的颗粒,于普通显微镜或电镜下进行细胞表面及细胞内各种抗原成分的定位,根据酶标记的部位可将其分为直接法(一步法)、间接法(二步法)、桥联法(多步法)等,用于标记的抗体可以是用免疫动物制备的多克隆抗体或特异性单克隆抗体,最好是特异性强的高效价的单克隆抗体。直接法是将酶直接标记在第一抗体上,间接法是将酶标记在第二抗体上,检测组织细胞内的特定抗原物质。目前通常选用免疫酶组化间接染色法。

9.3.16.2　免疫组化步骤

(1)切片,烤片 60℃,1 h。

(2)脱蜡及复水。二甲苯 10 min,100%乙醇 5 min,95%乙醇 5 min,90%乙醇 5 min,85%乙醇 5 min,80%乙醇 5 min,75%乙醇 5 min,60%乙醇 5 min,50%乙醇 5 min,30%乙醇 5 min,自来水 1 min,双氧水 1 min。

(3)1 份 30%H_2O_2 加 10 份蒸馏水,室温 10 min,蒸馏水洗 3 次,每次 3 min。

(4)微波修复。将切片浸入 0.01 M 枸橼酸缓冲液,微波中最大火力(98℃~100℃)加热至沸腾,冷却(5~10 min),反复两次。

(5)将切片自然冷却至室温,PBS 洗涤 3 次,每次 5 min。

(6)封闭,5%BSA,室温 20 min,甩去多余液体。

(7)滴加一抗,37℃,1 h,或者 4℃过夜。

(8)PBS 洗涤 3 次,每次 3 min。

(9)滴加二抗,37℃,15~30 min。

(10)PBS 洗涤 3 次,每次 3 min。

(11)滴加 SABC,37℃,30 min。

(12)PBS 洗涤 3 次,每次 5min。

(13)1 ml 蒸馏水中分别滴加显色剂,混匀。

(14)DAB 显色剂配置好后,滴加于切片,室温,镜下检测反应时间(约 5 min)。

(15)自来水冲洗干净,过蒸馏水。

(16)苏木素复染 2 min,自来水冲洗。

(17)脱水。30%乙醇 3 min,50%乙醇 3 min,70%乙醇 3 min,80%乙醇 3 min,90%乙醇 3 min,95%乙醇 3 min,100%乙醇 3 min,二甲苯 20 min。

（18）树胶封片，镜检。

9.3.16.3　免疫组化常见问题分析

（1）石蜡切片在染色过程中出现脱片现象。

①烤片时间不够，或温度不够，可以延长烤片时间和提高烤片温度。

②用含有多聚赖氨酸的玻片，可以购买到或者自己做。

③有些组织本身就容易掉片，如骨组织等，操作时冲 PBS 不要直接冲到组织上，冲到组织上方，让它流下冲洗组织。

④用高温修复时，温度骤冷也可能引起。

（2）边缘效应。

①组织边缘与玻片粘贴不牢，边缘组织松脱漂浮在液体中，每次清洗不易将组织下面试剂洗尽所致。解决办法：制备优质的胶片（APES 或多聚赖氨酸），切出尽量薄的组织切片，不厚于 4 μm，组织的前期处理应规范，尽量避免选用坏死较多的组织。

②切片上滴加的试剂未充分覆盖组织，边缘的试剂容易首先变干，浓度较中心组织高而致染色深。解决办法：试剂要充分覆盖组织，应超出组织边缘 2 mm。用组化笔画圈时，为了避免油剂的影响，画圈应距组织边缘 3~4 mm。

（3）产生组织切片非特异性染色。

①抗体孵育时间过长、抗体浓度高易增加背景着色。这可通过缩短一抗/二抗孵育时间、稀释抗体来控制。这是最重要的一条。

②一抗用多克隆抗体易出现非特异性着色，建议试用单克隆抗体看看。

③内源性过氧化物酶和生物素在肝脏、肾脏等组织含量很高（含血细胞多的组织），需要通过延长灭活时间和增加灭活剂浓度来降低背景染色。

④非特异性组分与抗体结合，这需要通过延长二抗来源的动物免疫血清封闭时间和适当增加浓度来加强封闭效果。

⑤DAB 孵育时间过长或浓度过高。

⑥PBS 冲洗不充分，残留抗体结果增强着色，在一抗、二抗或 SP 孵育之后的浸洗尤为重要。

⑦标本染色过程中经常出现干片，这容易增强非特异性着色。

（4）免疫组化染色呈阴性结果。

①抗体浓度和质量问题以及抗体来源选择错误。

②抗原修复不全,对于甲醛固定的组织必须用充分抗原修复来打开抗原表位,以利于与抗体结合。

③组织切片本身这种抗原含量低。

④血清封闭时间过长。

⑤DAB 孵育时间过短。

⑥细胞通透不全,抗体未能充分进入胞内参与反应。

⑧开始做免疫组化,我建议你一定要首先做个阳性对照片,排除抗体等外的方法问题。

9.3.17 瘤胃纤维素酶活性测定

9.3.17.1 样品的采集及处理

采集瘤胃内容物。准确称取 50 g 装于带封口的塑料袋中,加 50 ml 0.2 M pH 6.0 灭菌的磷酸缓冲液,迅速封口,用手轻度揉搓 5 min 使内容物与磷酸缓冲液充分混合,两层灭菌纱布过滤。取 20 ml 滤液立即在冰浴下进行超声波细胞破碎处理(超声波钻头 φ6 mm,功率 400 w,破碎 3 次,每次 30 s,间隔 30 s),所得细胞破碎液为样品酶活性测定溶液,进行三种纤维降解相关酶的活性分析。

9.3.17.2 试剂配制

(1)磷酸缓冲液(pH 6.0,0.2 M):分别称取 71.64 g $Na_2HPO_4 \cdot 12H_2O$ 和 31.21 g $Na H_2PO_4 \cdot 2H_2O$,各自溶解于 1000 ml 水配成 0.2 M 的贮存液,121℃灭菌 15 min 保存;量取磷酸氢二钠溶液 123 ml 和磷酸二氢钠溶液 877 ml 混合均匀,配制成 1000 ml pH 6.0 的磷酸缓冲液。

(2)底物溶液。

0.5%果胶溶液:准确称取 0.5 g 果胶,用 pH 值为 6.0 的 0.2 M 磷酸缓冲液定容至 100 ml 。

0.5%木聚糖(Xylan)溶液:准确称取 0.5 g 木聚糖,用 pH 值为 6.0 的 0.2 M 磷酸缓冲液定容至 100 ml。

0.5%球磨滤纸底物溶液:将滤纸(Whatman No.1)剪成细条状,称取 0.5 g 于三角瓶中,加入 100 ml 0.2 mol/L 磷酸缓冲溶液和适量的玻璃珠,盖好瓶口,在 65℃水浴摇床上振荡 12 h 或在室温下振荡 72 h,直至呈均匀浆状物。

0.5% 羧甲基纤维素钠(CMC-Na)底物溶液:称取 0.5 g 羧甲基纤维素钠,用 pH 值为 6.0 的 0.2 M 磷酸缓冲液定容至 100 ml。

0.5%水杨苷(Salicin)底物溶液:称取 0.5 g 水杨苷,用 pH 值为 6.0 的 0.2 M 磷酸缓冲液定容至 100 ml。

(3)DNS 溶液。取酒石酸钾钠 182 g,溶于 500 ml 蒸馏水中,加热。于热溶液中依次加入 3,5-二硝基水杨酸 6.3 g,2 mol/L 氢氧化钠 262 ml,苯酚 5 g,亚硫酸钠 5 g,搅拌至溶。冷却后用蒸馏水定容至 1000 ml。混匀,过滤,贮存于棕色瓶中,放置 1 周后使用。

9.3.17.3 纤维素酶活力测定

9.3.17.3.1 滤纸纤维素酶活力测定

以滤纸纤维悬浊液为底物,酶活单位(IU)定义为 1 分钟时间内 1 ml 酶液作用于底物生成的葡萄糖的量 (μmol)(μmol/(min·ml))。取 1 ml 底物溶液加到 15 ml 刻度试管中,50℃水浴振荡 5 min,加入 0.5 ml 酶液,50℃下反应 10 min,迅速取出并加入 3 ml DNS 溶液终止反应,沸水浴 5 min 使反应完全,迅速用流水冲洗冷却,用 pH 6.0 的磷酸缓冲液定容至 10 ml,550 nm 下测定吸光度。

9.3.17.3.2 果胶酶活力测定

用 0.5%果胶溶液为底物,酶活单位(IU)定义为 1 分钟时间内 1 ml 酶液作用于底物生成的半乳糖醛酸的量(μmol)(μmol/(min·ml))。测定方法同滤纸纤维素酶活力测定。

9.3.17.3.3 木聚糖酶(Xylanase)活力测定

用 0.5%木聚糖溶液为底物,酶活单位(IU)定义为 1 分钟时间内 1 ml 酶液作用于底物生成的木糖的量(μmol)(μmol/(min·ml))。测定方法同滤纸纤维素酶活力测定。

9.3.17.3.4 纤维二糖苷酶(Salicinase)活力测定

用水杨苷溶液(Salicin,0.5%,0.2 MpH6.0 磷酸缓冲液配制)作为底物,酶活单位(IU)定义、测定方法和标准曲线同纤维素酶活力测定。

9.3.17.3.5 内切葡聚糖酶 CMCase(EG)活力测定

用羧甲基纤维素钠 (CMC-Na,0.5% ,0.2 M pH6.0 磷酸缓冲液配制)为底物,酶活单位(IU)定义、测定方法和标准曲线同纤维素酶活力测定。

标准工作曲线制作

准确称取葡萄糖 1.0 g,用蒸馏水溶解后定容至 100 ml,即为 1%浓度的葡萄糖标准溶液(10 mg/ml)。分别吸取标准液 0、1.0、2.0、3.0、4.0、5.0、6.0、7.0、8.0 ml分别定溶于 100 ml 容量瓶,制成浓度为 0.0、0.1、0.2、0.3、0.4、0.5、0.6、0.7 和 0.8 mg/ml 的溶液,吸取 0.4 ml 葡萄糖溶液加入 3 ml DNS,煮沸 5 min,冷却 5 min,在 722 分光光度计上 550 nm 处比色,绘制葡萄糖标准曲线。

准确称取 5.0 g 木糖,用水定容至 100 ml 容量瓶中,制成浓度为 50 mg/ml木糖溶液,再从中吸取 0、3.0、6.0、9.0、12.0、15.0、18.0 ml 用水定容至 50 ml,制成浓度为 0、3.0、6.0、9.0、12.0、15.0、18.0 mg/ml 溶液,吸取 0.4 ml 木糖溶液测定方法同葡萄糖,绘制木糖标准曲线。

准确称取 2.0 g 半乳糖醛酸,用蒸馏水定容至 100 ml 容量瓶中,制成浓度为 20 mg/ml 半乳糖醛酸溶液,再从中吸取出 0、2.5、5.0、7.5、10.0、12.5、15、17.5、20 ml用水定容至 10 ml,制成浓度为 0、1.0、2.0、3.0、4.0、5.0、6.0、7.0、8.0 mg/ml 溶液,吸取 0.5 ml 半乳糖醛酸溶液测定方法同葡萄糖,绘制半乳糖醛酸标准曲线。

9.3.17.3.6 酶活的计算

瘤胃微生物酶活性($\mu mol/(min \cdot ml)$)按下式计算:

酶活性(IU)= $2(c \times V_2)/(V_1 \times T)$

式中 c —从标准工作曲线上查得的试样中葡萄糖或木糖浓度,$\mu mol/ml$;

V_1—所取样品酶活性溶液体积,ml;

V_2—终止反应后定容溶液体积,ml;

T —反应时间,min;

2 —瘤胃内容物用缓冲溶液稀释倍数。

9.3.18 DGGE 技术研究瘤胃微生物多样性

9.3.18.1 瘤胃微生物 DNA 提取

本节见 9.3.11。

9.3.18.2 瘤胃细菌 16S r RNA 基因 V_3 区 DGGE 分析

通用引物 F341GC/534R(Muyzer et al., 1993)扩增扩增细菌 16S r RNA 基因 V_3 区,上游引物 5′端连接 50bp GC 夹子(5′–CGCCCGCCGCGCGCGGCG GGCGGGGCGGGGGCACGGGGGG–3′)。PCR 反应体系 50 μl,V3 区域扩增程

序:94℃ 5 min;94℃30 s,55℃ 1 min,72℃ 1 min(30 个循环),72℃ 10 min。2%琼脂糖凝胶电泳确认 PCR 扩增产物大小,每个样品两个重复。

DGGE 条件参考朱伟云等(2003)方法:8%聚丙烯酰胺凝胶(丙烯酰胺:双丙烯酰胺=37.5:1),变性物梯度(40%甲酰胺和 7 M 尿素):40%~60%。电泳条件:在 60℃,50 V 预跑 30 min,60℃,80V,14 h;电泳结束后 SYBR Green I 染色 25 min,采用 Gel Doc™ XR+系统对凝胶扫描拍照。采用 Bio Numerics 6.0(Applied-Maths,Kortrijk,比利时)软件对 DGGE 图谱进行聚类分析。

9.3.18.3　DGGE 条带分析

切割 DGGE 图谱中优势和特异性条带,置于 500 μl dd H₂O 中,4℃过夜培养。以上述 DNA 为模板(2 μl),用不带 GC 夹子引物 F341/534R 扩增。PCR 产物纯化后连接到 pMD® 18-T 载体,连接反应体系如下:pMD® 18-T vector:1 μl PCR 产物:2 μldd H₂O:2 μl Solution I :5 μl 上述反应体系混匀,16℃反应90 min;将 10 μl 反应体系加入到 E.coli TOP10 感受态细胞中,冰上放置 30 min,42℃水浴热激 90 s 后,将反应体系迅速转移到冰上放置 2 min;加入 890 μl SOC 培养基,37℃,200 rpm/min 震荡 90 min;室温 4000 rpm/min,离心 5 min,弃 800 μl 上清;将细胞涂布在预先用 20 μl 100 mmol/L IPTG 和 100 μl 20 mg/mlX-gal 涂布的含有 Amp 的 LB 平板上,37℃正向放置培养 1~2 h,37℃倒置培养 14~16 h;用灭菌的移液器吸头随机挑取 LB 平板上的白斑到含有 Amp 的 LB 液体培养基 37℃,180 rpm/min 培养 8 h,每个 PCR 产物挑取 3~5 个阳性克隆子。以培养菌液为模板,通用引物 M13-47(5'-CGCCAGGGTTTTCCCAGTCACGAC-3')和 RV-M(5-GAGCGGATAACAATTTCACACAGG-3')进行 PCR 扩增,以验证目的片段连接到 p MD® 18-T 载体。25 μl 反应体系:Premix 12.5 μl,M13-47 和 RV-M 各 0.5 μl,菌液 2 μl,dd H₂O 补充至 25 μl。反应条件:94℃ 3 min、94℃ 30 s、55℃ 1 min、7℃ 1 min（30 个循环）;72℃ 10 min。2%的琼脂糖凝胶电泳检测扩增产物,阳性克隆的 PCR 产物约为 400 bp 左右。将确认的阳性克隆菌液送公司进行序列测定。

9.3.18.4　序列分析

Chromas 软件去除载体序列,并利用 BLAST 程序在 NCBI 中搜索与其序列相似性最高的已培养细菌。采用 MEGA5.05(Tamura et al.,2011)软件对本试验所得到的序列与其相似性最高的参考序列一起进行系统进化分析。本试验中所得到的序列提交至 Gen Bank 数据库，KC887804–KC887850(荷斯坦牛)。

9.3.19 瘤胃主要纤维分解菌 Real–time PCR 定量检测

9.3.19.1 主要试剂与仪器

质粒提取试剂盒,PCR 引物 SYBR Green 染料和 PMD18–T 载体，电泳仪，凝胶成像系统,生物分光光度计,Real–time RCR 仪。

9.3.19.2 样本的前处理

发酵液:800 g 离心 10 min,沉淀饲料颗粒,上清液用于 DNA 提取;固体食糜:充分搅拌使之混合均匀,用于测定 DM 含量和 DNA 提取。

9.3.19.3 瘤胃微生物总 DNA 提取

总 DNA 的提取:用 Denman 和 McSweeney（2006)描述的 bead–beating 方法进行。

9.3.19.4 引物设计

黄化瘤胃球菌 Rumincoccus flavefaciens、产琥珀酸丝状杆菌 Fibrobacter succinogenes、白色瘤胃球菌 Rumincoccus albus 的引物序列见表 9–4。

表 9–4　纤维降解菌 Real–time PCR 测定引物

菌　株	前/后引物（F/R）	引物序列	扩增长度（bp）
黄化瘤胃球菌 Kflavefaciens[①]	F R	CGAACGGAGATAATTTGAGTTTACTTAGG CGGTCTCTGTATGTTATGAGGTATTACC	132
产琥珀酸丝状杆菌 F.succinogenes[②]	F R	GTTCGGAATTACTGGGCGTAAA CGCCTGCCCCTGAACTATC	121
白色瘤胃球菌 R.albus[③]	F R	CCCTAAAAGCAGTCTTAGTTCG CCTCCTTGCGGTTAGAACA	175

注：①引物参照文献（Denman et al.,2007）；②引物参照文献（Denman & McSweeney,2006）；③引物参照文献(Koike,2001）。

9.3.19.4.1 常规 PCR 扩增

对纤维分解菌的 16S r DNA 目的片段进行常规 PCR 扩增,反应体系和条件如下,77 PCR 反应体系（25μl）:模板 2 μl,10 μmol L-1 的引物各 0.8 μl,2×premix Ex Taq 溶液 12.5 μl, 加无菌水至 25 μl。PCR 反应条件:F. succinogens(预变性 94℃ 3 min;变性 94℃ 30 s,退火 60℃ 20 s,延伸 72℃ 1 min)R. albus 和 R. flavefacients(预变性 94℃ 9 min,变性 94℃30 s,退火 55℃ 30 s,延伸 72℃ 30 s)。

9.3.19.4.2 目的片段的克隆和质粒的制备

将普通 PCR 产物与 PMD18-T 载体进行连接,然后转入有活性 Escherichia coli 感受态细胞中(DH 5a)。对白色菌落进行扩培,用试剂盒提取质粒 DNA,之后用相应的引物进行 PCR 反应和电泳检测,扩增出目的片段的为阳性质粒,委托测序服务中心测序。利用 BLAST 对测序结果进行序列的同源性分析。用正确的质粒制备标准品。利用分光光度计测定质粒 DNA 浓度。利用下列公式计算质粒拷贝数:质粒拷贝数/μl = 质粒 DNA 浓度(μg/μl)/(碱基对数×10^{-15} μg)。对质粒 DNA 进行 10 倍系列稀释,-40℃保存,以备用于 Real-time PCR 反应。

9.3.19.4.3 标准曲线的制作

利用上述引物和 SYBR Green 对质粒标准品进行 Real-time PCR 反应,3 种纤维菌质粒的反应条件均为:预变性 95℃ 30 s;变性 95℃ 5 s,退火 55℃ 30 s,延伸 72℃ 30 s48 个循环。反应体系 20 μl:模板 2 μl,10 μmol/L 的引物各 0.8 μl,SYBR Green 溶液 10 μl,加无菌水至 20 μl。利用拷贝数及其相对应的 Ct 值构建标准曲线,对样品进行 Real-time PCR 方法同质粒。利用标准曲线对微生物 DNA 的拷贝数进行定量。所有样品的分析均重复 3 次。

9.3.20 差速离心法测瘤胃微生物蛋白——考马斯亮蓝比色法

取经 100 目纱布过滤的新鲜瘤胃液 1.5 ml 于 2 ml 的离心管中,3000 rpm 下离心 5 min,移上清至 1.5 ml 的离心管中,4℃条件下,12000 rpm 离心 30 min,弃去上清,向离心管中加入 0.25 mol/L 的氢氧化钠溶液,沸水裕中反应 20 min,再在 4℃条件下,1200 rpm 离心 30 min,取 100 μl 上清于 10 ml 玻璃管中,加考马斯亮蓝溶液 5 ml,混匀 595 nm 处比色。以牛血清白蛋白作为标准品,制作标准曲线。

9.3.21 饲料常规分析

9.3.21.1 吸附水的测定

9.3.21.1.1 原理

干物质或称绝干物质(DM),是指完全不含水分的物质。动植物体均由干物质和水分两大部分组成,加温能使水分蒸发,由此可测得饲料中干物质量。饲料在 60℃~65℃的烘箱内烘至重量不变时,所损失的水分为初水分,升高烘箱温度至 105℃±2℃时,可以除去饲料中蛋白质、淀粉及细胞膜上的吸附水。

饲料中营养物质,包括有机物质与无机物质均存在于饲料的干物质中。饲料中干物质含量的多少与饲料的营养价值及动物的采量有密切关系。此外,饲料中水分的多少也与饲料的存贮密切相关

9.3.21.1.2 操作步骤

(1)将洁净已用铅笔编好号的称瓶置于 105℃±2℃的恒温干燥箱内(称瓶盖半开)干燥 1 h。用坩埚钳取出称瓶,迅速盖好瓶盖,放入干燥器内,冷却 30 min。

用纸带取出称瓶,放在分析天平上称重。同法再烘 1 h,冷却 30 min,称重。直至前后两次重量差不超过 0.001 g 即为恒重,取其最低值为称瓶重,设为 m_1。

在取放称瓶及向称瓶内加样本时,手不得直接接触称瓶,可借助坩埚钳或纸带或干净线手套进行操作。

(2)在已恒重的称瓶内,加入分析样本 2 g 左右,准确至 0.0001 g。注意:用上述已恒重过的空称瓶称样时,因放置吸潮,空称瓶会稍有增重,因此称样前必须再称量空称瓶的重量,用来计算所加样本的重量,即(瓶+风干样本)−加样前瓶重=所加样本重,设为 m。

(3)把盛有样本的称瓶置于 105℃±2℃的恒温干燥箱内(瓶盖半开),烘 5~6 h,取出,盖好瓶盖(瓶盖盖严),放入干燥器内,冷却 30 min,称重。同法再烘 1 h,取出冷却 30 min 称重,直至前后两次重量差不超过 0.001 g 为恒重,取最低值为(瓶+干物质重),设为 m_2。

9.3.21.1.3 结果计算

$$风干样本中吸附水(\%)= \frac{m-(m_2-m_1)}{m} \times 100$$

式中:m——风干样本重(g);m_1——称瓶重(g);m_2——称瓶+干物质重(g)

每个试样,应取两个平行样进行测定,以其算术平均值为结果。两个平行样测定值绝对相差不得超过 0.2,否则重做。

9.3.21.1.4 仪器、设备及药品(测定两个平行样用)。

称瓶	扁形,直径 4 cm	2 个
分析天平	感量 0.0001 g	1 台
药勺	塑料或不锈钢质	1 把
干燥器	直径 20 cm	1 个

坩埚钳	短柄	1 把
白色硬纸带	宽 2 cm 长 18 cm	2 条
无水氯化钙或变色硅胶	500 g	
恒温干燥箱	公用	
凡士林	10 g	

9.3.21.1.5 附注

（1）本实验在 105℃± 2℃恒温干燥箱内测定干物质,对有些样本可能会引起误差:

①加热时样本中的可挥发性物质随水分一起损失,如青贮饲料中的挥发性脂肪酸,氨、醇等。②样本中有些物质如脂肪,加热时会被空气中的氧氧化,在恒重过程中重量不断增加,应以增重前那次重量为准。③含糖高的幼嫩植物样本,可能因脱氢氧化,在恒重过程中重量不断减轻,但只要严格按操作规程办,上述损失或增重都在允许误差的范围内。若条件许可,这类样本应放在真空干燥箱内低温干燥。

（2）在干燥箱内干燥样本时要注意:干燥过程不得随便开启箱门,样本不得放在干燥箱底层或靠住箱壁。样本在干燥箱内的位置尽量保持一致。另外,取称量瓶及称重的顺序保持一致,即先取先称。

（3）如果试样为测定初水分后所得,则按下式计算鲜样中所含总水分。

总水分（%）= 初水分（%）+ 吸附水（%）×（100-初水分%）

鲜样中干物质（%）=100-总水分（%）

9.3.21.2 粗蛋白质的测定

9.3.21.2.1 原理

饲料中的含氮物质包括蛋白质和氨化物（如氨基酸、酰胺、硝酸盐、铵盐等），两者总称为粗蛋白质,凯氏定氮法的基本原理是：借助催化剂（$CuSO_4$,K_2SO_4 或 Na_2SO_4）,用过量的浓 H_2SO_4 分解样本中的有机物质,使含氮物质都变成 NH_4^+并与 H_2SO_4 化合成 $(NH_4)2SO_4$,而非含氮物质则以 $CO_2\uparrow$、$H_2O\uparrow$、$SO_2\uparrow$ 等逸出。然后用浓碱蒸馏消化液,使铵盐变成氨气,氨气随水蒸汽顺着冷凝管流入硼酸溶液中,与之结合成为四硼酸铵;用盐酸或硫酸标准溶液滴定即可计算出消化液中的氮含量。根据氮的含量乘以特定的系数（通常用 6.25）,即得粗蛋白质量。上述过程中的化学反应如下：

消化：

$$R.CHNH_2COOH+H_2SO_4(浓) \xrightarrow[\Delta]{K_2SO_4.\ CuSO_4} NH_3\uparrow + CO_2\uparrow + SO_2\uparrow + H_2O\uparrow$$

$NH_3 + H_2SO_4$——$(NH4)_2SO_4$,

$(NH_4)2SO_4$, $+2NaOH$——$2NH_3\uparrow + Na_2SO_4+2H_2O$

蒸馏：$4H_3BO_3+ NH_3$——$NH_4HB_4O_7 +5H_2O$

滴定：$NH_4HB_4O_7+HCl+5H_2O$——$NH_4Cl + 4H_3BO_3$

此法不能区别蛋白氮和非蛋白氮，只能都分回收硝酸盐、亚硝酸盐等含氮化合物。

9.3.21.2.2 操作步骤

（1）消化。

①将 100 ml 的凯氏烧瓶（或消化管）洗净。用铅笔在磨砂部分编号。

②用定性滤纸以直接称量法在分析天平上称取分析样本 0.5~1 g，准确至 0.0001 g，将滤纸包严，小心无损地将样包投入 100 ml 凯氏烧瓶（或消化管）底部。

③在粗天平上称取混合催化剂 2.5 g。借助烘干的长颈漏斗或纸条放入凯氏烧瓶底部，避免混合催化剂粘在瓶颈上。

④用洁净的量筒取浓 $H_2SO_4$10 ml（每 g 称样以 10 ml 计）。慢慢倒入凯氏烧瓶中，轻轻转动烧瓶，使样品全部被 H_2SO_4 脱水炭化。最好用橡皮塞塞好瓶口浸泡过夜，以缩短消化时间，减少泡沫，防止外溢。

⑤将凯氏烧瓶放在毒气橱中的可调电炉上加热消化。最初瓶内常产生大量泡沫。因此，须先用较低的温度徐徐加热，万一泡沫溢至瓶颈，应将烧瓶从电炉上取下，降低温度，充分摇动，或滴加少量浓 H_2SO_4 再继续加热。待白烟消失出现回流后增高温度，但不宜剧烈，应使消化液微微沸腾，以免$(NH_4)_2SO_4$ 逸出或分解造成氨的损失。烧瓶位置应处于倾斜状态或在瓶口上安放 4 cm 的短颈漏，以便酸雾冷凝。

如有黑点黏附于瓶颈，应小心倾斜烧瓶，以其内的酸洗之（注意不能将酸倒出）。如洗不净或黑点位置过高，则待烧瓶冷却后，先用干净玻棒将黑点剥离，再以少量蒸馏水冲洗玻棒及瓶颈。注意冲洗时要缓慢，烧瓶口背向人。此后继续消化，如有黑色炭粒不能全部消除，则待烧瓶冷却后，补加少量浓 H_2SO_4 继续消化,直至消化液变成蓝绿色后,再消化 30 min 即可。

⑥烧瓶冷却后,慢慢加蒸馏水 20 ml(加蒸馏水时注意冲洗瓶颈)。摇匀,用小漏斗借助玻棒将消化液转入 100 ml 容量瓶中,分数次用少量蒸馏水冲洗瓶颈及烧瓶,使烧瓶中的$(NH_3)_2SO_4$ 全部无损地移入容量瓶内。待液体冷却至室温后,用蒸馏水稀释至刻度,盖好瓶塞,上下颠倒摇匀,准备蒸馏。

⑦每次测定时,须同时做空白试验,即取 100 ml 凯氏烧瓶(或消化管),洗净,加 1 张定性滤纸,混合催化剂 2.5 g,浓 H_2SO_4 10ml,同法加热消化、定容。

(2)蒸馏。

①将洗净的半微量凯氏蒸馏装置安装好,并检查每个接合处是否严密和冷凝管系统的流水情况。

②煮沸蒸汽发生器中的水(蒸汽发生器中的水加甲基红数滴,H_2SO_4 数滴,使水呈粉红色,并保持此颜色,否则补加 H_2SO_4),并接通冷凝管的水流。

③将 15 ml 左右的蒸馏水通过进样口注入反应室,塞好入口玻璃塞,留少量水做液封。通入蒸汽,蒸馏 5 min,以洗涤反应室和进样口。切断反应室的蒸汽供应(**此时切记一定要保证蒸汽发生器中的蒸汽能顺畅地排出,否则会出现危险!**),由于反应室外层蒸汽冷凝较快,造成负压,使反应室中的液体自动流入反应室外层,将废液放出。

④取洗净的 250 ml 三角瓶一个,用移液管加 $2\%H_3BO_3$ 溶液 20 ml 放入三角瓶中,加 2 滴甲基红一次甲基蓝混合指示剂。将三角瓶放在冷凝管的蒸汽通管下,使冷凝管的下端浸入硼酸溶液内。

⑤用移液管取 10 ml 消化液,通过进样口慢慢放入反应室中,用少量蒸馏水冲洗进样口,塞好入口玻璃塞。取饱和 NaOH 溶液加入进样口,微微打开玻璃塞,使碱液慢慢流入反应室,反应室液体应呈淡蓝色或棕褐色,否则说明 NaOH量不足,应再加饱和 NaOH 溶液,使呈浅蓝色或棕褐色为止。加少量蒸馏水冲洗进样口,并使进样口中的液体慢慢流入反应室中(注意:在加碱及碱加足后冲洗进样口的过程中,进样口内自始至终要有液体存在),留少量液体作水封,以防漏气。通入蒸汽,反应室内的液体开始沸腾后记时,蒸馏 5 min,使氨通过冷凝管而被三角瓶内的硼酸吸收。移下三角瓶,使冷凝管的下端离开液面,继续空蒸1min,用洗瓶内的蒸馏水冲洗冷凝管下口的外部,洗液均流入吸收液,将三角瓶

移开蒸馏装置,以备滴定。

在蒸馏过程中,常因中途停止加热或沸腾不匀产生负压而造成吸收液进入冷凝管,致使前功尽弃。同理,必须将三角瓶移开冷凝管下端才可关闭蒸汽来路,严禁蒸馏过程中突然关闭蒸汽来路或电路。

⑥蒸馏完毕,切断反应室中的蒸汽供应,则反应室中的残液自动被吸到反应室外层,然后以步骤3,同法洗涤之。

⑦每个消化液蒸馏2~3次,空白消化液同法进行蒸馏。

(3)滴定。用0.01 mol/LHCl标准溶液滴定,至溶液由绿色变为灰紫色时即达终点。记录所消耗的HCl标准溶液的体积及浓度,空白滴定相同。

(4)蒸馏器的检查。使用蒸馏器前需作检查。方法为:取5 ml 0.01N $(NH_4)_2SO_4$ 标准溶液于反应室中,再加饱和NaOH溶液,进行蒸馏,操作过程与样本消化液相同,滴定 $(NH_4)_2SO_4$ 溶液所需用的0.01 mol/L HCl标准溶液量减去空白(用5 ml蒸馏水代替硫酸铵标准溶液进行蒸馏所用的0.01 mol/L HCl标准溶液用量)应为5 ml,说明蒸馏装置合乎使用标准,否则须根据 $(NH_4)_2SO_4$ 的理论值与实测值之比,求出校正系数,以校正测出的饲料样品的氨含量。

9.3.21.2.3 结果计算

$$粗蛋白质含量(\%)=(V_3-V0)\times C\times 0.014\times 6.25\times\frac{V_1}{V_2}\times\frac{100}{m}$$

式中:V_1——消化液稀释容量(ml)

V_2——消化液蒸馏用量(ml)

V_3——滴定样本馏出液的HCl标准溶液用量(ml)

V_0——滴定空白馏出液的HCl标准溶液用量(ml)

C——HCl标准溶液的浓度

m——样本重(g)

每个试样取两个平行样进行测定,以其算术平均值为结果。

当CP含量在25%以上时,允许相对偏差为1%;

当CP含量在10%~25 %,允许相对偏差为2%;

当CP含量在10%以下,允许相对偏差为3%。

9.3.21.2.4 仪器设备(供测定两个平行样本)

凯氏烧瓶　　　　　　　　100 ml　　　　　　　　1个

定性滤纸	直径 7 cm	3 张
分析天平	感量 0.0001 g	1 台
量筒	25 ml 10 ml	各 1 个
容量瓶	100 ml	3 个
滴定管	25 ml 或 10 ml 酸式	1 个
三角瓶	250 ml	3 个
大肚吸管	20 ml 10 ml	各 1 支
粗天平	感量 0.2 g	1 台
半微量凯氏蒸馏装置		1 套
洗瓶		2 个
电炉	六联	2 个

9.3.21.2.5 试剂及其配制

①浓 H_2SO_4:分析纯。

②混合催化剂 $CuSO_4H_2O$ 2.6 g,无水硫酸钠 50 g,于研钵研成均匀的粉状,装在瓶中备用。

③饱和 NaOH:40 g 溶于 100 ml 水中。

④2%硼酸溶液:在粗天平上称取 10 g 化学纯硼酸,溶 500 ml 水中。

⑤甲基红一次甲基蓝混合指示剂:将 1.25 g 甲基红和 0.825 g 次甲基蓝混溶于 1000 ml90%的酒精中即可(酸中灰紫,碱中绿)。

⑥0.01 mol/LHCl 标准溶液:

配制方法:用移液管量取纯浓盐酸 0.9 ml,加蒸馏水稀释至 1000 ml(用容量瓶配制)。

标定方法:快速、准确称取硼砂(四硼酸钠)0.1907~0.1992 g,放入烧杯中用 30~40 ml 蒸馏水溶解,全部无损地移入 100 ml 容量瓶中定容,摇匀。用吸管吸取 20 ml 3 份,分别注入 3 个三角瓶中,每瓶加入 2~3 滴甲基红指示剂。用上述配制的盐酸溶液（浓度约为 0.01 mol/L）滴定至溶液由黄色变粉红色时即达终点。记下用去的盐酸毫升数,并计算 HCl 的当量浓度。

$$HCl(mol/L)=\frac{硼砂重\times\dfrac{20}{100}}{盐酸消耗量\times0.19064}$$

(盐酸消耗量为 3 个消耗量的平均数。)

9.3.21.2.6 附注

①系数 6.25：粗蛋白质的平均含氮量为 16%，故 1 g 氨相当于 6.25（100/16）g 粗蛋白。

②关于计算公式中（V_3-V_0）×C×0.014 的意义：（V_3-V_0）×C 为样本溶液蒸馏时产生的 NH_3 所消耗盐酸的克毫当量数。1 毫克当量的盐酸相当于 0.014 g 氮，故（V_3-V_0）×C×0.014 即为蒸馏所用样本消化液中氮的克数。

③消化样本时，加混合催化剂的作用。

a. K_2SO_4 或 Na_2SO_4 可提高 H_2SO_4 的沸点（纯 H_2SO_4 的沸点为 317℃）到 338℃，加快反应速度，缩短消化时间。

b. 在消化过程中，凯氏烧瓶中的物质由黑→红黄色→清澈的蓝绿色，$CuSO_4$ 起了重要作用。$CuSO_4$ 的作用机理是：二价铜离子先被还原，后被氧化，从而促进有机物的消化。

$$CuSO_4 +OM（有机物质）\rightarrow Cu_2SO_4 +SO_2\uparrow +CO_2\uparrow$$

$$Cu_2SO_4+2H_2SO_4\rightarrow 2CuSO_4 +SO_2\uparrow +2H_2O$$

通过周而复始的氧化—还原作用，有机物全部被分解，不再形成红褐色的 Cu_2SO_4，使溶液呈清澈的蓝绿色（$CuSO_4\cdot H_2O$ 的颜色），说明消化告终。故 $CuSO_4$ 除有接触作用外，还能指示消化的终点。

9.3.21.3 粗脂肪的测定

9.3.21.3.1 原理

脂肪是多种脂肪酸甘油酯的复杂混合物，是动植物生命中不可缺少的物质，也是能量贮备的一种形式。脂肪不溶于水，而溶于乙醚、苯、石油醚、丙酮、汽油、氯仿等有机溶剂中，其中乙醚溶解力强，且沸点低（35℃），因而多用乙醚作浸提剂。乙醚浸提物中。除真脂肪外，脂肪酸、石蜡、磷脂、固醇和色素等亦被浸出，所得脂肪极不纯，故冠以"粗脂肪"一词，或称"醚浸出物"。

测定脂肪的方法很多，我国使用较普遍的是索氏浸提法和鲁氏残余法，二者均系称取定量的样本以乙醚浸提。前者，称量浸出物的重量；后者，称量样本的失重。残余法节约试剂，一次可测多个样本。本实验采用残余法。

9.3.21.3.2 操作步骤

（1）将全套索氏抽脂器洗净，在 100℃~105℃的干燥箱中烘干。

（2）索氏抽脂器的构造和安装。

①索氏抽脂器由 3 部分组成。

——蒸馏乙醚的烧瓶，又称脂肪接受瓶，也称盛醚瓶。

——抽脂腔，放置装有称样的滤纸包，样本在其中被乙醚浸提。抽肪腔旁有一条粗的通管，称为乙醚蒸汽管，其下口通入盛醚瓶，上口开在抽脂腔内，与冷凝管相通，抽脂腔的另一侧有一条细而弯曲的虹吸管，两端分别与抽脂腔和盛醚瓶相通。

——冷凝管：冷凝水由较低的进口进入，由较高的出口流出。冷凝管上端用脱脂棉塞好。

②索氏抽脂器的安装。

——将上述三部分小心连接（磨口结合）。

——把连接好的索氏抽脂器小心置于水浴上连成一排或一圈（盛醚瓶架在水浴上，用水蒸汽加热），用铁架台上的金属夹固定。

——将并列的若干冷凝管用橡皮管连结在一起，每一冷凝管的进水口与另一冷凝管的出水口相连接。

9.3.21.3.3　称样的包装及抽提脂肪的准备

（1）滤纸包的准备。用脱脂滤纸称样 0.8 g 左右，准确至 0.0001 g，包好，用脱脂棉线缠好，用铅笔编号。

（2）将包好并编号的滤纸包放入洗净、烘干并与滤纸包编号一致的高称量瓶内，瓶盖半开放在 105℃±2℃的干燥箱中烘 4 h，取出迅速盖严瓶盖并放入干燥器内，盖好干燥器盖，冷却 30 min。用纸带将称瓶移至分析天平上称重，准确至 0.0001 g。同法再烘 1 h，冷却 30 min，称重。直至前后两次重量相差不超过 0.0005 g 为恒重，以较低值为"瓶+包"的重量。

9.3.21.3.4　粗脂肪的抽提

（1）移开索氏抽脂器的冷凝管，用镊子把恒重的样包装入抽脂腔内，由抽脂腔上口加乙醚。当加至虹吸管高度时，乙醚自动流入盛醚瓶。再加乙醚到抽脂腔 2/3 处即可，将冷凝管与抽脂腔缓缓密切结合。

（2）检查磨口连接是否漏气及冷凝管的通水情况。

（3）如合乎规定，则可开通电源抽提脂肪。乙醚因温度过高而剧烈沸腾，回流过快,使乙醚蒸汽来不及冷凝而挥发。温度过低,蒸汽难以上升,拖延抽提时间。乙醚回流的速度因水浴温度、实验室气温、不同的装置以及脂肪接受瓶所处的位置等原因而有所不同,一般以每小时回流 5~6 次为宜。如此,水浴温度应控制在 60℃左右,抽提 8~16 h,抽提时间的长短不仅决定于回流次数,而且与称样的多少及样本粉碎的程度等有关。

(4)自抽提腔下口取数滴乙醚于洁净平皿上,使乙醚挥发,若无残痕,则称样中的脂肪已被抽提净。

(5)提取完毕,待乙醚刚刚回流入盛醚瓶,取开冷凝器,用长柄镊子取出滤纸包,放在原称瓶内,瓶盖半开,置空气中 10~30 min,使残留在里面的乙醚挥发。

(6)取出滤纸包后,将冷凝管仍装好,再回流一次,以冲洗抽脂腔。继续蒸馏,当乙醚积聚到虹吸管高度 2/3 处时,取下冷凝管,倾斜抽脂腔,回收乙醚,继续进行,直到盛醚瓶中的乙醚为原来的 1/5 为止。

9.3.21.3.5 残样包的干燥

将称瓶转入干燥箱,瓶盖半开,干燥箱门打开 1/5,在 100℃~105℃烘若干分钟,待乙醚挥发后,关闭箱门,在 105℃±2℃烘 2 h(瓶盖半开),入干燥器冷却 30 min(瓶盖盖严),称重。同法再烘 1 h,冷却 30 min,称重,直至前后两次重量差不超过 0.0005 g,以较低值为"残样包十称瓶"的重量。

9.3.21.3.6 结果计算

$$粗脂肪(\%)=\frac{m_1-m_2}{m}\times100$$

式中:m——样本重(g)

m_1——浸提前(瓶+样+包)重(g)

m_2——浸提后(瓶+样+包)重(g)

每个试样取两个平行样进行测定,以其算术平均值为结果。

粗脂肪含量在 10%以上(含 10%)时,允许相对偏差为 3%;

粗脂肪含量在 10%以下时,允许相对偏差为 5%。

9.3.21.3.7 仪器设备

学生必备仪器及设备(供测定两个平行样用)

脱脂滤纸	2 张
高称量瓶	2 个

干燥器		1个
纸带	30cm 长 2cm 宽	1条
长柄镊子		1把
分析天平	感量 0.0001 克	1架
表面皿		1个
公用仪器及设备		
索氏抽脂器(全套)		2套
电热恒温水浴锅	定温 30℃~90℃,6 孔	1个
干燥箱		1个
脱脂棉		1两

9.3.21.3.8 附注

(1)水可使样内的糖溶解,故样本必须烘干。乙酸需是无水的,索氏抽脂器事先必须洗净、烘干,以免糖被水溶解造成误差。

(2)乙醚为易燃物,必须随时注意以下几点:冷凝管通水情况;水浴温度是否合适;仪器各磨口处是否漏气。不得在装置附近点燃酒精灯、擦火柴、抽烟,仪器应装于远离火源处,不可随意走离正在提取的装置而不管。

(3)回流的含义:加热抽提脂肪时,盛醚瓶内的乙醚沸腾而成蒸汽,通过乙醚蒸汽管,泵入抽脂腔,在冷凝管内凝结,并不停地滴入抽脂腔,使称样受乙醚浸渍,其中的脂肪即溶于乙醚,直到乙醚量超过虹吸管,回流入接受瓶,称"回流一次"。

9.3.21.4 粗纤维的测定

9.3.21.4.1 原理

纤维素是构成植物细胞壁的重要成分,难消化,其含量高低直接影响饲料的营养价值,是评定饲料营养价值的重要标志之一。

纤维素不溶于水和任何有机溶剂,在稀酸稀碱中也相当稳定,所以饲料中粗纤维的常规测定法是在统一规定的条件下进行的。即将饲料样本用一定浓度和一定体积的沸热硫酸及氢氧化钠先后各煮沸一定时间,继用乙醇、乙醚处理,除去溶于酸、碱、醇、醚的物质,所剩残渣,经干燥、称重,即为带灰分的粗纤维。复经灼烧、称重,二者重量差即为粗纤维。

用此法处理样本时,稀 H_2SO_4 可水解全部淀粉,部分半纤维素和蛋白质,溶解胺类,酰胺类,植物碱和碱性矿物质。稀 NaOH 可溶解蛋白质,除去脂肪和大量木质素,并水解大部分半纤维素。乙醇和乙醚可抽出脂肪、树脂、单宁、色素及蜡等。由于一般植物的纤维常与果胶、半纤维素、木质素等相互嵌合,难以单独地、完全地提取出来,所测结果除纤维素外,还混有少量半纤维素和一部分木质素,故称粗纤维。

饲料中粗纤维的测定方法并非一个精确方法,所测结果只是一个在公认的强制条件下测定的数值。测定饲料中粗纤维的含量(%)受饲料样本细度的影响。在测定粗纤维过程中有相当数量的木质素溶入煮沸的氢氧化钠溶液,因此饲料中部分木质素并不包括在粗纤维的测定数值内,而被计算到 NFE 的结果中,由此可见,所测出的粗纤维并不全部包括饲料中最粗糙的有机物质。

目前,世界上已有用中性洗涤纤维和酸性洗涤纤维测定法取代粗纤维测定法的趋势,但在大部分地区的饲料概略养分测定法中仍沿用粗纤维测定法。

9.3.21.4.2 操作步骤

(1)称取 2 g 左右试样,准确至 0.0001 g,放 800 ml 的高脚烧杯中。

(2)用量筒量取事先加热近沸的 0.255 N 硫酸溶液 200 ml,先倒入烧杯中少量,将试样湿润,再沿杯壁四周全部加入。用橡皮筋标定好液面,以示 200 ml 体积的位置。

(3)立即将高脚烧杯置于电炉上加热,使其在 1 min 内煮沸,并微沸 30 min。每 5 min 搅拌 1 次,使杯内物质充分混合,要避免样本黏附于液面以上。如有黏附,应用浸帚(截取直径 1 cm 的橡皮管 3 cm 长,一端用万能胶水黏合,另一端套在玻棒上)将其洗入溶液内,整个加热过程中不断用沸热蒸馏水补充蒸发掉的水分,保持液面在标记处。

(4)准确煮沸 30 min 后,迅速用扎有滤布的抽滤漏斗抽滤,将抽滤漏斗随液面下沉,争取在移离电炉后的 10 min 内把硫酸溶液全部抽完,若因同时酸处理的样本多或样本难以抽滤,10 min 内不能将硫酸溶液抽完时,应加 200 ml 蒸馏水,改变硫酸浓度。酸液抽净后,每次用蒸馏水冲洗烧杯和残渣,搅拌后抽滤。如此重复洗涤 4~5 次,直至杯中溶液呈中性(以蓝色石蕊试纸检查)为止。抽滤时若发生滤布被残渣堵塞现象,可用蒸馏水用力冲击堵塞的残渣。必要时,可截断抽气通路,取下抽滤漏斗,由漏斗柄向内吹气,把堵塞的残渣吹入烧坏内。

(5)将烧杯中的水分抽尽,截断抽气通路,用沸热的 0.313N NaOH 溶液冲洗抽滤漏斗上吸附的样本残渣入原烧杯(注意:切勿超过标记线!)。抽滤漏斗洗净后,沿烧杯四周加入沸热 NaOH 溶液至标记处。按步骤(3)(4),加热、抽滤、洗涤,直至洗至中性(用红色石蕊试纸检查)为止。

(6)将残渣全部转移到铺有已知重量的定量滤纸的布氏漏斗中。在转移残渣过程中,注意不要将滤纸捅破或将残渣转移到滤纸外。 定量滤纸用铅笔编号,在 105℃烘 1 h,在干燥器中冷却 30 min,称重。

(7)用 20 ml 乙醇分 3 次洗涤布氏漏斗中的残渣。

(8)用乙醚洗残渣,直到洗涤液无色为止(一般 3~4 次即可)。

(9)将滤纸连同残渣取下,放入到洗净的编号坩埚中,在空气放置数分钟,使醇醚挥发,然后放入 105℃±2℃干燥箱中干燥 3~4 h(干燥时,坩埚盖半开),取出,迅速盖好坩埚盖放入到干燥器中冷却 30 min,称重。同法再放入干燥箱内烘 1 h,冷却 30 min,称重,直至前后两次重量差不大于 0.001 g 为恒重,取较低值进行计算,为 m_1。

(10)将坩埚放在电炉上炭化,然后移至茂福炉,在 550℃±20℃条件下灼烧 1 h,取出,放在干燥器内冷却 30 min,称重。再灼烧 0.5 h,取出,在干燥器内冷却 30 min 称重,直至前后两次重量差不大于 0.001 g 为恒重,取较低值进行计算 为 m_2。

9.3.21.4.3　结果计算

$$样本中粗纤维(\%) = \frac{m_1 - m_2 - m_3}{m} \times 100$$

m_1:烘后(坩埚十滤纸十残渣)重(g)

m_2:灼烧后(坩埚十残渣)重(g)

m_3:滤纸重(g)

m: 样本重(g)

每个试样取两个平行样本进行测定,以其算术平均值为结果。

粗纤维含量在 10%以下时,允许绝对相差为 0.4。

粗纤维含量在 10%以上时,允许相对偏差为 4%。

9.3.21.4.4　仪器设备(测两个平行样用)

800ml 高脚烧杯	2 个
玻棒	2 个

坩埚		2 个
分析天平	感量万分之一克	1 架
六联电炉		1 个
真空泵		1 套
抽滤漏斗		1 个
干燥箱		1 个
茂福炉		1 个
坩埚钳	长柄、短柄	各 1

9.3.21.4.5　试剂及其配制

(1)0.255±0.005 mol/L 硫酸溶液(1.25% H_2SO_4)。

配制:在 1000 ml 容量瓶中先装入约 800 ml 蒸馏水,然后用吸管吸取比重 1.84 的化学纯硫酸 7.1 ml 放入到容量瓶中,用蒸馏水稀释至刻度,摇匀。

标定:精确称取 180℃烘 3~4 h 的 Na_2CO_3 0.3 g 左右 3 份(准确至 0.0001 g),分别加 30 ml 蒸馏水溶解,加甲基红-次甲基蓝混合指示剂 1 滴,用待标定的硫酸溶液滴定至灰紫色,记录 H_2SO_4 用量。

$$H_2SO_4\ 溶液的浓度=\frac{Na_2CO_3\ 的重量}{消耗的\ H_2SO_4\ 溶液体积\times 0.053}$$

3 份标定结果以相对误差不超过 3‰者进行平均,所标定的 H_2SO_4 浓度在 0.255±0.005 范围内为合格。否则,需计算出应加酸或水的量,并再标定,直至合乎要求。

(2)0.313±0.005 mol/L NaOH 溶液(1.25% NaOH)。

配制:溶解化学纯 NaOH 1.25 g 为 1000 ml。

标定:用移液管准确吸取已标定的硫酸溶液 25 ml 3 份,加酚酞指示剂 1 滴,用待标定的 NaOH 溶液滴定至淡红色。

$$NaOH\ 溶液浓度=\frac{(NH_4)_2SO_4\ 溶液的浓度\times V_{H_2SO_4}}{V_{NaOH}}$$

3 份标定结果以相对误差不超过 3‰者进行平均。所标定的 NaOH 浓度在 0.313±0.005 范围内为合格;否则,需调整,并再标定,直至合乎要求。

9.3.21.4.6　附注

(1)粗纤维的测定是在公认的、统一规定的条件下进行,因此要严格按照试剂要求,规定条件和操作手续进行测定。

(2)测定粗纤维时称样的多少,视分析样本中纤维素的含量而定。

(3)能量饲料如玉米、大麦等,淀粉含最高,过滤困难,可在称样中加 0.5 g 合乎要求的石棉,一同进行酸、碱处理和过滤。

9.3.21.5 中性洗涤纤维(NDF)和酸性洗涤纤维(ADF)测定

传统的粗纤维测定法和无氮浸出物的计算均不能反映饲料被家畜利用的真实情况,因为粗纤维测定法的测定结果为一组复合物,其中包括部分半纤维素和纤维素,以及大部分木质素。同时,溶解于酸碱溶液中的部分半纤维素、少量纤维素和木质素又被计入无氮浸出物中。

范氏(Van Soost)的洗涤纤维分析法可准确测定植物性饲料中所含的半纤维素、纤维素、木质素及酸不溶灰分的含量,对传统的粗纤维测定法进行了重大的改革。

9.3.21.5.1 原理

植物性饲料经中性洗涤剂(3%十二烷基硫酸钠)煮沸处理,溶解于洗涤剂中的为细胞内容物,其中包括脂肪、蛋白质、淀粉和糖,统称为中性洗涤可溶物(NDS)。不溶解的残渣为中性洗涤纤维(NDF),主要为细胞壁成分,其中包括半纤维素、纤维素、木质素和硅酸盐。

植物性饲料经酸性洗涤剂(2%十六烷基硫酸钠)煮沸处理,溶于酸性洗涤剂的部分称为酸性洗涤可溶物(ADS),其中包括中性洗涤可溶物(NDS)和半纤维素。剩余的残渣为酸性洗涤纤维(ADF),其中包括纤维素、木质素和硅酸盐。

酸性洗涤纤维(ADF)经 72%硫酸处理,纤维素被溶解,剩余的残渣为木质素和硅酸盐,从酸性洗涤纤维(ADF)值中减去 72 %硫酸处理后的残渣为饲料的纤维素含量。

将 72%硫酸处理后的残渣灰化,其灰分为饲料中硅酸盐的含量,在灰化过程中逸出的部分为酸性洗涤木质素(ADL)的含量。

9.3.21.5.2 仪器设备

分析天平:感量 0.0001 g。

直筒烧杯:600 ml。

冷凝器或冷凝装置。

抽滤瓶:500~1000 ml。

玻璃坩埚:40~50 ml。

干燥器:用氯化钙或变色硅胶作干燥剂。

电热式恒温干燥箱(烘箱)。

高温炉(茂福炉)。

真空抽气机(真空泵)。

调温电炉(六联)。

9.3.21.5.3　试剂

(1)中性洗涤剂(3%十二烷基硫酸钠):准确称取 18.6 g 乙二胺四乙酸二钠 (EDTA,$C1OH_{14}N_2O_8Na_2.2H_2O$,化学纯,372.24)和 6.8 g 硼酸钠($Na_2B_4O_7.10H_2O$,化学纯,381.37)放入 1000 ml 烧杯中,加入少量蒸馏水,加热溶解后,再加入 30 g 十二烷基硫酸钠($C_{12}H_{25}NaO_4S$,化学纯,288.38)和 10 ml 乙二醇乙醚($C_4H_{10}O_2$,化学纯,90.12);再称取 4.56 g 无水磷酸氢二钠($NaHPO_4$,化学纯,141.96)置于另一烧杯中,加入少量蒸馏水微微加热溶解后,倒入前一个烧杯中,在容量瓶中稀释至 1000 ml,其 pH 值约为 6.9~7.1(pH 值一般无需调整)。

(3)酸性洗涤剂(2%十六烷三甲基溴化铵):称取 20 g 十六烷三甲基溴化铵 (CTAB,化学纯,364.47)溶于 1000 ml 1.00 mol/L 硫酸溶液中,搅拌溶解,必要时过滤。

(4)1.00 mol/L 硫酸:量取约 27.87 ml 浓硫酸(化学纯,比重 1.84,96%)徐徐加入已装有 500 ml 蒸馏水的烧杯中, 冷却后无损地转移至 1000 ml 容量瓶中,定容,标定。

(5)无水亚硫酸钠(Na_2SO_3):化学纯,136.04。

(6)丙酮(CH_3COCH_3):化学纯,58.08。

(7)十氢化萘($C_{10}II_{18}$,防泡剂):化学纯,138.24。

9.3.21.5.4　操作步骤

(1)中性洗涤纤维测定。

①准确称取 1 g 试样(通过 40 目筛)准确至 0.0001 g,置于直筒烧杯中,加入 100 ml 中性洗涤剂和数滴十氢化萘及 0.5 g 无水亚硫酸钠。

②将烧杯套上冷凝装置后置于电炉上,在 5~10 min 内煮沸,并持续保持微沸 60 min。

③煮沸完毕后,取下直筒烧杯,将杯中溶液倒入安装在抽滤瓶上的已知重

量的玻璃坩埚中进行过滤,将烧杯中的残渣全部移入,并用沸水冲洗玻璃坩埚与残渣,直洗至滤液呈中性为止。

④用 20 ml 丙酮冲洗二次,抽滤。

⑤将玻璃坩埚置于 105℃烘箱中烘 3 h 后,在干燥器中冷却 30 min 称重,直称至恒重。

(2)酸性洗涤纤维测定。

①准确称取 1 g 试样(通过 40 目筛)置于直筒烧杯中,加入 100 ml 酸性洗涤剂和数滴十氢化萘。

②同中性洗涤纤维测定步骤②。

③趁热用已知重量的玻璃坩埚抽滤,并用沸水反复冲洗玻璃坩埚及残渣至滤液呈中性为止。

④用少量丙酮冲洗残渣至抽下的丙酮液呈无色为止,并抽净丙酮。

⑤同中性洗涤纤维测定步骤⑤。

(3)酸性洗涤木质素(ADL)和酸不溶灰分(AIA)测定。将酸性洗涤纤维加入 72%硫酸,在 20℃消化 3 h 后过滤,并冲洗至中性。消化过程中溶解部分为纤维素,不溶解的残渣为酸性洗涤木质素和酸不溶灰分,将残渣烘干并灼烧灰化后即可得出酸性洗涤木质素和酸不溶灰分的含量。

9.3.21.5.5 结果计算

(1)中性洗涤纤维(NDF)含量的计算。

$$NDF(\%) = \frac{m_1 - m_2}{m} \times 100$$

式中:m_1——玻璃坩埚和 NDF 重(g)

m_2——玻璃坩埚重(g)

m——试样重(g)

(2)酸性洗涤纤维(ADF)含量的计算。

$$ADF(\%) = \frac{G_1 - G_2}{G} \times 100$$

式中:G_1——玻璃坩埚和 ADF 重(g)

G_2——玻璃坩埚重(g)

G——试样重(g)

(3)半纤维素含量的计算。

半纤维素(%)=NDF(%)–ADF(%)

(4)纤维素含量的计算。

纤维素(%)=ADF(%)–经72%硫酸处理后的残渣(%)

(5)酸性洗涤木质素(ADL)含量的计算。

ADL(%)=残渣(%)–灰分(硅酸盐,%)

(6)酸不溶灰分(AIA)含量的计算。

AIA(%)= 残渣(%)–ADL(%)

9.3.21.5.6 附注

目前已经有了快速测定 NDF 以及 ADF 的专用仪器设备（如美国 ANKOM 纤维测定仪,国内也有相类似产品),使样品测定效率大大提高。

9.3.21.6 粗灰分的测定

饲料中的粗灰分是指饲料样本经高温灼烧后所得的白色或灰白色的物质。其来源有二:一是饲料本身固有的。饲料中以无机盐和有机盐等形式存在,无机盐类一般包括 K、Na、Ca 等的磷酸盐、碳酸盐、硫酸盐、硝酸盐和氯化物等。有机盐类一般包括甲酸盐、草酸盐、乙酸盐等。此外,还有些矿物质元素可以被结合成复杂的有机分子,如含磷的磷酯类、核蛋白;含硫的氨基酸;含铁的血红素等。高温灼烧后, 上述无机盐和矿物质元素所形成的无机盐和氧化物称为纯灰分。另一个来源是饲料中混存的少量黏土和砂粒等,经高温灼烧,也形成了无机化合物。因饲料中往往有外源性杂质存在,故总称粗灰分。

9.3.21.6.1 原理

将饲料样本在 550℃±20℃的高温下灼烧, 使有机物质成为 CO_2,N_2、H_2O 而逸失。用分析天平称残余的无机物重,即得粗灰分。

9.3.21.6.2 操作步骤

(1)在带盖的瓷坩埚内加入 1:3 HCl 溶液 10 ml,在电炉上煮沸约 5 min,分别用自来水和蒸馏水洗净,烘干。

(2)用蘸笔蘸取氯化铁墨水,在坩埚和坩埚盖上编号(二者编号一致)。

(3)把坩埚放入 550℃±20℃茂福炉内灼烧 30 min(盖子开启约 1/3)。切断电源,打开炉门,用预热过的长柄坩埚钳将坩埚盖和坩埚分别取出,放在瓷盘内,在空气中冷却至红热消退(为 1~2 min 用手背靠近坩埚时仍微发热),用短柄坩埚钳将坩埚和盖子分别移入干燥器内盖好,然后盖上干燥器盖子,冷却 30 min,用短柄坩埚钳将坩埚取出,放在分析天平上称重,准确至 0.0001 g。按上述方法重复灼烧和称重,直至前后两次重量差不超过 0.0005 g 为恒重(注意:坩埚在茂福炉内的位置、取出和称重的顺序,冷却的条件和时间应完全一致)。取最低值为坩埚重。

(4)用分析天平在恒重的坩埚内加分析样本 2 g 左右,准确至 0.0001 g。坩埚内的样本应疏松,不可太厚,否则不易氧化(注意:坩埚全部恒重后再称样,称样前应再称一次坩埚,以计算样本重。)

(5)将称有试样的坩埚放在电炉上,拧开电炉使样本慢慢炭化至无烟。切忌温度过高,以防明火燃烧,或由于剧烈干馏,使部分样本被逸出的气体带走。另外,温度过高,饲料中的硅酸盐呈熔融状态,将饲料颗粒包裹,在其表面形成保护层,使其内部的有机质不能氧化,所以炭化温度不可过高。

(6)炭化结束(即样本不再冒烟),用坩埚钳将坩埚从电炉上取下,按灼烧坩埚时的位置放入到茂福炉中。接通电源,使炉温上升,在 550℃±20℃条件下灼烧 2~3 h,用同于灼烧空坩埚时的方法,把坩埚取出,冷却 30 min,称重,然后将坩埚放到茂福炉内再灼烧 1 h,冷却 30 min,称重。直至前后两次重量差不超过 0.001 g 为恒重,取最低值进行计算。

(7)将坩埚及灰分保存好,以备作钙、磷的测定。

9.3.21.6.3 结果计算

$$粗灰分\% = \frac{m_2 - m_1}{m} \times 100$$

m:样本重(g);m_1:坩埚重(g);m_2:坩埚+粗灰分重

每个试样应取两个平行样进行测定,以其算术平均值为结果。

粗灰分含量在 5% 以上时,允许相对偏差为 1%

粗灰分含量在 5% 以下时,允许相对偏差为 5%

9.3.21.6.4 仪器设备(测两个平行样本)

分析天平	感量 0.0001 克	1 台
坩埚	瓷质 25~30ml　带盖	2 个
干燥器		1 个
坩埚钳	长柄、短炳	各 1
茂埚炉		1 个

9.3.21.6.5　试剂及其配制

（1）0.5%氯化铁墨水：称 0.5 g FeCl₃·6H₂O 溶于 100 ml 蓝墨水中。

（2）1:3 HCl 溶液：取 1 份浓盐酸加蒸馏水 3 份。

9.3.21.6.6　附注

（1）炉温不可过高,否则炭能把磷还原成游离的磷元素,K、Na、S、Cl、和 p 等会挥发失重,造成负误差。此外,强烈灼烧会使硅酸盐熔融,包着炭粒表面,使之与氧隔绝,有机物不能完全氧化,造成正误差。

（2）灼烧完全的灰分颜色,因样本不同而异,红棕色灰分表示有氧化铁,蓝绿色灰分表示有锰,但若灰分呈黑色,说明灼烧不完全,必须再烧。

9.3.21.7　钙的测定

9.3.21.7.1　原理

将试样中有机物破坏,使钙变成易溶于水的钙盐,钙盐与草酸铵作用生成白色草酸钙沉淀。然后用硫酸溶解草酸钙,再用高锰酸钾标准溶液滴定与钙结合的草酸根离子,根据高锰酸钾溶液的浓度和用量即可计算出样本中钙的含量,其主要化学反应如下:

$$CaCl_2+(NH_4)_2C_2O_4=CaC_2O_4\downarrow+2NH_4Cl$$

$$CaC_2O_4+H_2SO_4=CaSO_4+H_2C_2O_4$$

$$5H_2C_2O_4+2KMnO_4+3H_2SO_4=2MnSO_4+K_2SO_4+8H_2O+10CO_2\uparrow$$

9.3.21.7.2　操作步骤

（1）试样处理。为测定样本中矿物质,样本处理通常有灰化法和消化法两种,凡样本中含钙量低的,用灰化法为宜;含钙量高的,用消化法为宜,两种方法制得的溶液均可测定钙、磷、铁、锰等矿物质。

①灰化法（干法）:称取 2 g 左右样本(准确至 0.0001 g)于坩埚中,在电炉上小心炭化至无烟后,移入 550℃福炉内灼烧 3 h(或利用灰分测定残灰进行)。然后加 1:3 HCl 溶液 10 ml 和数滴浓 HNO₃,小心煮沸,随即滤入 100 ml 容量瓶中,以热蒸馏水洗涤坩埚及漏斗中的滤纸,待滤液冷却至室温后,用蒸馏水定容,摇匀备用。

②消化法（湿法）:称取 2 g 左右样本（准确至 0.0001 g)于凯氏烧瓶中,加入 30 ml 硝酸,置电炉上低温加热,使溶液微沸。待浓烟近于完毕后取下烧瓶,

稍冷后加入 70%~72%高氯酸 5~10 ml（注意：必须待凯氏烧瓶冷却、并将烧瓶离开火源后，才能加入高氯酸，因高氯酸易爆炸）。将烧瓶放在高温上消化（500 W 电炉，不加石棉网）直至消化液呈无色清澈为止，再继续加热 2~3 min 即告结束。注意绝不能烧干（危险！）。冷却后加少量蒸馏水，过滤入 100 ml 量瓶内，用蒸馏水洗涤烧瓶及滤纸。待滤液冷却至室温后，用蒸馏水定容，摇匀备用。

（2）样本中钙的测定。

①草酸钙的沉淀。用移液管准确吸取灰化法或消化法制备的样本溶液 20~25 ml（溶液取量决定于样本中钙的含量，以耗用 0.05 mol/LKMnO₄ 标准溶液25 ml 左右为宜）放入 250 ml 三角瓶中。瓶内加入 2 滴甲基红指示剂，溶液即呈红色。再一滴滴加入 1:1 氨水溶液至溶液由红色转变为黄色为止。再一滴滴加入 1:3 盐酸溶液至溶液由黄色恰变成红色（此时 pH 值为 2.5~3.0）为止。加蒸馏水 100 ml，将溶液加热煮沸（注意勿使溶液外溅）。在热溶液中慢慢滴入热的 4.2% 草酸铵溶液 10 ml（边搅拌边加）。如溶液由红色转变为黄色或橘黄色，则再需滴加 1:3 盐酸至溶液又转变成红色为止，将溶液煮沸 3~4 min（注意勿使溶液外溅），使溶液中草酸钙沉淀颗粒增大，易于沉淀，放置溶液过夜（或在水浴上加热 2 h）使草酸钙沉淀更完善。

②草酸钙沉淀的洗涤。次日用定量滤纸过滤（每次倾倒滤液只需加满滤纸的下 1/3，否则白色沉淀向上移至滤纸边缘，造成损失），弃去滤液。用 1:50 氨水溶液冲洗三角瓶及滤纸上的草酸钙沉淀 6~8 次，直到沉淀中无草酸根离子为止（用洗净试管接滤液 2~3 ml，在滤液中加 1:3 硫酸数滴，将试管加热至 75℃~85℃，滴加 KMnO₄ 溶液 1 滴，若溶液呈微红色，且 30 s 不褪色 说明草酸根被洗净，否则继续用 1:50 氨水冲洗）。

冲洗沉淀中草酸铵时，应沿滤纸边缘向下加氨水溶液，以使沉淀集中在滤纸中心。每次加氨水只能加到滤纸的下 1/3，以免沉淀向滤纸的边缘移动。每次加氨水冲洗时，待漏斗中液体漏净后再加，如此进行，可较快洗净沉淀中的草酸根离子。

③滴定。将滤纸连同沉淀一起移入原来的三角瓶中，加 1:3 硫酸溶液 10 ml，蒸馏水 50 ml。然后将三角瓶加热至 75℃~85℃，立即用 0.05 mol/L KMnO₄ 溶液进行滴定，至溶液呈微红色且 30 s 不褪色时即为终点，记录 KMnO₄ 溶液的体积。

同时做空白测定。

9.3.21.7.3　结果计算

$$Ca(\%)=\frac{(V_3-V_0)\times C\times 0.02}{m}\times\frac{V_1}{V_2}\times 100$$

式中：m——样本重(g)

V₁——样本灰化液或消化液稀释容量(ml)

V_1——样本灰化液或消化液稀释容量(ml)

V_2——测定时样本溶液的取用量（ml）

V_3——滴定样本溶液时 $KMnO_4$ 标准溶液消耗量(ml)

V_0——滴定空白液时 $KMnO_4$ 标准溶液消耗量(ml)

C——$KMnO_4$ 标准溶液浓度(mol/L)

系数 0.02 即 1 ml 1 mol/L $KMnO_4$ 溶液相当于 0.02 g 钙。

每个试样应取两个平行样进行测定，以其算术平均值为结果。

含钙量在 5% 以上时，相对偏差不大于 3%。

含钙量 5%~1 % 时，相对偏差不大于 5%。

含钙量 1% 以下时，相对偏差不大于 10%。

9.3.21.7.4　仪器设备(测定两个平行样）

坩埚		2 个
凯氏烧瓶		2 个
容量瓶	100ml	2 个
移液管	25ml	2 个
滴定管		1 个
三角瓶	250ml	2 个
漏斗		2 个
玻棒		2 个

9.3.21.7.5　试剂及其配制

(1)盐酸：分析纯，1:3 水溶液：1 份浓盐酸加 3 份蒸馏水，混匀。

(2)硫酸：分析纯，1:3 水溶液：1 份浓硫酸加 3 份蒸馏水，混匀。

(3)硝酸：化学纯。

(4)氨水：分析纯，1:1 及 1:500 水溶液。

(5)4.2%草酸铵溶液：称取 4.20 g 草酸铵溶于 100 ml 蒸馏水中。

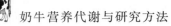

（6）甲基红指示剂：0.1 g 甲基红溶 100 ml 95%乙醇中。

（7）0.05 mol/l 高锰酸钾溶液：准确称取分析纯高锰酸钾 1.6 g 左右溶于 1000 ml 蒸馏水中，煮沸 10 min，放置过夜，以玻璃丝过滤（最初数滴废弃），保存在棕色瓶中。

标定方法：将分析纯草酸钠 105℃烘 2 h，干燥器冷却 30 min，准确称取草酸钠 0.1 g 左右（准确至 0.0001 g）2 份，分别放入 2 个 250 ml 三角瓶中，加蒸馏水 50 ml 溶解，再加 1:3 硫酸 10 ml，加热至 75℃~85℃，趁热用 KMnO₄ 溶液滴定至呈粉红色且 1 min 不褪色为止（滴定结束时温度应在 60℃以上），同时做试剂空白试验。

$$KMnO_4(mol/l) = \frac{m}{(V-V_0) \times 0.06701}$$

式中：m——基准草酸钠重（g）

V——滴定草酸钠时耗用的 KMnO₄ 溶液体积（ml）

V₀——滴定空白溶液时耗用的 KMnO₄ 溶液体积（m1）

9.3.21.7.6　注意事项

（1）高锰酸钾溶液浓度不稳定，应至少每月标定一次。

（2）每种滤纸的空白值不同，消耗高锰酸钾标准溶液体积也不同。因此，每盒滤纸至少应做一次空白测定。

9.3.21.8　磷的测定

测定磷的方法很多，目前广泛采用的是比色法。饲料中磷的比色测定，以前使用钼蓝法，其优点是灵敏度高（每毫升比色液含磷 0.05~2.5 μg 时符合比尔定律），但许多元素对这种方法测磷有干扰，要求测定条件比较严格。近几年有些饲料分析单位改用钒黄法，优点是生成的钒黄十分稳定，其他元素干扰少，重复性好，操作手续比较简单，但是灵敏度低（每毫升比色液的含磷是应在 1~20 μg 之间），适合于含磷量较高样本的测定，现述钼蓝法测磷。

9.3.21.8.1　原理

饲料中的磷经灰化后，成为各种金属的磷酸盐存在于灰分中，用盐酸溶解呈磷酸。在酸性溶液中磷酸与试剂钼酸铵中的钼酸根生成磷钼杂多酸的杂聚络合物，生成的磷钼杂多酸为浅黄色，磷酸量多时，可形成黄色沉淀。

$$PO_4^{3-} + 12MoO_4^{2-} + 27H^+ \rightarrow H_7[P(Mo_2O_7)_6] + 10H_2O$$

因为形成磷钼杂多酸时钼的氧化电位增大,所以杂多酸中的钼要比钼酸铵中的钼容易被还原,通常用的还原剂有对氢醌、氯化亚锡、锡块、抗坏血酸、1,2,4—氨基萘酚磺酸等。黄色的磷钼杂多酸与还原剂作用时,使 Mo^{6+} 还原成低价钼与高价钼的混合物而呈现特殊的蓝色,称为钼蓝,钼蓝颜色的深浅与溶液中磷的含量成正比关系,符合比尔定律,可以用比色法测定。

9.3.21.8.2 操作步骤

(1)样本处理:同钙的测定。

(2)标准曲线的绘制。

①取 20 ml 带盖试管 13 个,分别编上号码 0、1、2、3、……12。在 0 号试管中加入蒸馏水少许, 在 1、2、3……12 各试管中依次加入 0.5、1.0、2.0、3.0……11.0 毫升的标准磷酸溶液。

②在每个带盖试管中依次加入下列试剂:

钼酸铵溶液	2 ml
亚硫酸钠溶液	1 ml
对氢醌溶液	1 ml

对氢醌为还原剂,亚硫酸钠系缓冲剂,维持溶液的 pH 值在酸性范围。

③将各个试管用蒸馏水稀释至 20 ml,摇匀,静置 30 min。以 0 号试管内的溶液作为空白,在 721 型分光光度计上进行比色,选用 600~700 nm 的光波及 1 cm 比色池。

④在普通坐标纸上,以横轴表示每个试管中比色液的含磷量(μg),纵轴表示相应的吸光度,绘出磷的标准工作曲线。

(3)样本中磷的测定。

①用移液管准确吸取灰化或消化法制备的样本溶液 1 ml 置于 20 ml 带盖试管中。

②另取一带盖试管,用移液管准确吸取灰化法或消化法所用试剂的空白溶液 1 ml。

③按标准曲线绘制步骤②③操作。

④根据样本溶液所测出的吸光度, 在标准曲线上查出样本溶液中的含磷量。

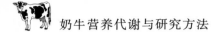

9.3.21.8.3　结果计算

$$P\% = \frac{2}{m} \times \frac{V_1}{V_2} \times \frac{100}{1000} \times \frac{1}{1000}$$

式中:a——由标准曲线查得试样分解液的含磷量(μg)

　　　　m——样本量(g)

　　　　V_1——样本溶液的稀释容量(ml)

　　　　V_2——测定磷时样本稀释液取量(m1)

每个试样取 2 个平行样进行测定,以其算术平均值为结果。

含磷量在 0.5% 以上时,相对偏差≤5%

含磷量在 0.5% 以下时,相对偏差≤10%

9.3.21.8.4　仪器设备(测定两个平行样)

带盖试管	20 ml	3 个
移液管	1 ml,2 ml	各 1 个
721 型分光光度计		1 个

9.3.21.8.5　试剂及其配制

(1)标准磷溶液:将磷酸二氢钾(KH_2PO_4,分析纯)105℃烘 1 h,干燥器中冷却 30 min 后,准确称取 0.0439 g 溶于少量蒸馏水中,无损转入 1000 ml 容量瓶中(在溶液中加入少许氯仿可延长保存时间)用蒸馏水稀释至刻度,摇匀备用。此溶液每毫升含 10 μg 磷。

(2)钼酸铵溶液:称取 25 g 分析纯钼酸铵,溶于 300 ml 蒸馏水中,另将 75 ml 浓 H_2SO_4 缓慢加入 100 ml 蒸馏水中,冷却后为 200 ml,将此 200 ml 稀 H_2SO_4 加入 300 ml 钼酸铵溶液中,贮存在棕色瓶中备用。

(3)对氢醌(对苯二酚)溶液:称取 0.25 g 分析纯对氢醌,加 50 ml 蒸馏水溶解,加入 1 滴浓 H_2SO_4。此液在每次试验前配制。否则,易使钼蓝溶液发出混浊。

(5)亚硫酸钠溶液:称 5 g 分析纯亚硫酸钠溶于 25 ml 蒸馏水中,此液最好在使用前新配,否则可能会使钼蓝溶液混浊。

9.3.21.8.6　附注

用钼蓝法测磷时,必须严格控制反应条件,以期获得准确可靠的结果。首先,含磷量不能过高,每毫升比色液的含磷量不要超过 2.5 μg。其次,控制显色时间。显色时间与还原剂有关,时间太短,显色不完全,时间太长,钼蓝可能褪色。对氢醌作还原剂时,显色时间应控制在 30 min。

酸度是钼蓝法的重要条件。酸度不够,在无磷的情况下,钼酸也可能被还原成低价钼而显蓝色。酸度过高,钼酸根离子浓度降低会影响磷杂多酸的形成。因此,待测灰分溶液应先中和后再加试剂及显色,以严格控制酸度,避免酸度不一致造成误差。一般情况下,酸度应控制在 0.4~0.8 N。用对氢醌作还原剂时,最适酸度约为 0.6 N。

一般饲料的灰分溶液中含硅都较多,而硅对定磷有干扰。所以吸取待测分解液时,不要搅起瓶底的硅酸盐沉淀或者制备分解液时用滤纸过滤,以除去硅酸盐。

9.4　奶牛研究相关模型

9.4.1　干物质和粗纤维需要量

9.4.1.1　泌乳牛的干物质需要量(根据体重和产奶量计算)

泌乳早期:DMI(kg)=[产奶量(kg)×0.29]+[体重(kg)×0.02]×0.95

泌乳中/后期:DMI(kg)=[产奶量(kg)×0.29]+[体重(kg)×0.02]

影响干物质进食量的因素主要有:奶牛的体重、体况、产奶水平、泌乳阶段、环境条件、饲养管理水平、饲料类型和品质,尤其是粗饲料的类型和品质及饲料的水分含量、干物质消化率、中性洗涤纤维含量。泌乳牛的干物质进食量在产后 4~8 周最低,产后 10~14 周最高。日粮干物质进食量应不低于体重的 2.5%。干物质进食量占体重的百分率取决于日粮干物质的消化率(在牛能吃饱的情况下),为充分发挥奶牛的泌乳潜力,应保持足够的干物质进食量,以满足能量的需要。

9.4.1.2　干奶牛的干物质需要量(根据体重计算)

在日粮干物质能量浓度 5.23 MJ/kg 的情况下,干物质需要量按每 100 kg 体重 1.55~1.66 kg 干物质计算。

9.4.1.3　后备母牛的干物质需要量(根据能量给量计算)

后备母牛的干物质参考给量(kg)=NND×0.45

9.4.1.4　粗纤维需要量(计算粗纤维占干物质进食量的比例)

奶牛日粮干物质粗纤维含量以 17% 为宜,不应低于 13%。粗纤维含量过低,会影响瘤胃的消化机能,过高达不到所需的能量浓度。

9.4.2 奶牛的能量需要

动物机体为维持生命活动(如心脏跳动、呼吸、血液循环、代谢活动、维持体温等)和生产活动(增重、妊娠、产乳等),均需要消耗一定的能量。所有这些能量,都是从家畜所采食的饲料中来的。奶牛能量的需要可以分为维持需要、生长需要、妊娠需要和泌乳需要几个部分。

能量单位:日粮的能量指标包括消化能(DE)、代谢能(ME)、维持净能(NEM)、增重净能(NEG)和产奶净能(NEL)等,其中用于维持和产奶的能量需要以产奶净能表示(NEL)。奶牛能量单位(NND)是以生产 1 kg 含脂率 4% 的标准乳需要 3138 KJ 的 NEL 为 1 个奶牛能量单位(NND)。奶牛能量单位(NND)是我国奶牛饲养标准中广泛采用的产奶净能单位。泌乳奶牛的维持需要、产奶需要与体重增加需要的能量累加之和即为总的能量营养需要。确定产奶能量营养需要的依据是乳成分、产乳量以及饲料和畜体组织分解的养分转化成乳成分的效率。由于乳的能值随乳成分尤其是乳脂率的变化而变化,为方便泌乳能量需要的计算和泌乳力的比较,一般将不同乳脂率的乳折算成含脂 4% 的乳,即标准乳,或称乳脂校正乳。我国奶牛饲养标准的能量体系,采用产奶净能,以奶牛能量单位(NND)表示,即用 1 kg 含脂 4% 的标准乳所含产奶净能 3.138 MJ 作为一个奶牛能量单位。

能量体系:1 个奶牛能量单位(NND)=3138 kJ(750 Kcal)产奶净能;1 KJ=0.239 Kcal;1 Kcal=4.184 KJ

维持需要:维持需要是动物每天生存所必需的,包括采食和短距离运动,即维持的净能需要量为:0.080 Mcal/kgBW$^{0.75}$(BW 为体重,单位为 kg),牛的维持能量需要以适宜的环境温度为标准,高温或低温时对维持需要都有一定的影响。国内外试验表明,在 20℃ 以下时,环境温度每降低 10℃,DM 消化率平均下降 1.8 个百分点,因此低温下饲料的能值低于预期值;从中等程度到严重热应激时奶牛的维持需要量分别提高 7% 和 25%,因此低温或高温时均需要提高奶牛的维持能量需要。

9.4.2.1 成年母牛维持需要量(根据体重计算)

18℃ 舍饲条件(逍遥运动)下的能量维持需要量为:365×体重$^{0.75}$(KJ)

例如:600 kg 体重的能量维持需要量为 43.1 MJ 或 10.3 Mcal 产奶净能或 13.73 NND。

需要注意的是:在维持需要的基础上,第一胎应增加 20%;第二胎应增加 10%;气温比 18℃,每降 1℃增加 2.5 KJ 或 0.6 Kcal 产奶净能。

9.4.2.2 产奶需要量(根据产奶量及乳脂率计算)

1 kg 牛奶的能量(KJ)=1433.65+415.3×乳脂率。

产 1 kg 含脂 4% 的标准乳需能量 1NND 或 3.14 MJ 或 0.75 Mcal 产奶净能,产 1 kg 含脂 3.5% 的奶需能量 0.93NND 或 2.93 MJ 或 0.7 Mcal 产奶净能。泌乳期间每减少体重 1 kg 能增加 6.56 kg 标准乳,每增加体重 1 kg 会减少 8 kg 标准乳。

4% 乳脂率的标准乳量(FCM)(kg)=0.4* 产奶量(kg)+15* 奶中乳脂量(kg)

9.4.2.3 妊娠需要量(妊娠 5 个月以上的需要量)

妊娠 6、7、8、9 个月时,能量维持需要分别增加 1 Mcal、1.7 Mcal、3 Mcal、5 Mcal 或 4.18 MJ、7.11 MJ、12.55 MJ、20.92 MJ 产奶净能或 1.3NND、2.3NND、4.0NND、6.7NND。

9.4.2.4 后备母牛维持需要量(根据体重计算)

绝食代谢产热=0.531×体重$^{0.67}$(MJ)=0.127×体重$^{0.67}$(Mcal)=0.169×体重$^{0.67}$(NND)。在此基础上增加 10%(自由活动能量消耗)即为能量维持需要量。

9.4.2.5 后备母牛增重需要量(根据体重和日增重计算)

增重能量沉积(Mcal)=日增重(kg)×(1.5+0.0045×体重 kg)÷(1−0.3×日增重 kg)。兆卡数乘 4.184 为 MJ 数,除以 0.75 为 NND 数。

NRC(1988)规定,第三胎及其以上奶牛的维持能量需要量为每 kg 代谢体重(BW0.75)334.7 kJ 产奶净能(NEL)。对第一胎和第二胎奶牛,维持需要应在此基础上分别增加 20% 和 10%。由此,奶牛的维持能量需要用下式计算:

第一胎:401.7BW$^{0.75}$(KJ NEL/d)

第二胎:368.2BW$^{0.75}$(KJ NEL/d)

第三胎及以上:334.7BW$^{0.75}$(KJ NEL/d)

如果奶牛的活动量较大,维持能量需要还应在上述基础上进行调整。奶牛每行走 1 km,维持需要增加 3%;放牧情况下维持需要增加 10%~20%。

生长需要：牛的增重净能需要量等于体组织沉积的能量，沉积的总能量是增重与沉积组织的能量浓度的函数，沉积组织的能量浓度受牛生长率与生长阶段或体重的影响。增重的能量沉积用呼吸测热法或对比屠宰实验法测定。

生长时的能量需要通过活重称量是研究牛生长最常使用的方法。但在研究生长牛的能量需要时，仅数据中的活重和增重是远不够的。因为不同年龄和膘度状况下，每单位增重中所含的营养成分也有很大变化。

牛的生长能量需要可以分为非反刍期和反刍期，用消化能（DE,MJ）表示。

（1）非反刍期：DE（MJ/头·日）=0.736 $W^{0.75}$（1+0.58G）

（2）反刍期：根据牛的体重范围，增重及活重计算，所使用的公式为：

200~275 kg 时 DE=0.497×2.428G×$W^{0.75}$

276~350 kg 时 DE=0.483×2.164G×$W^{0.75}$

351~500 kg 时 DE=0.589×1.833G×$W^{0.75}$

式中：$BW^{0.75}$——牛的代谢体重（千克）；G——牛的日增重（千克）。

在 NRC-2001 体系中，利用综合的方程计算预期的第一和第二泌乳期奶牛的生长速率，主要基于当前的年龄和期望的成熟体重或者是该品种的平均体重作为参数纳入方程中。对于个体储或者是体成分的变化，NRC（2001）主要考虑在体况评分上的变化。体况评分为 2 的奶母牛体重减少 1 kg 所贡献的产奶净能按 3.8 Mcal 计算，而体况评分为 4 分的则按 5.6 Mcal 计算，相反的是，体况得分为 2 的奶牛每增加 1 kg 体重需要的能量为 4.5 Mcal，得分为 4 的奶牛则需要 6.2 Mcal 能量。

妊娠需要：牛在怀孕期，随着胎儿的生长，胎膜、胎水及子宫也快速增加。在怀孕的早期阶段，沉积的营养物质数量很少，怀孕 190 日龄前，在维持正常能量需求上不用额外添加能量，在 190~279 日龄间，荷斯坦奶牛的平均妊娠能量需求从大约从 2.5~3.7 Mcal/d，妊娠期超过 279 日龄的能量需要不能高于 279 日龄能量需要。

泌乳需要：产奶时的能量需要取决于产奶的数量及乳成分组成。我国奶牛饲养标准规定，体重增加 1 kg 相应增加 8 个奶牛单位（NND），失重 1 kg 相应减少 6.55NND。奶牛泌乳时，每产 1 kg 含脂率 4% 的奶，需 3.138 MJ 产奶净能作为一个"奶牛能量单位"。产奶量主要因牛的品种而异，但个体间也有很大变化。因产奶量及乳中成分容易度量。因此，对评定泌乳牛的营养需要并未带来很大困难。

牛奶的能量组成包括：脂肪、蛋白质和乳糖。预测产奶所需的 NEL 的计算公式以乳脂和粗蛋白（CP）百分率有或没有乳糖的百分率来表达：

NEL（Mcal/kg）=0.0929×脂肪%+0.0547×粗蛋白%+0.0395×乳糖%

或者：

NEL（Mcal /kg）=0.0929×脂肪%+0.0547×粗蛋白+0.192

9.4.3　奶牛饲养能量指标

9.4.3.1　饲料总能（GE）

饲料总能（KJ/100 g 饲料）=23.93×粗蛋白质（%）+39.75×粗脂肪（%）+16.88×无氮浸出物（%）

9.4.3.2　饲料的消化能（DE）

饲料的消化能（KJ/100 g 饲料）= GE×能量消化率，可用下面公式估测：

能量消化率（%）=94.2808−61.5370（NDF/OM）

能量消化率（%）=91.6694−91.3359（ADF/OM）

其中，OM——有机物质，NDF——中性洗涤纤维，ADF——酸性洗涤纤维

9.4.3.3　瘤胃可发酵有机物质（FOM）

FOM/OM（%）=92.8945−74.7658（NDF/OM）或

FOM/OM（%）=91.2202−118.6864（ADF/OM）

9.4.3.4　饲料的代谢能（ME）

饲料的代谢能=消化能−甲烷能−尿能

其中：甲烷（L/FOM,kg）=60.4562+0.2967（FNDF/FOM,%）

或甲烷（L/FOM,kg）=48.1290+0.5352（NDF/FOM,%）

甲烷能/消化能（%）=8.6804+0.0373（FNDF/FOM,%）或

甲烷能/消化能（%）=7.1823+0.0666（NDF/FOM,%）

上式中，FNDF 为可发酵中性洗涤纤维；尿能/消化能（%）的平均值=4.27±0.94

9.4.3.5　饲料产奶净能值计算

产奶净能（MJ/kg 干物质）=0.5501×消化能（MJ/kg 干物质）−0.3958

9.4.4　奶牛的蛋白质需要

蛋白质是动物一切生命和生产活动所不可缺少的物质，它在动物体内的特

有生物学功能不能为其他任何物质取代或转化。蛋白质供给不足时,动物消化机能减退、生长缓慢、体重下降、繁殖机能紊乱、抗病力减弱、组织器官结构和功能异常,严重影响动物的健康和生产。蛋白质饲料资源对于发展畜牧业具有举足轻重的作用,是畜牧业重要的物质基础。蛋白质的不足和过剩,均会对机体产生不良影响。通常情况下,当蛋白质过剩时,由于机体对氮代谢的平衡具有一定的调节能力,所以对机体不会产生持久性的不良影响。过剩的饲料蛋白质含氮部分以尿素或尿酸形式排出体外;无氮部分作为能源被利用。然而,机体的这种调节能力是有限的。当超出机体的承受范围之后,就会出现有害影响。如代谢紊乱、肝脏结构和功能损伤、饲料蛋白质利用率降低,严重时会导致机体中毒。

一般而言,乳牛生活和生产所需蛋白质来自日粮过瘤胃蛋白质和瘤胃微生物蛋白质。

乳牛所食日粮蛋白质中,一部分在瘤胃中被微生物降解,并合成微生物蛋白质被乳牛消化、利用。另外一部分日粮蛋白质并不被瘤胃微生物分解而直接进入真胃成为过瘤胃蛋白质。低品质的蛋白质在瘤胃中降解合成微生物蛋白质,改善了乳牛蛋白质营养状况;而高品质的蛋白质在瘤胃中降解,可造成氮素及能量的损失。因而,在乳牛生产实践中,通常采用保护或代谢调控手段,尽可能地减少高品质蛋白质饲料在瘤胃内的降解率,以此来提高饲料利用率,降低成本,增加经济效益。

与能量需要一样,乳牛的蛋白质需要也可分为生产需要与维持需要。其二者之和便是总的蛋白质需要。根据我国专业标准《奶牛饲养标准》(ZBB43007–86)维持的粗蛋白质为 $4.6W^{0.75}$ g(W——体重)平均每产 1 kg 标准乳粗蛋白质需要量为 85 g,假如以体重 600 kg、日产 40 kg 标准乳的乳牛为例,其粗蛋白质需要量则为:$4.6×600^{0.75}+40×85=3957.66$(g)。

9.4.4.1 成母牛维持需要量(根据母牛的体重计算)

粗蛋白维持需要量(克)=$4.6×W^{0.75}$

可消化粗蛋白维持需要量(克)=$3×W^{0.75}$

小肠可消化粗蛋白维持需要量(克)=$2.5×W^{0.75}$

W——体重(kg)

例如:600 kg 体重维持需要粗蛋白 558 g、可消化粗蛋白 364 g、小肠可消化粗蛋白 303 g。

9.4.4.2　产奶需要量(根据乳蛋白产量计算)

产奶的蛋白质需要量取决于产奶量和牛奶的乳蛋白含量即乳蛋白产量。牛奶的乳蛋白含量与乳脂含量存在线性相关:乳蛋白率(%)=2.36+0.24×乳脂率(%)。

产奶粗蛋白需要量(g)=乳蛋白产量÷0.39

产奶可消化粗蛋白需要量(g)=乳蛋白产量÷0.6

产奶小肠可消化粗蛋白需要量(g)=乳蛋白产量÷0.7

例如:产 1 kg 标准乳需要粗蛋白 85 g、可消化粗蛋白 55 g、小肠消化粗蛋白 47.5 g。产 1 kg 含脂 3.5%的奶需要粗蛋白 82 g、可消化粗蛋白 53 g、小肠可消化粗蛋白 46 g。

9.4.4.3　妊娠需要量(妊娠 5 个月以上的需要量)

在维持需要量的基础上,妊娠 6、7、8、9 个月时,粗蛋白分别增加 77 g、129 g、203 g、298 g,可消化粗蛋白分别增加 50 g、84 g、132 g、194 g,小肠可消化粗蛋白分别增加 43 g、73 g、115 g、169 g。

9.4.4.4　后备母牛维持需要量(根据体重计算)

体重 200 kg 以上后备母牛的维持需要量的计算方法同成年母牛。体重 200 kg 以下后备母牛的维持需要量为:

粗蛋白维持需要量(克)=$4 \times W^{0.75}$

可消化粗蛋白维持需要量(克)=$2.6 \times W^{0.75}$

小肠可消化粗蛋白维持需要量(克)=$2.2 \times W^{0.75}$

9.4.4.5　后备母牛增重需要量(根据体重和日增重计算)

增重的蛋白质沉积 (g/d)=$\triangle W$($170.22-0.1731 \times W+0.000178 \times W^2$)×($1.12-0.1258 \times \triangle W$)

　　$\triangle W$——日增重(kg)　　　　　　W——体重(kg)

增重的粗蛋白需要量(克)=增重的蛋白质沉积÷0.36

增重的可消化粗蛋白需要量(克)=增重的蛋白质沉积÷0.55

增重的小肠可消化粗蛋白需要量(克)=增重的蛋白质沉积÷0.6

9.4.5　奶牛粗饲料品质评价指标

在奶牛的日粮中,粗饲料占 40%以上,是瘤胃微生物和奶牛本身重要的营养来源。粗饲料品质对奶牛的生产性能和健康都起着极其重要的作用,同时直接影响精料的喂量与饲养成本,最终影响到养殖效益。因此,做好对粗饲料品质的评定显得日趋重要。现有粗饲料品质评价指标有单项指标和综合指标两大类。单项指标评定包括常规营养成分、干物质随意采食量、消化率等。常规营养成分含量的多少是评定粗饲料品质的最基本指标,主要包括干物质(DM)、粗纤维(CF)、中性洗涤纤维(NDF)、酸性洗涤纤维(ADF)、酸性洗涤木质素(ADL)、粗蛋白(CP)等。

Van Soest 提出了改进的粗纤维分析方法,采用 NDF、ADF、ADL 评价指标评定粗饲料质量,此方法将饲料粗纤维中的半纤维素、纤维素和木质素全部分离出来,从而可以更好地评定饲料粗纤维的营养价值。NDF 与瘤胃容积充满度及日粮采食量有关,其含量与能量浓度成负相关,粗饲料中高的 NDF 含量可限制牛的采食量及其对粗饲料的能量利用效率,NDF 含量越高,粗饲料品质越低。粗饲料 ADF 含量与其有机物消化率(OMD)呈负相关,ADF 含量越高,粗饲料品质越低。CP 含量的变化可反映粗饲料在制备过程中养分的损失情况,但考虑到瘤胃微生物对蛋白质的作用,必须考虑饲粮蛋白质在瘤胃内的降解情况。因此,CP 只是评价粗饲料蛋白质品质的粗略指标。

常规分析方法统一,测定简单,便于不同样品之间比较,但只能说明粗饲料营养成分含量的高低,并不能完全反映粗饲料的品质。因为粗饲料品质与营养成分含量虽然具有直接的正相关关系,但这种关系也不是绝对的。评价粗饲料品质最关键的是奶牛对粗饲料的采食和消化吸收情况,而这除与饲料本身营养成分有关外,还与粗饲料的适口性和消化率有关。

干物质随意采食量(DMI)受奶牛的体重、增重速度、饲料能量浓度、日粮类型、饲料加工、饲养方式和气候等多种因素的影响,是影响奶牛生产水平和饲料效率高低的重要因素。在同等情况下,粗饲料的 DMI 越高,表明粗饲料的品质越好。与常规指标相比,DMI 虽能更好地反映粗饲料品质,但由于在相同 DMI 的情况下,不同粗饲料的消化吸收有很大差异,因此,单纯的 DMI 也不能完全反映粗饲料品质的高低,必须同时考虑粗饲料的消化吸收效率。

消化率的高低不仅与粗饲料中细胞壁成分的含量和组成有关,还与生物碱等限制性营养因子的含量有关。通常奶牛并非采食单一的饲料,因此,某种粗饲料的消化率还受日粮中其他粗饲料和精饲料的影响,即必须考虑饲料间的组合效应。粗饲料消化率的测定必须通过消化实验。消化实验常用的方法有体内消化实验法、尼龙袋法和离体消化实验法。

为了更好地评定粗饲料品质,国内外学者进行了大量研究,并提出了一些得到广泛利用的综合指标,如营养值指数(NVI)、可消化能进食量(DEI)、饲料相对值(RFV)、品质指数(QI)、粗饲料相对品质(RFQ)、产奶二千(milk 2000)、粗饲料分级指数(GI)等。这些指数都是由当粗饲料作为唯一能量和蛋白质来源时的粗饲料随意采食量和某种形式的粗饲料可利用能计算而来。粗饲料随意采食量用粗饲料 DMI 占体重的百分比或者占代谢体重的百分比表示。粗饲料可利用能的形式有能量的消化率(ED)、消化能(DE)、可消化干物质(DDM)、总可消化养分养分(TDN)和代谢能(ME)等。

9.4.5.1　RFV

RFV 是美国目前唯一广泛使用的粗饲料品质综合评定指数。RFV 用 ADF 和 NDF 体系制定干草等级的划分标准,其定义为:相对于特定标准的粗饲料(假定盛花期苜蓿 RFV 值为 100),某种粗饲料的可消化干物质采食量。

RFV 计算公式为:$RFV=DMI(\%BW)\times DDM(\%DM)/1.29$

其中:DMI 为粗饲料干物质随意采食量,单位为%BW;

DDM 为可消化干物质,单位为%DM。

1.29 是基于大量动物试验数据所预测的盛花期苜蓿 DDM 的采食量,单位为%BW。

除以 1.29,目的是使盛花期的苜蓿 RFV 值为 100。

DMI 的预测模型为:$DMI(\%BW)=120/NDF(\%DM)$

DDM 的预测模型为:$DDM(\%DM)=88.9-0.779ADF(\%DM)$

RFV 值越大,表明饲料的营养价值越高。RFV 的优点是其参数预测模型是一种比较简单实用的经济模型,只需在实验室测定饲料的 NDF、ADF 和 DM 即可计算出某粗饲料的 RFV 值。RFV 目前仍在美国粗饲料的管理、生产、流通和交易等各个领域广泛使用,牧草种子生产者也使用 RFV 反映品种的改良进展。RFV 的缺点是只对粗饲料进行了简单的分级,没有考虑粗饲料中粗蛋白质含量的影响,无法利用其进行粗饲料的科学组合和合理搭配。

9.4.5.2　QI

QI 是由美国佛罗里达州饲草推广测试项目提出的,是指 TDN 随意采食量相对其维持需要的倍数。由于大多数粗饲料中可消化脂肪可以忽略不计,因此可以假定粗饲料中的 TDN 等同于可消化有机物质。计算 QI 用的是有机物质消化率(OMD),而不是 RFV 中所用的干物质消化率,这是相对 RFV 有所改进的,其他所需的动物实验数据与 RFV 相同。QI 既可进行粗饲料的评定,又可在电脑模型中预测家畜生产性能。

QI 计算模型为:QI=TDN 采食量(g/MW)/36 其中,36 是牛的 TDN 维持需要量(36g/MW),MW=Wkg0.75(每 kg 代谢体重)。

TDN 采食量计算公式为:TDN 采食量(g/MW)=DMI(g/MW)×TDN(%DM)/100

TDN 计算公式为:TDN(%DM)=OM(%DM)×OMD(%)/100

OMD 的预测模型为:OMD(%)=32.2+0.49IVOMD(%)

DMI 的预测模型为:DMI(g/MW)=120.7−0.83NDF(%DM)

QI 是在 RFV 的基础上提出的,其与 RFV 相比不同的地方为:QI 不以某一特定饲草的品质为参照点,而是以牛对能量的需求即 TDN 的维持需要为参照点;QI 的基数设定为 1.0,而 RFV 设定为 100;QI 使用代谢体重,RFV 为体重指数;QI 使用了体外有机物消化率预测 OMD,RFV 使用 ADF。QI 的预测模型根据佛罗里达州饲喂热带牧草的绵羊的试验数据推导而来。

9.4.5.3 RFQ

Moore 和 Undersander 于 2002 年首次提出用 RFQ 作为粗饲料品质的总指数来取代 RFV 和 QI。在 RFQ 中,DMI(%BW)同 RFV 一样用占体重的百分数表示,而有效能则和 QI 一样,以 TDN(%DM)表示。RFQ 计算模型如下:RFQ=DMI(%BW)×TDN(%DM)/1.23。要确保 RFQ 预测模型的精确,必须首先建立精确的 DMI 预测模型。比较理想的 DMI 的预测模型建立非常复杂,应包括 CP、ADF、NDF、体外消化率等多个指标。

DMI=−2.318+0.442CP−0.0100(CP)^2−0.0638TDN+0.000922(TDN)^2+0.180ADF−0.00196(ADF)^2−0.0529CP×ADF,R^2=0.76。

TDN 的预测模型为:TDN=0.954×(0.953NDS+IVDND F 13.1)。

其中 NDS=100−NDF,所测定的 NDS 的真消化率系数为 0.953,代谢粪中 NDS 的排出量为 13.1%DM。IVD−NDF 为 NDF 体外消化率。用实测值 TDN 对 DDM 进行回归 R^2=0.96,截距可以忽略,得出无截距回归的斜率为 0.954。

与 RFV 相似,RFQ 的变化范围为 80~200,RFQ 针对某种粗饲料的预测值,更接近实际情形。这主要是因为 RFQ 中预测 DMI 和 TDN 的模型是针对不同粗饲料而特别建立的，因而 RFQ 的预测模型更具灵活性，预测更接近实际。通过估测当粗饲料单独饲喂时 TDN 的采食量，还可以预测影响粗饲料采食量和消化率的精粗饲料间的组合效应。RFQ 建立预测模型复杂，需分别研究不同地域特定牧草的预测模型，工作量大。

9.4.5.4　GI

模型的提出卢德勋在继承 RFV 基础上，提出了粗饲料评定指数 GI。GI 的特点是综合了影响粗饲料品质的蛋白质和难以消化的纤维物质两大主要指标及其有效能（在绵羊和育肥牛为 ME，奶牛为 NEL），并引入动物对该种粗饲料的 DMI，克服了现行粗饲料评定指标的单一性和脱离动物反应的片面性，全面、准确地反映粗饲料的实际饲用价值。

其计算公式为：$GI(Mcal)=ME(Mcal/kg)\times DMI(kg/d)\times CP(\%DM)/NDF($ 或 $ADL)(\%DM)$

其中，GI 为粗饲料分级指数，单位为 Mcal；ME 为粗饲料代谢能，单位为 Mcal/kg；DMI 为粗饲料干物质随意采食量，单位为 kg/d；CP（%DM）为粗蛋白质占干物质的百分比；NDF（%DM）为中性洗涤纤维占干物质的百分比；ADL（%DM）为酸性洗涤木质素占干物质的百分比。

9.4.6　体外产气法估测饲料代谢能与有机物质消化率

$Gp=a+b(1-e^{-ct})$

$ME(MJ/kg\ DM)=2.20+0.136GP_{24}+0.057CP$

$OMD(\%)=14.88+0.889GP_{24}+0.45CP+0.0651CA$

说明：Gp，产气量；GP_{24}，24 小时产气量；a，快速发酵部分的产气参数；b，慢速发酵部分的产气参数；c，产气速率；CP，粗蛋白；CA，粗灰分。

参考文献

一、中文文献

[1]冯仰廉.反刍动物营养学[M].北京:科学出版社,2004.

[2]王镜岩,朱圣庚,徐长法.生物化学[M].北京:高等教育出版社,2002.

[3]邹思湘.动物生物化学[M].北京:中国农业出版社,2005.

[4]周顺伍.动物生物化学[M].北京:中国农业出版社,2009.

[5]王加启.反刍动物营养学研究方法[M].北京:中国出版集团现代教育出版社,2011.

[6]刁其玉.奶牛规模养殖技术[M].北京:中国农业科学技术出版社,2003.

[7]刘宗平.现代动物营养代谢病学[M].北京:化学工业出版社,2003.

[8]孟庆翔译.奶牛营养需要 第七次修订版[M].北京:中国农业大学出版社,2002.

[9]王加启.现代奶牛养殖科学[M].北京:中国农业出版社,2006.

[10]杨凤.动物营养学[M].北京:中国农业出版社,2000.

[11]王吉峰.日粮精粗比对奶牛消化代谢及乳脂肪酸成分影响的研究[D].中国农业科学院,2004.

[12]王海荣.不同日粮精粗比及氮源对绵羊瘤胃纤维降解菌群和纤维物质降解的影响[D].内蒙古农业大学,2006.

[13]苏华维,曹志军,李胜利.围产期奶牛的代谢特点及其营养调控[J].中国畜牧,2011,47(16):44~48.

[14]郭勇庆.日粮中快速降解淀粉比例对奶牛瘤胃发酵、泌乳性能和乳脂组成影响的研究[D].中国农业大学,2012.

[15]赵勐,卜登攀,张养东,等.奶牛乳脂降低综合症理论及其分子调节机

制[J].动物营养学报,2014,26(2):287~294.

[16]李胜利,陈萍,郑博文.通过改善奶牛饲料转化效率提高牛奶产量和质量的方法[J].中国乳业,2007,8:56~58.

[17]肖宇,王利华,程明,等.功能性寡糖对奶山羊瘤胃发酵功能的影响[J].动物营养学报,2011,23(12):2203~2209.

[18]瞿明仁,凌宝明,卢德勋,等.灌注果寡糖对生长绵羊瘤胃发酵功能的影响[J].畜牧兽医学报,2006,37(8),779~784.

[19]黄雅莉,夏中生,王金伟,等.日粮中添加果寡糖对水牛瘤胃液体外发酵功能的影响[J].畜牧与兽医,2012,44(12):13~16.

[20]肖宇.功能性寡糖对山羊瘤胃发酵参数及血清生化和免疫指标的影响[D].青岛农业大学,2012.

[21]钟志勇.不同组合的功能性寡糖对锦江黄牛瘤胃发酵和内容物酶活的影响[D].江西农业大学,2012.

[22]刘立恒,闵力,瞿明仁,等.甘露寡糖、果寡糖和大豆寡糖组合对锦江黄牛瘤胃液细菌多样性的影响[J].动物营养学报,2012,24(8):1583~1588.

[23]瞿明仁,卢德勋.功能性寡糖的作用及其在反刍动物生产中的应用[J].中国奶牛,2005,(1):32~34.

[24]张学峰.外源寡糖在绵羊消化道内的降解、转化、利用和流通规律及其对瘤胃微生物区系、免疫和营养物质消化的影响[D].内蒙古农业大学,2007.

[25]闵力,瞿明仁,戈婷婷,等.不同功能性寡糖组合对锦江黄牛瘤胃固相微生物多样性的影响[J].江西农业大学学报,2012,34(4):769~774.

[26]祁茹,温建新,程明,等.不同外源寡糖对崂山奶山羊瘤胃微生物区系的影响[J].动物营养学报,2012,24(2):349~357.

[27]李胜利,刘玉满,毕研亮,等.2012年中国奶业回顾与展望[J].中国畜牧,2013,49(2):31~36.

[28]王加启.决定我国奶业发展方向的5个重要指标[J].中国畜牧兽医,2011,38(2):5~9.

[29]梁松,王加启,卜登攀,等.奶牛乳脂降低综合症的生物氢化理论研究进展[J].中国畜牧兽医,2007(12):70~73.

[30]饶辉.单胃动物和反刍动物对三大营养物质的消化机理及研究热点[J].

湖南饲料,2008(6).

[31]王建平,王加启,卜登攀,等.2007~2008年国际反刍动物营养研究进展Ⅲ.碳水化合物营养[J].中国畜牧兽医,2009,36(2):5~13.

[32]赵勐.日粮中性洗涤纤维和淀粉比例调控奶牛乳成分合成与瘤胃代谢机制研究[D].中国农业科学院,2015.

[33]王玲,杨璐玲,吕永艳,等.蛋白质营养调控技术对奶牛产奶性能及氮排泄影响的研究进展[J].中国饲料,2014(16):11~14.

[34]姚军虎.反刍动物碳水化合物高效利用的综合调控[J].饲料工业,2013(17):1~12.

[35]冯志华,高艳霞,李秋凤,等.奶牛脂肪营养研究进展[J].动物营养学报,2013,25(6):1137~1143.

[36]史良,刁其玉.体外产气技术的发展及应用[J].饲料广角,2008(13):28~29.

[37]陈清华,贺建华.奶牛微量矿物元素的营养需要[J].中国奶牛,2003,1:20~24.

[38]陈忠法,俞信光,韩泽建.不同硒源对肉仔鸡生长性能和肉质的影响[J].浙江农业学报,2003,15(4):250~254.

[39]程园,译.关于奶牛的矿物质营养[J].贵州畜牧兽医,1995,19(1):43~46.

[40]初汉平.奶牛钙、磷营养需要研究进展[J].湖北动物科学与兽医,2007,2:18~20.

[41]戴丽梅等.硒锌联合应用对奶牛抗氧化功能影响试验[J].中国奶牛,1999,6:21~22.

[42]代迎春.围产期奶牛血清中抗氧化酶活性与铜锌锰镁含量变化规律的比较研究[D].呼和浩特:内蒙古农业大学,2007.

[43]段智勇,吴跃明,刘建新.奶牛微量元素铜的营养[J].中国奶牛.2003,4:28~30.

[44]郭爱伟,熊春梅,万海龙等.矿物质营养对奶牛繁殖性能的影响[J].中国奶牛,2008,9:29~32.

[45]李建军.反刍动物微量元素铜营养[J].饲料研究,1999,11:19~22.

[46]李绍钰,吴胜耀.有机铬改善高温季节下奶牛生产性能的研究[J].中国奶牛,1999,5:18~19.

[47]李文立,锌对黑白花种公牛精液品质及某些生化指示的影响[J].饲料研究,1997,7:6~8.

[48]李鑫,李佃场,刘刚等.浅析微量元素在奶牛生产中的重要性[J].畜牧兽医,2007,26(4):43~46.

[49]李忠鹏.奶牛肢蹄病患牛体内矿物元素和氧化应激指标的变化[D].济南:山东农业大学,2014.

[50]刘庆平.镁离子在围产期奶牛营养中的作用[J].中国饲料,2002,(4):19~20.

[51]刘旭.奶牛养殖中被忽视的常量矿物元素—钾、镁和硫[J].新疆畜牧业,2008,2:12~14.

[52]刘雨田.微量元素锌的营养学研究进展[J].饲料博览,2000,5:14~15.

[53]刘振.日粮磷水平对奶牛生产性能及磷排放的影响[D].杭州:浙江大学,2010.

[54]石军,孙德文,陈安国.微量元素硒的生物学功能及其应用[J].兽药与饲料添加剂,2002,7(1):34~37.

[55]双金,包俊生,杨双喜等.硫酸钠对奶牛增乳效果的研究[J].中国饲料,1999,3:14.

[56]王殿生.高产奶牛矿物质营养特性[J].中国奶牛,1990,4:22~24.

[57]王秀.矿物质营养对母畜繁殖性能的影响[J].黄牛杂志,2004,30(6):30~31.

[58]吴建设等.微量元素铜的营养与免疫研究进展.国外畜牧科技[J],1999,4:5~8.

[59]吴卫杰.萨福克羊和蒙古羊饲喂瘤胃瘤胃缓释胶丸前后体内几种矿物质元素及其相关酶变化的比较研究[D].呼和浩特:内蒙古农业大学,2006.

[60]徐峰.奶牛日粮中矿物元素的作用[J].饲草饲料,2008,3:29~30.

[61]姚军虎等,锌对青年母牛生长发育的影响[J].西安:西北农业大学学报,1996,24(4):55~58.

[62]于倩楠.微量元素和抗氧化剂对奶牛生产性能和营养代谢的影响[D].武汉:华中农业大学,2013.

[63]张萍.奶牛钙的营养需要[J].乳业科学与技术,2001,3:33~36.

［64］胡伶 摘译.奶牛磷需要量及其对环境的影响［J］.国外畜牧科技,2001,4:5~8.

［65］黄洁,姜军,王消消,等.反刍动物营养研究的标记物技术和瘤胃尼龙袋技术［C］.反刍动物营养需要及饲料营养价值评定与应用,2011.

［66］孟庆翔,张洪军,戎易,等.估测饲料蛋白质瘤胃降解率活体外新方法的研究［J］.中国农业大学学报,1991(4):95~101.

［67］薛红枫,孟庆翔.不同方法测定反刍动物饲料 NDF、ADF 和木质素含量的比较［J］.中国畜牧杂志,2006,42(19):41~45.

［68］苏玲玲,申煜,张志军,等.不同方法测定饲料中 NDF 和 ADF 的比较［J］.饲料研究,2013(11):80~82.

［69］王晓娜,徐春城,温定英,等.不同测定方法对青贮饲料中 NDF 和ADF 含量的影响［J］.草业科学.2012,29(1).

［70］唐一国,龙瑞军,毕玉芬.体外产气法在评定草食家畜饲料营养价值上的应用［J］.草食家畜,2003(2):47~49.

［71］布仁贺希格,李胜利,孙海洲.体外产气法在评价反刍动物日粮中的应用［J］.畜牧与饲料科学,2009,30(3):58~59.

［72］孙菲菲,孙国强,万发春,等.体外法评定反刍动物饲料营养价值的研究进展［J］.饲料广角,2011(13):39~41.

二、外文文献

［1］Alhave E. M., Olkkonen H., Puittinen J., et al. Znic content of hunlan eamcallous bone. Aeta Orthopaedica Scandirmvica.1977:48.

［2］Andrieu S. Is there a role for organic trace element supplements in transition cow health? The Veterinary Journal.2008, 176:77~83.

［3］Ankem, Angelowl, Groppel B. The effect of selenium deficiency on reproduction and milk performance of goats ［J］.Arch Anim Nutr Berlin.1989,39:483~490.

［4］Besong, S., J. Jackson, S. Trammell, and D. Amaral-Phillips. Effect of supplemental chromium picolinate on liver triglycerides, blood metabolites, milk yield, and milk composition in early-lactation cows.1996, J. Dairy Sci. 79 (Suppl. 1): 97 (Abstr.).

［5］Chang Z. L., Spicers G. N. Carcass Characteristics and tissue mineral contents steers fed supplemental Znic. Can. J Anim. Sci., 1992,72:663.

［6］Durand, M., and R. Kawashima. 1980. Influence of minerals in rumen microbial digestion. Pages 375－408 in Digestive Physiology and Metabolism in Ruminants.Y Ruckebusch and P. Thivend, ed. MTP press Ltd., Lancaster, England.

［7］Elsa R., Orent, Mc Collum E. V. Effects of deprivation of manganese in the rat.Biol Chem.1931, 92: 651~678.

［8］Hansard S. L., Crowder H., Lyke W. A. The Biological Availability of Calcium in Feed for Cattle ［J］. Anim. Sci.1957,16: 437~443.

［9］Harrison J H, Hancock D D. Vitamin E and selenium for reproduction of the dairy cow［J］.J dairy Sci.1984, 67:123~132.

［10］Koddebusch, von L ., Pfeffer, E. 1988. Untersuchungen zur Verwertbarkeit von phosphor verschiedener Herkunfte an laktierenden Ziegen. J. Anim Physiol. Anim. Nutr. 60:269~275.

［11］Martz F. A., Belo A. T., Weiss M. F. Absorption of Calcium and Phosphorus from Alfalfa and Corn Silage When Fed to Lactating Cows ［ J］ . Dairy Sci.1990,73:1288~1295.

［12］Mc Clure, T.J. Nutritional and metabolic infertility in the cows ［M］. Oxon, UK: CAB International,1994.

［13］Millers J K . Oxidative stress, antioxidants, and animal function ［J］. J Dairy Sci.1993,76:2812~2823.

［14］Murata M., Yudoh K., Masuko K. The potential role of vascular endothelial growth factor （VEGF）in cartilage:how the angiogenic factor could be involved in the pathogenesis of osteoarthritis? Osteoarthritis Cartilage.2008, 16(3): 279~286.

［15］NRC.1989. Nutrient Requirement of Dairy Cattle.6th Reviseded ［J］, National Academy Press, Wachington,DC.

［16］NRC.1996. Nutrient Requirements of Dairy Cattle. US Academy of Science,Washington,D.C.

［17］NRC. 2001. Nutrient Requirements of Dairy Cattle. US Academy of Science, Washington, D.C.

［18］Paradis V , Kollinger M, Fabre et al. In situdetection of lipid peroxidation in chronic liver disease［J］. Hepatology.1997,26(1):135~142.

［19］Reinhardt C. A., Sharpley A. N., Saner L. D., et al. Production and feeding strategies for phosphorus management on dairy farms. J. Dairy Sci. 2002, 85:3142~153.

［20］Shils ME, Shike M, Ross AC. Modern Nutrition in health and disease. Philadelphia: Lippincott Williams&Wilkins. 2004.

［21］Spears J. W., kegely E. B. Influence of Zn proteinate on performance and Carcass Characteristics of steers. Anim. Sci., 1994,72(2):12.

［22］Subiyatno A.Metabolite and hormonal responses to glucose or propionate infusions in periparturient cows supplemented with chromium ［J］. J Dairy Sci. 1996,79: 43~61.

［23］Zebeli, Q., J. R. Aschenbach, M. Tafaj, J. Boguhn, B. N. Ametaj and W. Drochner. Invited review: Role of physically effective fiber and estimation of dietary fiber adequacy in high−producing dairy cattle. J. Dairy Sci. 2012.95:1041~1056.

［24］Aschenbach, J. R., G. B. Penner, F. Stumpff and G. and Gäbel. Ruminant nutrition symposium: Role of fermentation acid absorption in the regulation of ruminal pH.J. Anim. Sci.2011. 89:1092~1107.

［25］Stewart C S, Flint H J.The rumen bacteria. In: The Rumen Microbial Ecosystem［C］(Hobson,P.N. and Stewart, C.S., Eds.).1997, 10~72 Blackie, Melbourne.

［26］Williams A G, Withers S E and Orpin C G. Effect of the carbohydrate growth substrate on polysaccharolytic enzyme formation by anaerobic fungi isolated from the foregut and hindgut of nonruminant herbivores and the forestomach of ruminants. ［J］Lett. Appl. Microbiol.1994,18:147~151.

［27］Mullins, C. R. and B. J. Bradford. Effects of a molasses −coated cottonseed product on diet digestibility, performance, and milk fatty acid profile of lactating dairy cattle.J. Dairy Sci. 2010.93:3128~3135.

［28］Ellis, J. L., J. Dijkstra, J. France, A. J. Parsons, G. R. Edwards, S.

Rasmussen, E. Kebreab and A. Bannink. Effect of high−sugar grasses on methane emissions simulated using a dynamic model. J. Dairy Sci. 2012. 95:272~285.

[29]Khorasani.G.R.and J.J.Kennelly. Influence of carbohydrate source and buffer on rumen Fermentation characteristics, milk yield, and milk composition in late−Iactation Holstein cows. J.Dairy Sci.2001, 841:1707~1716.

[30]Bauman, D. E. and J. M. Griinari. Nutritional regulation of milk fat synthesis. Annu. Rev. Nutr. 2003,23:203~227.

[31]Chandra, R. P., et al. "Substrate Pretreatment: The Key to Effective Enzymatic Hydrolysis of Lignocellulosics? ."Advances in Biochemical Engineering/ biotechnology 108(2007):67~93.

[32]Johnson,Alfred D French,Glenn P. "Quantum mechanics studies of cellobiose conformations." Canadian Journal of Chemistry 84.84(2006):603–612.

[33]Vincken B J P, York W S, Beldman G, et al. Two general branching patterns of xyloglucan[C]// XXXG and XXGG. Plant Physiol. 1997.114(1):9

[34]Huisman M M H, Weel K G C, Schols H A, et al. Xyloglucan from soybean （Glycine max） meal is composed of XXXG −type building units[J]. Carbohydrate Polymers.2000, 42(2):185~191.

[35]Schwarz W H. The cellulosome and cellulose degradation by anaerobic bacteria. [J]Appl. Microbiol. Biotechnol.2001, 56:634~649.

[36]Krause,D,S. Denman,R. Mackie, M. Morrison, A. Rae, G. Attwood, and C.McSweeney, Opportunities to improve fiber degradation in the rumen: microbiology, ecology, and genomics. Fems Microbiology Reviews.2003. 27(5): 663~693.

[37]Teeri, T.,Crystalline cellulose degradation: new insight into the function of cellobiohydrolases. Trends in Biotechnology.1997. 15(5): 160~167.

[38]Teeri, T.,A. Koivula, M. Linder, G. Wohlfahrt, C. Divne, and T, Jones,Trichoderma reesei cellobiohydrolases: why so efficient on crystalline cellulose? Biochemical Society Transactions.1998. 26(2): 173~178.

[39]Dodd D,Kocherginskaya SA,Spies MA,Beery KE,Abbas CA,Mackie RI,Cann IK. Biochemical analysis of a β −D −xylosidase and a bifunctional

xylanase –ferulic acid esterase from a xylanolytic gene cluster in Prevotella ruminicola 23. Journal of Bacteriology.2009,191(10):3328~3338.

[40]An, D., X. Dong, and Z. Dong, Prokaryote diversity in the rumen of yak (Bosgrunniens) and Jinnan cattle (Bos taurus) estimated by 16S rDNA homology analyses. Anaerobe.2005. 11(4):207~215.

[41]Kamra, D.N., Rumen microbial ecosystem. Current Science.2005.89(1): 124~135.

[42]Hristov A N, Ropp J K. Effect of Dietary Carbohydrate Composition and Availability on Utilization of Ruminal Ammonia Nitrogen for Milk Protein Synthesis in Dairy Cows[J]. Journal of Dairy Science.2003, 86(7):2416~27.

[43]NRC. Nutrient Requirements of Dairy Cattle. 7th rev. ed. Natl. Acad. Press, Washington, DC. 2001.

[44]Chibisa G E, Gozho G. N, Van A G., et al. Effects of peripartum propylene glycol supplementation on nitrogen metabolism, body composition, and gene expression for the major protein degradation pathways in skeletal muscle in dairy cows. J. Dairy Sci.2008.91:3512~3527.

[45]Rabelo E, Rezende R L, Bertics S J, et al. Effects of transition diets varying in dietary energy density on lactation performance and ruminal parameters of dairy cows. J.Dairy Sci. 2003. 86:916~925.

[46]Penner G B, Beauchemin K A, and Mutsvangwa T.Severity of ruminal acidosis in primiparous Holstein cows during the periparturient period. J. Dairy Sci. 2007. 90:365–375.

[47]Hall M B, Larson C C, and Wilcox C J. Carbohydrate source and protein degradability alter lactation, ruminal, and blood measures. J. Dairy Sci. 2010. 93:311~322.

[48]Derevitskaya V A, Arbatsky N P, and Kochetkov N K. The structure of carbohydrate chains of blood–group substance. Eur. J. Biochem.1978. 86:423~437.

[49]Clauss M., Lechner I, Barboza P, et al. The effect of size and density on the mean retention time of particles in the reticulum –rumen of cattle (Bosprimigenius f. taurus),muskoxen (Ovibosmoschatus) and moose (Alcesalces).

Br. J. Nutr. 2011. 105:634~644.

[50]Zebeli Q, Aschenbach J R, Tafaj M, et al. Invited review: Role of physically effective fiber and estimation of dietary fiber adequacy in high - producing dairy cattle. J. Dairy Sci. 2012.95:1041~1056.

[51]Berthiaume R., Benchaar C, Chaves A V, et al. Effects of nonstructural carbohydrate concentration in alfalfa on fermentation and microbial protein synthesis in continuous culture. J. Dairy Sci. 2010. 93:693~700.

[52]Enemark J M D. The monitoring, prevention and treatment of sub-acute ruminal acidosis (SARA): A review. Vet. J. 2008, 176:32~43.

[53]Lechartier C and Peyraud J. The effects of starch and rapidly degradable dry matter from concentrate on ruminal digestion in dairy cows fed corn silage - based diets with fixed forage proportion. J. Dairy Sci. 2011,94:2440~2454.

[54]Aschenbach J R, Penner G. B,et al. Ruminant nutrition symposium: Role of fermentation acid absorption in the regulation of ruminal pH.J. Anim. Sci. 2011. 89:1092~1107.

[55]Storm A C, Kristensen N B, and Hanigan M D. A model of ruminal volatile fatty acid absorption kinetics and rumen epithelial blood flow in lactating Holstein cows. J. Dairy Sci.2012,95:2919~2934.

[56]Febres O A and Vergara-López J. Propiedades físicas y químicas del rumen. Arch. Latinoam. Prod. Anim.2007. 15 (Supl. 1):133~140.

[57]Mullins C R and Bradford B J. Effects of a molasses-coated cottonseed product on diet digestibility, performance, and milk fatty acid profile of lactating dairy cattle.J. Dairy Sci. 2010.93:3128~3135.

[58]Ellis J L,Dijkstra J,France J,et al.Effect of high-sugar grasses on methane emissions simulated using a dynamic model. J. Dairy Sci. 2012. 95:272-285.

[59]Khorasani G R and Kennelly J J. Influence of carbohydrate source and buffer on rumen Fermentation characteristics, milk yield, and milk composition in late-Iactation Holstein cows. J.Dairy Sci.2001, 841:1707~1716.

[60]Stewart C S and Flint H J.The rumen bacteria. In: The Rumen Microbial Ecosystem [C](Hobson,P.N. and Stewart, C.S., Eds.). 1997,10~72 Blackie,

Melbourne.

[61]Williams A G, Withers S E and Orpin C G. Effect of the carbohydrate growth substrate on polysaccharolytic enzyme formation by anaerobic fungi isolated from the foregut and hindgut of nonruminant herbivores and the forestomach of ruminants. [J]Lett. Appl. Microbiol.1994,18:147~151.

[62]Coleman G S. The cellulolytic activity of t hirteen species of rumen entodimomorp hid protozoa .[J]Protozool.1983,30:36.

[63]Bauman D E and Griinari J. M.Nutritional regulation of milk fat synthesis. Annu. Rev. Nutr.2003,23:203~227.

[64]Nagaraja T G and Titgemeyer E C. Ruminal acidosis in beef cattle: The current microbiological and nutritional outlook. J. Dairy Sci.2007,90,Suppl #:E17~E38.

[65]Kim Y J, Liu R H, Rychlik J L, et al.The enrichment of a ruminal bacterium (Megasphaera elsdenii YJ-4) that produces the trans-10, cis-12 isomer of conjugated linoleic acid. J. Appl. Microbiol.2002, 92:976~982.

[66]Penner G B and Oba M.Increasing dietary sugar concentration may improve dry matter intake, ruminal fermentation, and productivity of dairy cows in the postpartum phase of the transition period. J. Dairy Sci. 2009. 92:3341~3353.

[67]Khezri A, Rezayazdi K, Danesh M, et al.Effect of Different Rumen-degradable Carbohydrates on Rumen Fermentation Nitrogen Metabolism and Lactation Performance of Holstein Dairy Cows. [J].Asian-Aust. J. Anim. 2009,22 (5):651~658.

[68]Pen B K, Takaura S, Yamaguchi A, et al. Effects of Yucca schidigera and Quillaja saponaria with or without β 1-4 galacto-oligosaccharides on ruminal fermentation, methane production and nitrogen utilization in sheep [J].Animal Feed Science and Technology.2007,138(1):75~88.

[69]Firkins J L, Oldick B S, Pantoja J, et al.Efficacy of liquid feeds varying in concentration and composition of fat, nonprotein nitrogen, and nonfiber carbohydrates for lactating dairy cows. J. Dairy Sci. 2008.91:1969~1984.

[70]DeFrain J M,Hippen A R,Kalscheur K F,et al.Feeding lactose increases

ruminal butyrate and plasma β−hydroxybutyrate in lactating dairy cows. J. Dairy Sci. 2004,87:2486~2494.

[71]Hall M B and Weimer P J. Sucrose concentration alters fermentation kinetics, products, and carbon fates during in vitro fermentation with mixed ruminal microbes. J. Anim. Sci. 2007,85:1467~1478.

[72]Penner G B, Beauchemin K A and Mutsvangwa T.Severity of ruminal acidosis in primiparous Holstein cows during the periparturient period. J. Dairy Sci. 2007.90:365~375.

[73]Owens D,McGeea M,Bol and O'Kiely P T. Intake, rumen fermentation and nutrient flow to the omasum in beef cattle fed grass silage fortified with sucrose and/or supplemented with concentrate [J].Animal Feed Science and Technology. 2008,144:23~43.

[74]Rezaii F, Danesh Mesgaran, M and Heravi Mousavi A R. Effect of non−fiber carbohydrates on in vitro first order kinetics disappearance of cellulose[J]. Iranian Journal of Veterinary Research.2010,11, (2):31~35.

[75]Xiang−hui ZHAO, Chan−juan LIU, Chao−yun LI, et al. Effects of Neutral Detergent Soluble Fiber and Sucrose Supplementation on Ruminal Fermentation, Microbial Synthesis, and Populations of Ruminal Cellulolytic Bacteria Using the Rumen Simulation Technique (RUSITEC) [J].Journal of Integrative Agriculture.2013,12(8):1471~1480.

[76]Broderick G A. and Radloff W J. Effect of Molasses Supplementation on the Production of Lactating Dairy Cows Fed Diets Based on Alfalfa and Corn Silage J. Dairy Sci. 2004,87:2997~3009.

[77]Xiao Feng Xu, Yu Jia Tian, Yong Qing Guo, et al. .Effect of molasses addition on in vitro rumen degradability and microbial protein synthesis of corn stover treated with sodium hydroxide and urea, Journal of Food, Agriculture and Environment.2013,11(4):1233~1238.

[78]Penner G. B, Guan L L and Oba M. Effects of feeding Fermenten on ruminal fermentation in lactating Holstein cows fed two dietary sugar concentrations. J.Dairy Sci.2009. 92:1725~1733.

[79]Martel C A, Titgemeyer E C, and Bradford B J. Dietary Molasses Increases Ruminal pH and Enhances Ruminal Biohydrogenation During Milk Fat Depression.[J]. Dairy Day.2009(10):29~33.

[80]Bauman D E, Lock A L.Concepts in lipid digestion and metabolism in dairy cows:Proc.Tri-State Dairy Nutr.Conf.2006[C].

[81]AlZahal O, Or-Rashid M M, Greenwood S L, et al. The effect of dairy fiber level on milk fat concentration and fatty acid profile of cows fed diets containing low levels of polyunsaturated fatty acids.Journal of Dairy Science. 2009,92(3):1108~1116.

[82]Firkins J L. Liquid feeds and sugars in diets for dairy cattle. in Proc. Florida Rumin. Nutr. Symp. Univ. Florida, Gainesville. 2011. 62~80.

[83]Masahito Oba. Review: Effects of feeding sugars on productivity of lactating dairy cows.[J] Can. J. Anim. Sci. 2011, 91:37-46.

[84]Jensen R G. The composition of bovine milk lipids: January 1995 to December 2000[J]. Journal of Dairy Science. 2002, 85(2):295-350.

[85]Tyznik W, Allen N N. The relation of roughage intake to the fat content of the milk and the level of fatty acids in the rumen [J]. Journal of Dairy Science. 1951, 34:493.

[86]Van Soest P J. Ruminant fat metabolism with particular reference to factors affecting low milk fat and feed efficiency. A review [J]. Journal of Dairy Science. 1963, 46(3):204~216.

[87]Seal C J, Reynolds C K. Nutritional implications of gastrointestinal and liver metabolism in ruminants[J]. Nutrition Research Reviews. 1993, 6(1):185~208.

[88]Davis C L, Brown R E, Phillipson A T. Low-fat milk syndrome[C]. Newcastle-upon-Tyne: Oriel Press, 1970.

[89]Sutton J D. Digestion and absorption of energy substrates in the lactating cow[J]. Journal of Dairy Science. 1985, 68(12):3376~3393.

[90]Palmquist D L, Davis C L, Brown R E, et al. Availability and metabolism of various substrates in ruminants. V. Entry rate into the body and

incorporation into milk fat of D（? ）β–hydroxybutyrate［J］. Journal of Dairy Science. 1969, 52(5):633~638.

［91］Van Soest P J, Allen N N. Studies on the relationships between rumen acids and fat metabolism of ruminants fed on restricted roughage diets ［J］. Journal of Dairy Science. 1959, 42(12):1977~1985.

［92］Shingfield K J, Bernard L, Leroux C, et al. Role of trans fatty acids in the nutritional regulation of mammary lipogenesis in ruminants ［J］. Animal. 2010, 4(07):1140~1166.

［93］Annison E F, Bickerstaffe R, Linzell J L. Glucose and fatty acid metabolism in cows producing milk of low fat content ［J］. The Journal of Agricultural Science. 1974, 82(01):87~95.

［94］Mcclymont G L, Vallance S. Depression of blood glycerides and milk–fat synthesis by glucose infusion［J］. Proc. Nutr. Soc. 1962, 21(2):41~42.

［95］Bauman D E, Griinari J M. Regulation and nutritional manipulation of milk fat: low–fat milk syndrome ［J］. Livestock Production Science. 2001, 70(1): 15~29.

［96］Pullen D L, Palmquist D L, Emery R S. Effect on days of lactation and methionine hydroxy analog on incorporation of plasma fatty acids into plasma triglycerides［J］. Journal of Dairy Science. 1989,72(1):49~58.

［97］Frobish R A, Davis C L. Theory Involving Propionate and Vitamin B12 in the Low–Milk Fat Syndrome ［J］. Journal of Dairy Science. 1977, 60 (2):268~273.

［98］Kreipe L, Deniz A, Bruckmaier R M, et al. First report about the mode of action of combined butafosfan and cyanocobalamin on hepatic metabolism in nonketotic early lactating cows［J］. Journal of Dairy Science. 2011,94(10): 4904~4914.

［99］Croom W J, Bauman D E, Davis C L. Methylmalonic acid in low–fat milk syndrome［J］. Journal of Dairy Science. 1981, 64(4):649~654.

［100］Gaynor P J, Waldo D R, Capuco A V, et al. Milk Fat Depression, the Glucogenic Theory, and Trans–C18: 1 Fatty Acids1 ［J］. Journal of Dairy Science.

1995, 78(9):2008~2015.

［101］Grummer R R. Effect of feed on the composition of milk fat［J］. Journal of Dairy Science. 1991, 74(9):3244~3257.

［102］Selner D R, Schultz L H. Effects of feeding oleic acid or hydrogenated vegetable oils to lactating cows［J］. Journal of Dairy Science. 1980, 63(8):1235~1241.

［103］Harvatine K J, Bauman D E. SREBP1 and thyroid hormone responsive spot 14 (S14) are involved in the regulation of bovine mammary lipid synthesis during diet-induced milk fat depression and treatment with CLA［J］. The Journal of Nutrition. 2006, 136(10):2468~2474.

［104］Griinari J M, Nurmela K, Dwyer D A, et al. Variation of milk fat concentration of conjugated linoleic acid and milk fat percentage is associated with a change in ruminal biohydrogenation ［J］. Journal of Animal Science. 1999, 77 (Suppl 1):117~118.

［105］Baumgard L H, Corl B A, Dwyer D A, et al. Identification of the conjugated linoleic acid isomer that inhibits milk fat synthesis ［J］. American Journal of Physiology-Regulatory, Integrative and Comparative Physiology. 2000, 278(1):R179~R184.

［106］Alzahal O, Or-Rashid M M, Greenwood S L, et al. The effect of dietary fiber level on milk fat concentration and fatty acid profile of cows fed diets containing low levels of polyunsaturated fatty acids ［J］. Journal of Dairy Science. 2009, 92(3):1108~1116.

［107］Beauchemin K A, Mcginn S M, Benchaar C, et al. Crushed sunflower, flax, or canola seeds in lactating dairy cow diets: effects on methane production, rumen fermentation, and milk production ［J］. Journal of Dairy Science. 2009, 92 (5):2118~2127.

［108］Baumgard L H, Matitashvili E, Corl B A, et al. trans-10, cis-12 conjugated linoleic acid decreases lipogenic rates and expression of genes involved in milk lipid synthesis in dairy cows.［J］. Journal of Dairy Science. 2002, 85(9):2155~2163.

[109]Offer N W, Marsden M, Phipps R. Effect of oil supplementation of a diet containing a high concentration of starch on levels of trans fatty acids and conjugated linoleic acids in bovine milk [J]. Animal science. 2001, 73 (3):533~540.

[110]Sæbø A, Sæbø P, Griinari J M, et al. Effect of abomasal infusions of geometric isomers of 10, 12 conjugated linoleic acid on milk fat synthesis in dairy cows[J]. Lipids. 2005, 40(8):823~832.

[111]Allen M S. Relationship between fermentation acid production in the rumen and the requirement for physically effective fiber [J]. Journal of Dairy Science. 1997, 80(7):1447~1462.

[112]Jenkins T C, Klein C M, Mechor G D. Managing milk fat depression: interactions of ionophores, fat supplements, and other risk factors[C]. 2009.

[113]Martin S A, Jenkins T C. Factors affecting conjugated linoleic acid and trans-C18: 1 fatty acid production by mixed ruminal bacteria[J]. Journal of Animal Science. 2002, 80(12):3347~3352.

[114]Troegeler-Meynadier A, Nicot M C, Bayourthe C, et al. Effects of pH and concentrations of linoleic and linolenic acids on extent and intermediates of ruminal biohydrogenation in vitro [J]. Journal of Dairy Science. 2003, 86(12): 4054~4063.

[115]Fuentes M C, Calsamiglia S, Cardozo P W, et al. Effect of pH and level of concentrate in the diet on the production of biohydrogenation intermediates in a dual-flow continuous culture [J].Journal of Dairy Science. 2009,92 (9): 4456~4466.

[116]Qiu X, Eastridge M L, Griswold K E, et al. Effects of Substrate, Passage Rate, and pH in Continuous Culture on Flows of Conjugated Linoleic Acid and Trans C18[J]. Journal of Dairy Science. 2004, 87(10):3473~3479.

[117]Nam I S, Garnsworthy P C. Factors influencing biohydrogenation and conjugated linoleic acid production by mixed rumen fungi [J]. The Journal of Microbiology. 2007, 45(3):199~204.

[118]Jenkins T C. Lipid transformations by the rumen microbial ecosystem

and their impact on fermentative capacity [J]. Gastrointestinal Microbiology in Animals. 2002:103~117.

[119]Bauman D E, Lock A L. Concepts in lipid digestion and metabolism in dairy cows[C].2006.

[120]Chalupa W, Rickabaugh B, Kronfeld D, et al. Rumen fermentation in vitro as influenced by long chain fatty acids [J]. Journal of Dairy Science. 1984, 67(7):1439~1444.

[121]Maczulak A E, Dehority B A, Palmquist D L. Effects of long-chain fatty acids on growth of rumen bacteria [J]. Applied and Environmental Microbiology. 1981, 42(5):856~862.

[122]Sullivan H M, Bernard J K, Amos H E, et al. Performance of lactating dairy cows fed whole cottonseed with elevated concentrations of free fatty acids in the oil[J]. Journal of Dairy Science. 2004,87(3):665~671.

[123]Yang U M, Fujita H. Changes in grass lipid fractions and fatty acid composition attributed to hay making [J]. Journal of Japanese Society of Grassland Science. 1997,42:289~293.

[124]Yang S L, Bu D P, Wang J Q, et al. Soybean oil and linseed oil supplementation affect profiles of ruminal microorganisms in dairy cows [J]. Animal. 2009, 3(11):1562~1569.

[125]Belenguer A, Toral P G, Frutos P, et al. Changes in the rumen bacterial community in response to sunflower oil and fish oil supplements in the diet of dairy sheep[J]. Journal of Dairy Science. 2010, 93(7):3275~3286.

[126]Piperova L S, Teter B B, Bruckental I, et al. Mammary lipogenic enzyme activity, trans fatty acids and conjugated linoleic acids are altered in lactating dairy cows fed a milk fat□depressing diet [J]. The Journal of Nutrition. 2000, 130(10):2568~2574.

[127]Peterson D G, Matitashvili E A, Bauman D E. Diet-induced milk fat depression in dairy cows results in increased trans-10, cis-12 CLA in milk fat and coordinate suppression of mRNA abundance for mammary enzymes involved in milk fat synthesis[J]. The Journal of Nutrition. 2003, 133(10):3098~3102.

［128］Clarke S D. Nonalcoholic Steatosis and Steatohepatitis.I. Molecular mechanism for polyunsaturated fatty acid regulation of gene transcription [J]. American Journal of Physiology–Gastrointestinal and Liver Physiology. 2001, 281 (4):G865~G869.

［129］Harvatine K J, Perfield J W, Bauman D E. Expression of enzymes and key regulators of lipid synthesis is upregulated in adipose tissue during CLA – induced milk fat depression in dairy cows[J]. The Journal of Nutrition. 2009, 139 (5):849~854.

［130］Foufelle F, Ferré P. New perspectives in the regulation of hepatic glycolytic and lipogenic genes by insulin and glucose: a role for the transcription factor sterol regulatory element binding protein–1c.[J]. Biochemical Journal. 2002, 366(Pt 2):377~391.

［131］Zammit V A. Ketogenesis in the liver of ruminants adaptations to a challenge[J]. The Journal of Agricultural Science. 1990, 115(02):155~162.

［132］Towle H C, Kaytor E N, Shih H. Regulation of the expression of lipogenic enzyme genes by carbohydrate [J]. Annual Review of Nutrition. 1997,17 (1):405~433.

［133］Clarke S D, Armstrong M K, Jump D B. Nutritional control of rat liver fatty acid synthase and S14 mRNA abundance.[J]. Journal of Nutrition. 1990, 120 (2):218~224.

［134］Sul H S, Latasa M, Moon Y, et al. Regulation of the fatty acid synthase promoter by insulin [J]. The Journal of Nutrition. 2000, 130 (2):315S~320S.

后 记

我的学术领域是奶牛营养代谢与瘤胃发酵调控，动物生物化学是我的专业基础，为本科生和研究生讲授动物生物化学已十余载，把奶牛营养学原理与动物生物化学理论结合起来，归纳整理成一部系统性的著作，一直是我心中的梦想。随着教龄的增长，以及后来进入中国农业大学攻读奶牛营养与饲料科学博士学位，使我在学术领域和生化基本知识方面得到了进一步提升，同时有幸得到宁夏大学优秀学术出版基金和国家自然科学基金项目的资助，此书才得以完成。

在整理完书稿后，曾一度不自信起来，总有一种"班门弄斧"之嫌。"我们在享受着他人的发明给我们带来的巨大益处，我们也必须乐于用自己的发明去为他人服务"（富兰克林），基于这种教育理念，几个月以来，我一直徜徉在由原子组成的微观世界里，思考着奶牛生命有机体生命活动的化学规律，将奶牛营养学基本原理与体内生化反应代谢过程有机结合起来，有助于学生以及广大科研工作者更深入地理解营养原理，并提供系统的试验方法和技术，这正是本书的价值所在。完成书稿后，我的心情正像科学家牛顿所描述的"我好像是在海上玩耍，时而发现了一个光滑的石子儿，时而发现一个美丽的贝壳而为之高兴的孩子"。

本书的编写凝聚了全国5所高校及科研院所8位编者的智慧结晶，其中具有博士学位的教师4人。全书共分9章，第1、6章由赵天章编写，第2、5章由郭勇庆编写，第3章由田雨佳编写，第4章以及第9章大部分内容由陈绍淑编写，第9章关于样品 DNA、RNA 提取方法、HE 染色技术以及免疫组化技术由徐晓艳编写，第7章由张力莉编写，第8章由徐晓锋编写，金亚东参与本书的校稿工作，全书整体框架设计与统稿工作由徐晓锋、张力莉负责。上述参写老师主要从事奶牛营养学、动物生物化学教学科研工作，这些工作经验为我们高质量地完成本书的编写奠定了坚实的基础，在此对各位编者的辛勤付出表示感谢！

本书的编写得到了宁夏大学、宁夏黄河出版传媒集团宁夏人民出版社等单位的大力支持，同时也要感谢杨敏媛编辑的辛勤付出，在此一并表示衷心的感谢！

本书因受篇幅限制，知识点不能面面俱到，如生化方面的有关代谢过程进行了从简，由于水平所限，书中错误和不妥之处在所难免，恳请读者批评指正！这些宝贵的意见将是本学术专著再版时的重要参考。